“十二五”职业教育国家规划教材
经全国职业教育教材审定委员会审定

模具材料及材料成形工艺

第2版

主　编　艾小玲　石淑琴
副主编　熊承刚
参　编　朱　红　陈训杰　徐　立
　　　　葛莉玲　张均红
主　审　熊其兴

机械工业出版社
CHINA MACHINE PRESS

本书是“十二五”职业教育国家规划教材，是根据《教育部关于“十二五”职业教育教材建设的若干意见》及教育部新颁布的《高等职业学校专业教学标准（试行）》，同时参考热处理工和模具钳工职业资格标准编写的。本书主要内容有金属材料的性能、金属材料的组织结构、金属的塑性变形与再结晶、钢的热处理、工业用钢、铸铁、模具材料概述、热作模具材料及其热处理、塑料模具材料及其热处理、冷作模具材料及其热处理、非铁金属及粉末冶金材料、非金属材料及新型材料简介、金属材料的铸造成形工艺、金属材料的锻压成形工艺和金属材料的焊接成形工艺。本书的主要特色是将工程材料与模具材料有机地融合起来，避免模具设计与制造专业的学生重复学习，同时每章后都有案例分析，以便于学生理解。为便于教学，本书配套有电子教案、助教课件、教学视频等教学资源，选择本书作为教材的教师可来电（010－88379193）索取，或登录 www. cmpedu. com 网站，注册、免费下载。

本书可作为高等职业院校（三年制或五年制）模具设计与制造、机械制造及自动化及近机类等相关专业的教材，也可作为机械类工程技术人员岗位培训的教材。

图书在版编目（CIP）数据

模具材料及材料成形工艺/艾小玲，石淑琴主编．—2版．—北京：机械工业出版社，2014.7（2023.6重印）
“十二五”职业教育国家规划教材
ISBN 978-7-111-47191-2

Ⅰ.①模…　Ⅱ.①艾…②石…　Ⅲ.①模具－工程材料－高等职业教育－教材②模具－工程材料－成型加工－高等职业教育－教材　Ⅳ.①TG76

中国版本图书馆CIP数据核字（2014）第140811号

机械工业出版社（北京市百万庄大街22号　邮政编码100037）
策划编辑：汪光灿　责任编辑：吕　芳　责任校对：张　征
封面设计：张　静　责任印制：常天培
北京机工印刷厂有限公司印刷
2023年6月第2版第2次印刷
184mm×260mm·14印张·331千字
标准书号：ISBN 978-7-111-47191-2
定价：45.00元

电话服务	网络服务
客服电话：010-88361066	机　工　官　网：www. cmpbook. com
010-88379833	机　工　官　博：weibo. com/cmp1952
010-68326294	金　　书　　网：www. golden-book. com
封底无防伪标均为盗版	机工教育服务网：www. cmpedu. com

第2版前言

本书是按照教育部《关于开展“十二五”职业教育国家规划教材选题立项工作的通知》，经过出版社初评、申报，由教育部专家组评审确定的“十二五”职业教育国家规划教材，是根据《教育部关于“十二五”职业教育教材建设的若干意见》及教育部新颁布的《高等职业学校专业教学标准（试行）》，同时参考热处理工和模具钳工职业资格标准编写的。

本书主要内容有金属材料的性能、金属材料的组织结构、金属的塑性变形与再结晶、钢的热处理、工业用钢、铸铁、模具材料概述、热作模具材料及其热处理、塑料模具材料及其热处理、冷作模具材料及其热处理、非铁金属及粉末冶金材料、非金属材料及新型材料简介、金属材料的铸造成形工艺、金属材料的锻压成形工艺和金属材料的焊接成形工艺。本书编写过程中力求体现工学结合、案例分析的特色，编写模式新颖，主要以模具材料及其热处理过程为主线，系统地介绍和阐述了一般金属材料、热作模具材料、塑料模具材料、冷作模具材料及案例和新工艺，将模具材料的性能、分类与应用及金属材料热处理的基本知识、基本原理、工艺与实践紧密结合，使学生对模具材料及其热处理有一个全面的认识，达到学以致用、学而会用的目的。同时，邀请了中石化江汉石油管理局第四石油机械厂培训中心主任陈训杰高级工程师参加本书的编写工作。

本书在内容处理上主要有以下几点说明：在教学上注重案例分析，将理论与实践密切结合；可以采取讨论的方式进行教学；适合40～60学时；注意前后知识的衔接与综合应用，重视实验、实习教学环节，把握重点，以点带面。

本书由武汉职业技术学院艾小玲、石淑琴任主编，熊承刚任副主编，参与编写人员及分工如下：艾小玲编写绪论和第1、2、4、5章，并负责全书统稿；朱红编写第3、6章；石淑琴编写第7、8章；徐立编写第9章；葛莉玲编写第10章；陈训杰编写第11、12章；熊承刚编写第13、14章；张均红编写第15章。本书由武汉职业技术学院熊其兴高级工程师任主审。本书经全国职业教育教材审定委员会审定，教育部专家在评审过程中对本书提出了很多宝贵的建议，在此对他们表示衷心的感谢！

由于编者水平有限，书中不妥之处在所难免，恳请读者批评指正。

编　者

第1版前言

本书是根据教育部职业教育关于职业技术教学改革的意见、职业教育的特点和近几年材料的发展以及对职业院校学生的培养要求，在总结近几年职业教育专业基础课程改革经验的基础上编写的。

随着高等职业教育的发展，重整课程，优化教学资源，突出实用性、综合性和先进性成为了课程改革的新方向。本书采用最新国家标准，结合先进科学技术，充分考虑高职高专的特色，将原工程材料、模具材料和材料成形工艺等内容有机地融合在一起，并对原有内容和结构进行了相应的调整和补充。因此，编写本书的目的，就是使学生在掌握了一般机械工程材料及普通热处理工艺的知识后，能够进一步较全面地了解各种模具材料的性能、热处理工艺和表面处理技术，进而制订正确的热处理工艺，以提高模具的使用寿命，降低生产成本，提高产品的经济效益，这也是本书与其他同类教材的不同之处。

本书共15章，涵盖工程材料及热处理、金属热加工工艺等知识。

本书由艾小玲和石淑琴任主编，由熊承刚任副主编，朱红、徐立、葛莉玲、张均红参加编写。其中艾小玲编写绪论和第1、2、4、5章，并负责全书统稿；石淑琴编写第7、8章；徐立编写第9章；葛莉玲编写第10章；朱红编写第3、6、11、12章；熊承刚编写第13、14章；张均红编写第15章。本书由熊其兴主审。

本书在编写过程中得到了武汉职业技术学院、浙江机电职业技术学院、武汉船舶职业技术学院等院校老师的指导和帮助，在此表示感谢。

由于编者水平有限，书中错误和缺点在所难免，恳请广大读者批评指正。

编　者

目 录

CONTENTS

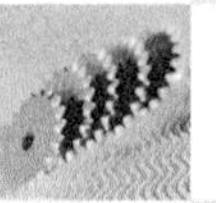

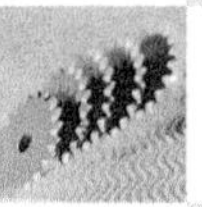

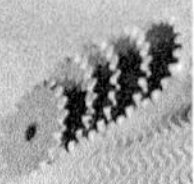

绪 论

1. 材料科学与模具材料的概述

材料是人类生活和生产的物质基础，是社会发展的基石。翻开人类进化史，我们不难发现，材料的开发、使用和完善贯穿其始终，从天然材料的应用到陶瓷、青铜器的制造，从钢铁的冶炼到材料的合成，人类成功地生产出满足自身需求的材料，从而使自身走出深山，奔向茫茫平原、辽阔的海洋，飞向广袤的太空。由此可见，材料的划时代作用是不容忽视的，它犹如支撑万丈高楼的基石，支撑着人类文明，成为人类文明进步的标志。

材料的用途很多，广义地讲，食品、药品、燃料、木材、沙石、肥料、水、空气等都是材料，但一般工业和工程领域中所说的材料是指工程材料，即用于制造工程构件、机械零件、工模具等的材料，如金属材料、陶瓷材料、聚合物和复合材料等。

模具是一种重要的加工工艺装备，是国民经济各工业部门发展的重要基础之一。模具性能的好坏、寿命的长短，直接影响产品的质量和经济效益。而模具的材料与热处理、表面处理是影响模具寿命的主要因素。所以，目前世界各国都在不断地开发模具新材料，改进强韧化热处理新工艺和表面强化新技术。

成形技术的发展也同样促进了科学技术的发展。如实型铸造方法的出现，使铸造的质量精度、工人的作业环境得到了大幅度的改善；又如精密模锻锻造出的齿轮，无须再进行切削加工，就可以使流线合理分布，提高了零件的承载能力，减少了制造工序，缩短了生产周期，提高了生产率。

2. 本教材的内容、特点及性质

（1）内容　本教材介绍了钢铁、铝、铜、轴承合金、塑料、橡胶、陶瓷、复合材料等常用材料的牌号、性能及应用，并围绕材料的化学成分、组织、结构及加工工艺对性能的影响规律而展开，突出了工程材料特别是模具材料的选择、使用、强化和热加工等工程应用方面的内容。其中模具材料及其加工方法的选择是一个非常复杂的问题，使学生掌握这方面的知识是本课程的主要任务之一。

近几年，我国模具材料发展迅速，在冷作模具用钢方面开发出了一批高性能的新钢种如7Cr7Mo2V2Si（LD）、7CrSiMnMoV（CH－1）、9Cr6W3Mo2V2（GM），这些钢种具有较高的强韧性、耐磨性和良好的综合工艺性能。在热作模具用钢方面，结合国内资源研制了十几种新钢种，如4CrMnSiMoV和5Cr2NiMoVSi，其性能优于5CrMnMo；热锻、热挤、精锻用的4Cr3Mo3W4VNb（GR）、3Cr3MoVNb（HM3）和3Cr3Mo3W2V（HM1），具有高的热稳定性、高温强度、热疲劳性及耐磨性。这些模具用钢经过强韧化处理和表面处理后，其模具的综合性能和使用寿命得到了显著提高。

除此之外，本教材还讲述了铸、锻、焊成形方法和热处理的基本原理。

（2）特点及性质　本课程是机械、模具类专业的专业基础课，课程内容以定性描述为主，具体表现为“三多”，即名词、概念、术语多，定性描述、经验总结多，记忆性的内容、规律多。这会使学生在学习过程中感到枯燥，产生厌学、畏难情绪。因此，学生在学习本课程的过程中一是应了解材料的成分、组织、结构及工艺之间的关系；二是应掌握各种工程材料（重点是金属材料）和模具材料的基本特性和应用范围；三是要注意前后知识的衔接与综合应用，重视实验、实习教学环节，把握重点、以点带面，这样才能高效率地学好本课程。

模具是一种重要的加工工艺装备，是国民经济各工业部门发展的重要基础之一。模具性能的好坏、寿命的长短，直接影响产品的质量。因此，本课程前面几个知识点讲授工程材料的基础理论，在此基础上重点讲述模具材料的选择及应用，将普通工程材料与模具材料有机地结合起来。

3. 学习目的及任务

（1）目的　通过本课程的学习，学生可掌握有关机械工程材料的基本理论和基本知识及成形加工工艺方法，为将来应用工程材料及模具材料和学习有关课程奠定坚实的基础。

“模具材料”是模具设计与制造专业的一门专业课程。学生在学过一些工程材料的知识后，对材料及热处理等有了初步了解，但缺少对模具选材、加工等综合分析方法的训练，缺少模具新材料、新工艺技术方面的知识，与模具设计、制造工艺之间的联系不够紧密。同时，由于模具材料种类繁多，性能各异，而模具的使用性能和使用寿命都与合理选择模具材料、确定合适的热处理工艺、采用适当的表面处理技术等有密切的关系。

学习本课程的目的，就是使学生在掌握了一般模具材料及热处理的知识后，能够较全面地了解各种模具材料的性能、热处理工艺和表面处理技术，从而合理地选择模具材料，制订正确的热处理工艺流程，以提高模具的使用寿命，降低生产成本，提高产品的经济效益。

（2）任务　通过本课程的学习，学生应了解材料的成分、组织结构、工艺手段及外界条件改变对其性能的影响；掌握各种模具材料（重点是金属材料）的基本特性和应用范围及其强化和改善性能的途径、基本原理与方法；了解模具材料及模具表面处理技术的现状和发展趋势，掌握各类模具材料的特性、强韧化方法和使用范围，初步具备选用常用模具材料及其热处理方法的能力；初步具有正确选择一般机械零件的热处理工艺、成形加工方法及确定其工序位置的能力。

第 1 章　金属材料的性能

从图 1-1 和图 1-2 中可以看出油轮和模具出现了断裂和裂纹，说明零部件发生了破坏，不能满足使用要求。零部件出现破坏的现象与材料的性能是密切相关的。

为了更好地研究材料的成分、组织和性能之间的关系，合理选择和使用材料，应充分了解材料的性能。材料的性能包括使用性能和工艺性能。材料的使用性能是指材料在保证机械零件或工具正常使用状态下应具备的性能，包括力学性能、物理性能和化学性能等。材料的工艺性能是指材料在机械零件或工具制造中应具备的性能，包括切削加工性能和热加工性能。

图 1-1　万吨油轮断裂

图 1-2　压铸模的龟裂

1.1　金属材料的力学性能

金属材料的力学性能是指材料抵御载荷（即外力）作用的能力，包括强度、刚度、硬度、塑性、韧性和疲劳强度等。力学性能是设计和制造零件最重要的指标，也是控制材料质量的主要参数，制造各类构件的金属材料都要满足规定的力学性能指标。

1.1.1　强度

1. 拉伸试验

拉伸试验是指用静拉力对拉伸试样进行缓慢的轴向拉伸，直至拉断的一种试验方法。在拉伸试验中和拉伸试验后，可测量力的变化与试样相应的伸长量，从而得出材料的强度与塑性的关系。材料在拉伸力作用下一般会出现三个过程，即弹性变形、塑性变形和断裂。弹性变形是指材料在载荷卸除后能恢复到原形的变形，而塑性变形是载荷卸除后永久保留下来的变形。对于不同类型的载荷，这三个过程的发生和发展是不同的，使用中一般多用静拉伸试验法来测定金属材料的强度和塑性指标。低碳钢试样的拉伸过程具有典型意义。试验时，拉伸试样如图1-3所示，在拉伸试验机上缓慢增加载荷，记录载荷与伸长量的数值，直至试样拉断，便可获得如图1-4所示的载荷与伸长量之间的关系曲线，即拉伸曲线。

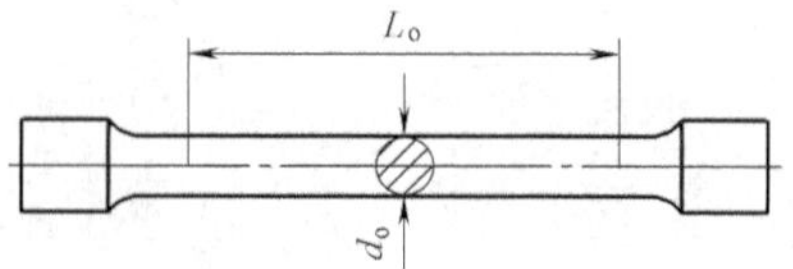

图1-3 钢的拉伸试样

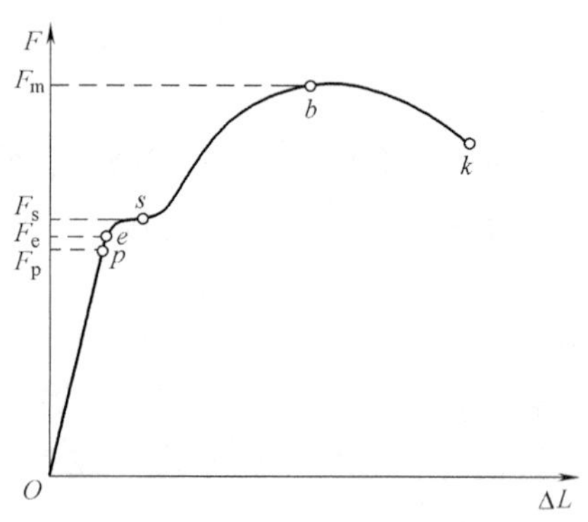

图1-4 退火低碳钢拉伸曲线

当载荷不超过 F_e 时，若除去载荷，则试样恢复到原来的形状，这一阶段（Oe 段）称为弹性变形阶段，在此阶段，载荷与伸长量成正比关系，载荷 F_e 是使试样只产生弹性变形的最大载荷。

当载荷超过 F_e 时，卸除载荷后，试样不能恢复到原来的状态，即产生了塑性变形。当载荷增加到 F_s 时，即（es 段）曲线出现一个小平台，此平台表明不增加载荷试样仍继续变形，好像材料已经失去抵御外力的能力而屈服了，这种现象称为屈服。只有再继续增加载荷，材料才继续伸长，此时试样已产生大量的塑性变形，直到增至最大载荷 F_m 时为止。在 sb 段，试样沿整个长度均匀伸长。当载荷达到 F_m 后，试样就在某个薄弱部分出现缩颈。由于试样局部截面积逐渐减小，试样所能承受的载荷也逐渐减小，直到最终断裂。

2. 常用的强度指标

强度是指材料在载荷作用下抵抗变形和断裂的能力。

无论何种材料，其内部原子之间都受到相互平衡的原子力的作用，以保持其固定的形状。材料在外力作用下，其内部会产生相应的作用力以抵抗变形，这种作用力称为内力。材料单位截面积上承受的内力称为应力，用 σ 表示，即

$$\sigma = \frac{F}{S_o}$$

式中 F——载荷（N）；

S_o——试样的原始横截面积（mm^2）。

金属材料的强度是用应力来表示的。常用的强度指标有弹性极限、屈服强度和抗拉强度。

（1）弹性极限 弹性极限是指试样在弹性范围内承受的最大拉应力，用符号 σ_e ⊖表示，即

$$\sigma_e = \frac{F_e}{S_o}$$

式中 F_e——载荷（N）；

⊖ GB/T 228.1—2010中未列出。

S_o——试样的原始横截面积（mm^2）。

（2）屈服强度　试样屈服时的应力称为屈服强度，上屈服强度用 R_{eH} 表示，下屈服强度用 R_{eL} 表示。屈服强度表示金属抵抗小量塑性变形的能力，即

$$R_e = \frac{F_s}{S_o}$$

式中　F_s——试样屈服时的载荷（N）；

S_o——试样的原始横截面积（mm^2）。

有些金属材料，如大多数合金钢、高碳钢和铸铁等，其拉伸曲线不出现平台，即没有明显的屈服现象，因此工程上规定将试样产生微量塑性变形（0.2%）时的应力作为该材料的屈服强度，称为材料的条件屈服强度，用 $\sigma_{0.2}$㊀表示，如图 1-5 所示。

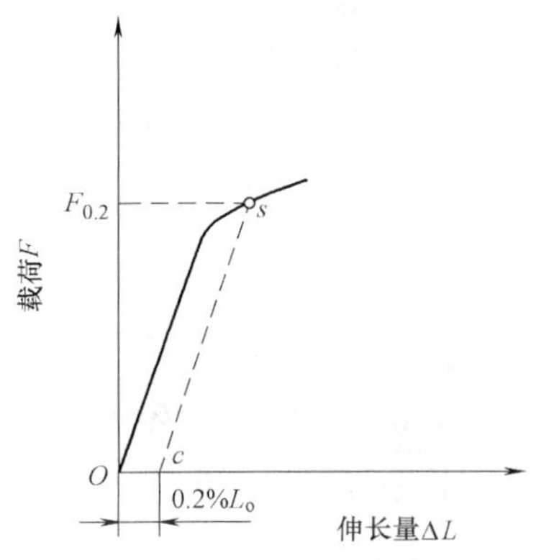

图 1-5　条件屈服强度的确定

屈服强度是评定材料质量的重要力学性能指标，许多机械零件在使用中是不允许发生塑性变形的，例如气缸螺栓若发生塑性变形，就会使气缸漏气。

（3）抗拉强度　抗拉强度是指试样在拉断前所承受的最大拉应力，即

$$R_m = \frac{F_m}{S_o}$$

式中　R_m——抗拉强度（MPa）；

F_m——试样在断裂前的最大载荷（N）；

S_o——试样的原始横截面积（mm^2）。

R_m 代表金属材料抵抗大量塑性变形的能力，表征材料在拉伸条件下所能承受的最大拉力的应力值，因此 R_m 越大，说明材料抵抗断裂的能力越强，即强度越高。抗拉强度是工程技术上的主要指标。

一般情况下，机器构件都是在弹性状态下工作的，不允许发生微小的塑性变形，所以在机械设计时应采用屈服强度指标，并适当加上安全系数。评价冷作模具材料塑性变形能力的指标主要是常温下的屈服强度，评价热作模具材料塑性变形能力的指标则应为高温屈服强度。

屈服强度与抗拉强度的比值称为屈强比，它是一个很有意义的指标。一般情况下，要求屈强比稍高些为好，且比值越大越能发挥材料的潜力，也能减轻结构的自重。但为了安全起见，此值不宜过大，适合的比值为 0.65 ~0.75。

1.1.2　刚度

在外力作用下，材料抵抗弹性变形的能力称为刚度。衡量刚度大小的指标是弹性模量。弹性模量是材料在弹性变形范围内，应力与应变（试样的相对伸长量 $\Delta L/L_o$）的比值，即

$$E = \frac{\sigma}{\varepsilon_{弹}}$$

㊀ GB/T 228.1—2010 中未列出。

式中　E——弹性模量（MPa）；

σ——在弹性范围内的应力（MPa）；

$\varepsilon_{弹}$——在弹性范围内的应变（%）。

弹性模量 E 表征在拉应力作用下金属抵抗弹性变形的能力，E 越大，金属抵抗弹性变形的能力就越强。从上式可知，在相同载荷作用下，材料的受力面积越大，材料的刚度就越大。材料的弹性模量与材料原子间的结合力有关，常用的强化手段如热处理和冷压力加工等，不能改变其弹性模量。因此，要提高刚度，只有增大横截面积或更换弹性模量更高的材料。

1.1.3　塑性

金属材料在静载荷作用下产生塑性变形而不被破坏的能力称为塑性，常用的塑性指标有断后伸长率 A 和断面收缩率 Z 两种。

1. 断后伸长率

断后伸长率是指试样被拉断时的标距长度的伸长量与原始标距长度的百分比，用符号 A 表示，即

$$A=\frac{L_{u}-L_{o}}{L_{o}}\times100\%$$

式中　L_o——试样原始标距长度（mm）；

L_u——试样拉断时的标距长度（mm）。

在材料手册中常常可以看到 A 和 $A_{11.3}$ 两种符号，它分别表示用 $L_o=5.65\sqrt{S_o}$ 和 $L_o=11.3\sqrt{S_o}$（S_o 为平行长度的原始横截面积）两种不同长度试样测定的断后伸长率。对同一种材料所测得的 A 和 $A_{11.3}$ 的值是不同的，A 要大于 $A_{11.3}$，如钢材的 A 约为 $A_{11.3}$ 的 1.2 倍，所以，相同符号的断后伸长率才能进行比较。

2. 断面收缩率

断面收缩率是指试样被拉断时，缩颈处横截面积的最大缩减量与原始横截面积的百分比，用符号 Z 表示，即

$$Z=\frac{S_{o}-S_{u}}{S_{o}}\times100\%$$

式中　S_u——试样拉断后的最小横截面积（mm^2）；

S_o——原始横截面积（mm^2）。

断面收缩率不受试样标距长度的影响，因此能更可靠地反映材料的塑性。对于必须承受强烈变形的材料，塑性指标具有重要意义。塑性优良的材料其冷压成形性好，此外，重要的受力零件也要求具有一定的塑性，以防止超载时发生断裂。

断后伸长率和断面收缩率也表明材料在静态或缓慢增大的拉应力下的韧性。

塑性指标不能直接用于零件的设计计算，只能根据经验来选定材料的塑性。一般来说，断后伸长率达 5% 或断面收缩率达 10% 的材料，即可满足绝大多数零件的要求。

1.1.4　硬度

硬度是指材料抵抗局部塑性变形的能力，是反映材料软硬程度的力学性能指标，是材料

的一个重要指标。实际上，硬度是表征材料的弹性、塑性、强度和韧性等一系列不同物理量组合的一种综合性能指标，其测试方法简便、迅速，不需要专门试样，也不损坏试样，而且测试设备也很简单。对于大多数金属材料，还可以从硬度值估算出其抗拉强度。硬度值是通过试验测得的，目前应用最广泛的硬度试验方法有布氏硬度、洛氏硬度和维氏硬度等试验。

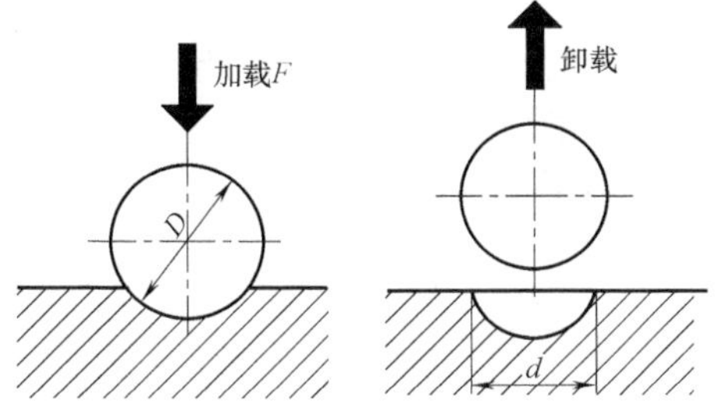

图 1-6　布氏硬度试验原理图

1. 布氏硬度

布氏硬度试验原理如图 1-6 所示。用一规定直径（$D=10.5$mm 或 $D=2.5$mm）的硬质合金球以一定的试验力压入所测表面，保持一定时间后卸除试验力，随即在金属表面出现一个压痕。以压痕单位面积上所承受试验力的大小确定被测材料的硬度值，用符号 HBW 表示，即

$$\mathrm{HBW}=0.102\frac{F}{S}=0.102\frac{F}{\pi Dh}$$

式中　F——试验力（kgf，1kgf = 9.80665N）；

S——压痕表面积（mm^2）；

h——压痕深度（mm）；

D——硬质合金球直径（mm）。

由于压痕深度 h 的测量比较困难，而测量压痕直径 d 比较方便，因此上式中的 h 可换算成压痕直径 d，即

$$\mathrm{HBW}=0.102\frac{2F}{\pi D\left(D-\sqrt{D^2-d^2}\right)}$$

式中　d——压痕直径（mm）。

试验时，用刻度放大镜测出压痕直径后，就可以通过计算或查布氏硬度表得出相应的硬度值。布氏硬度习惯上不标注单位。

由于金属材料软硬不同，工件的薄厚、大小不同，如果仅采用一种标准的试验力 F 和硬质合金球直径 D，就会出现如下现象：如果适用于较硬的材料，则对于较软的材料就会出现硬质合金球陷入金属内部的现象；若适用于较厚的材料，则对于较薄的材料就会产生压透现象等。因此在生产中进行布氏硬度试验时，要求使用不同大小的试验力和不同直径的硬质合金球。所以在进行布氏硬度试验时，硬质合金球直径 D、试验力 F 与保持时间，应根据所测试金属的种类和试样厚度，按表 1-1 列出的布氏硬度试验规范正确地进行选择。

由于硬度和强度以不同形式反映了材料在外力作用下抵抗塑性变形的能力，因而硬度和强度之间有一定的关系，如低碳钢 HBW≈R_m/3.6，高碳钢 HBW≈R_m/3.5，调质钢 HBW≈R_m/3.25 等。

布氏硬度压痕面积较大，能反映较大范围内金属各组成部分的平均性能，因此试验结果较准确。但由于布氏硬度试验留下的压痕较大，不适宜用来检验薄件和成品件，也不适宜检验太硬的材料，布氏硬度试验适于测量布氏硬度值小于 650HBW 的材料。

表 1-1　布氏硬度试验规范

材 料	硬度 HBW	试样厚度 /mm	F/D^2	D /mm	F /N（kgf）	载荷保持时间 /s
钢铁材料	140～450	6～3 4～2 <2	30	10 5 2.5	29400（3000） 7350（750） 1837.5（187.5）	10
	<140	>6 6～3 <3	10	10 5 2.5	9800（1000） 2450（250） 612.5（62.5）	10
铜合金及镁合金	36～130	>6 6～3 <3	10	10 5 2.5	9800（1000） 2450（250） 612.5（62.5）	30
铝合金及轴承合金	8～35	>6 6～3 <3	10	10 5 2.5	2450（250） 12.5（62.5） 152.88（15.6）	60

2. 洛氏硬度

洛氏硬度试验法是在初载荷与初、主载荷先后作用下，将压头压入试样表面，经规定的保持时间后卸除主载荷，根据压痕深度确定金属硬度值。根据所用压头的种类和所加的试验力，洛氏硬度分为 HRA、HRB、HRC 及 HRF 等。

图 1-7 所示为洛氏硬度试验原理图。进行洛氏硬度试验时，先加初试验力 F_0，压头压入试样表面，深度为 h_1，目的是消除因试样表面不平整而造成的误差；然后再加主试验力 F_1，在主试验力的作用下，压头压入深度为 h_2；卸除主试验力，保持初试验力，由于金属弹性变形的恢复，压头回升到压痕深度为 h_3 的位置。那么，由主试验力所引起的塑性变形而使压头压入试样表面的深度 $h = h_3 - h_1$，称为残余压入深度。显然，h 值越大，被测金属的硬度越低，而人们习惯上认为数值越大，硬度越高，因而采用一常数减去压痕深度后的数值表示洛氏硬度。按 GB/T 230.1—2009 的规定，洛氏硬度的计算公式为

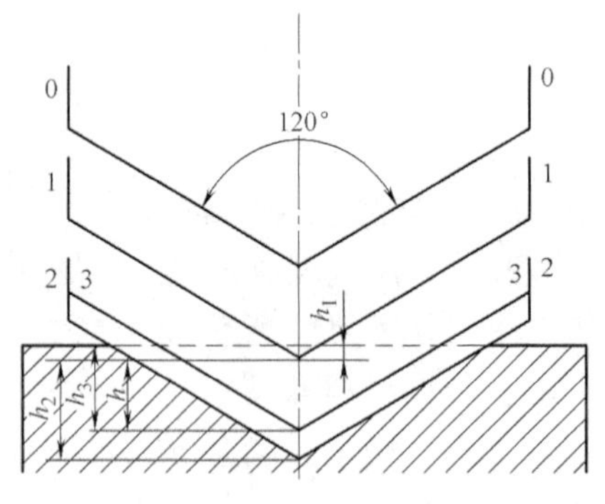

图 1-7　洛氏硬度试验原理图

$$HR = N - \frac{h}{S}$$

式中　N——给定标尺的硬度数；

h——残余压入深度（mm）；

S——给定标尺的单位。

洛氏硬度的数值可直接从硬度计上读出，不需要查表和换算，非常方便。它没有单位，测量范围大，试样表面压痕小，可直接测量成品或较薄工件的硬度，但也由于压痕小，对于组织硬度不均匀的材料，测量结果不准确，故需在试样的不同部位测定三点取其算术平均

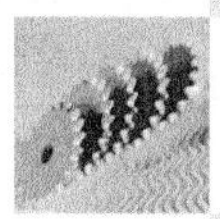

值。洛氏硬度与布氏硬度之间以及与其他硬度之间没有理论上的相应关系，不能直接比较。洛氏硬度及其应用范围见表 1-2。

表 1-2 洛氏硬度及其应用范围

硬度符号	压头类型	总载荷 F/N（kgf）	硬度值有效范围	应用举例
HRA	120°金刚石圆锥体	588.4（60）	20～88HRA	硬质合金，表面淬火、渗碳钢
HRB	ϕ1.588mm 球	980.7（100）	20～100HRB	非金属、退火钢、铜合金等
HRC	120°金刚石圆锥体	1471（150）	20～70HRC	淬火钢、调质钢

3. 维氏硬度

维氏硬度的试验方法与布氏硬度基本相同，不同的是维氏硬度采用的压头是夹角为 136°的金刚石四棱锥，且试验力可以任意选择。维氏硬度也是以单位压痕面积所承受的载荷作为硬度值的。将压头在选择的试验力作用下压入被测材料表面，保持一定时间后卸载，然后再测量压痕两对角线平均长度 d，计算出压痕的表面积，最后求出压痕表面积上的平均压力 F/S，如图 1-8 所示，以此作为被测材料的维氏硬度值，用符号 HV 表示。故维氏硬度值为

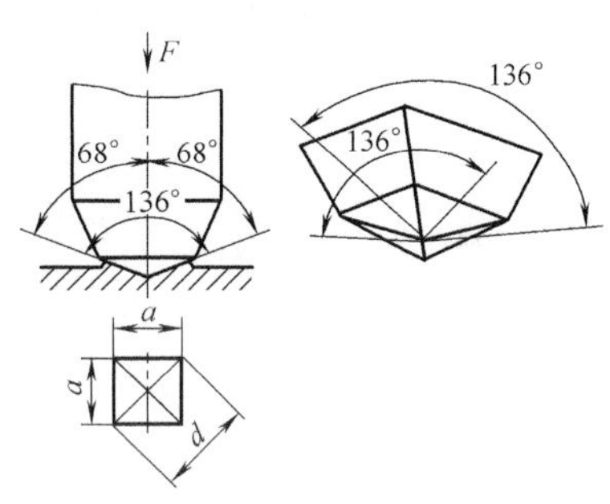

图 1-8 维氏硬度试验原理图

$$\mathrm{HV}=0.102\,\frac{F}{S}=\frac{F}{\dfrac{d^2}{2\sin 68^\circ}}=0.1891\,\frac{F}{d^2}$$

式中 F——压力（N）；

d——压痕对角线平均长度（mm）。

1.1.5 冲击韧度

前面所讲述的力学性能如强度、塑性、硬度都是在静载荷作用下测得的力学性能指标，而实际上有许多工件是在冲击载荷作用下工作的，如冲模上的冲头、锻锤的锤杆、飞机的起落架、变速器的齿轮等。对于这些承受冲击载荷的工件，不仅要求有高的强度和一定的塑性，还必须有足够的冲击韧度。

金属材料在冲击载荷作用下抵抗破坏的能力称为冲击韧度。目前，测量冲击韧度最普通的方法是一次摆锤弯曲冲击试验。试验时，将材料制成带缺口的标准试样，如图 1-9 所示，并将其放在冲击试验机的支座上，让一自重为 G 的摆锤自高度为 H 处自由下摆，摆锤冲断试样后又升至高度为 h 处，如图 1-10 所示。摆锤冲断试样所失去的能量即为试样在被冲断过程中吸收的能量，用 K 表示。断口处单位面积上所消耗的冲击吸收能量即为材料的冲击韧度，用 a_K 表示，即

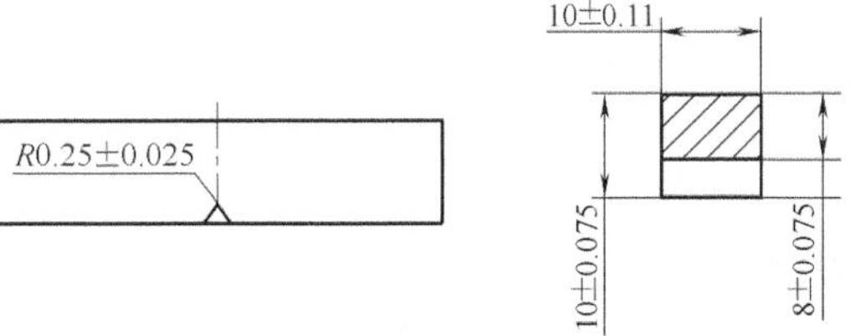

图 1-9 冲击试样

$$a_K=\frac{K}{S}=\frac{G\ (H-h)}{S}$$

式中　a_K——冲击韧度（$J \cdot cm^{-2}$）；

S——试样缺口处的横截面积（cm^2）；

K——冲击吸收能量（J）；

G——摆锤自重（N）；

H——摆锤初始高度（m）；

h——摆锤冲断试样后上升的高度（m）。

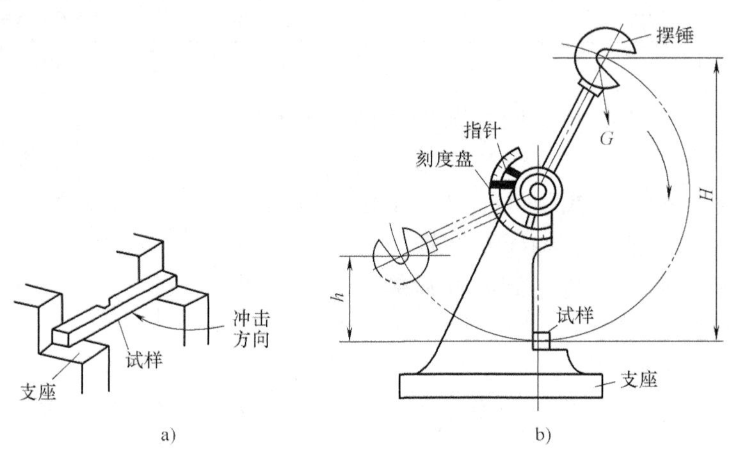

图 1-10　一次摆锤弯曲冲击试验原理图

这种试验方法的冲击速度较大，试样又开有缺口，能灵敏地反映材料脆性断裂的趋势，因而能较灵敏地反映金属材料在冶金和热处理等方面的质量问题。

实际上，机械零件很少是受一次冲击就破坏的，大多数情况下是承受小能量、多次重复的冲击载荷。在这种情况下，以冲击韧度作为性能指标来选择材料就不合适了。实践表明，冲击韧度高的金属材料，小能量多次冲击的抗力不一定高。一般金属材料受大能量的冲击载荷作用时，其冲击抗力主要取决于金属的塑性，而在小能量多次冲击的情况下，其冲击抗力取决于金属的强度。

对一般钢材来说，所测冲击吸收能量 K 越大，材料的韧性越好。但由于测出的冲击吸收能量的组成比较复杂，所以有时测得的 K 值及计算出的冲击韧度 a_K 不能真正反映材料的韧脆性质。冲击韧度除与材料的自身性能有关外，还与试验测试温度、试样尺寸、缺口形状和加载速度等因素有关。一般而言，随着试验温度的下降，材料的冲击韧度会降低，呈现脆性，如图 1-11 所示，脆性转变温度越低，材料的低温冲击韧度就越好。普通碳素钢的脆性转变温度为 $-30 \sim 20$℃。

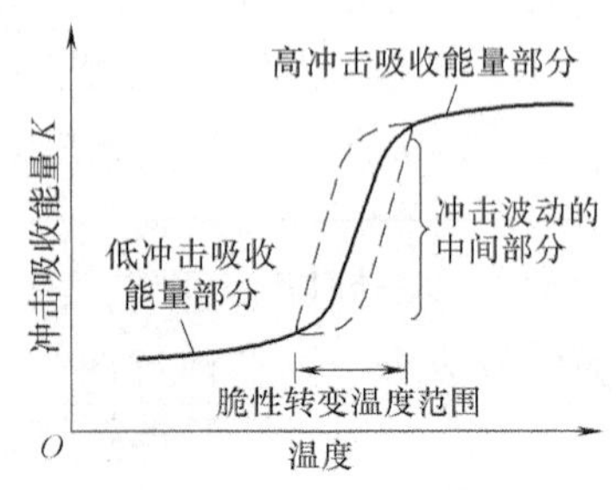

图 1-11　温度对冲击韧度的影响

1.1.6　疲劳强度

有些机器零件如轴、齿轮、连杆和弹簧等，在交变载荷长期作用下，往往在工作应力低于屈服强度的情况下突然破坏，这种现象称为疲劳。所谓交变应力，是指大小、方向随时间

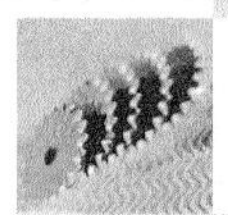

呈周期性变化的应力。金属材料在交变应力作用下产生疲劳裂纹并使其扩展而导致的断裂称为疲劳断裂。据统计，约有80%以上的零部件失效是由疲劳引起的。不管是对于脆性材料还是韧性材料，疲劳断裂都是突发的，事先均无明显的塑性变形，因此它具有很大的危险性，常造成严重的事故。

疲劳强度是指材料经受无数次的应力循环仍不断裂的最大应力，表示材料抵抗疲劳断裂的能力。

测定材料的疲劳强度应在不同交变载荷下进行试验，通过试验可得到材料承受的交变应力 σ 和断裂前应力循环次数 N 之间的关系曲线，即疲劳曲线，如图1-12所示。从曲线上可以看出，应力值越低，断裂前的应力循环次数越多；当应力降低到某一定值后，曲线与横坐标轴平行，即曲线趋于水平（图1-12中曲线1），则表示在该应力作用下，材料经无数次应力循环也不会发生断裂。试样承受无数次应力循环或达到规定的循环次数才断裂的最大应力称为材料的疲劳强度。

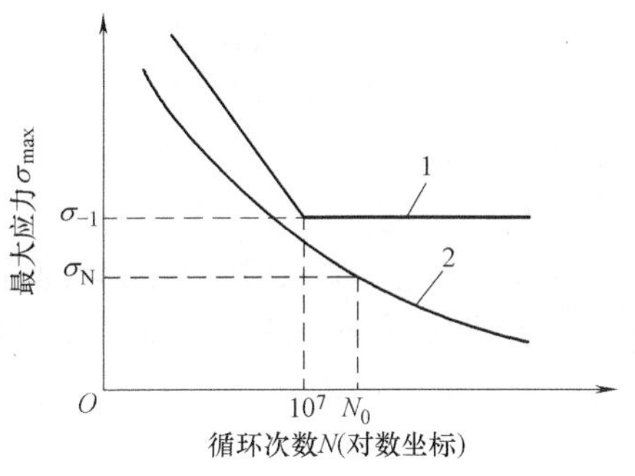

图1-12　疲劳曲线

对称循环应力的疲劳强度用 σ_{-1} 表示。实践证明，当钢铁材料的应力循环次数达到 10^7 次时，零件仍不断裂，此时的最大应力可作为材料的疲劳强度；对于非铁金属和某些超高强度钢（图1-12中的曲线2），工程上规定应力循环次数为 10^8 次时，所对应的最大应力作为它们的疲劳强度。

疲劳断裂一般是由于材料内部有组织缺陷，如气孔、夹杂物等，或者表面有裂纹、刀痕及其他能引起应力集中的缺陷而导致产生微裂纹，这种裂纹随着应力循环次数的增加而逐渐扩展，最后导致材料断裂。为了提高机械零件的疲劳强度，延长其使用寿命，除改善内部组织和外部结构形状（如避免尖角），以避免应力集中外，还可以通过降低零件的表面粗糙度值，减少表面刀痕、碰伤和采用各种强化方法如表面淬火、喷丸处理、涂敷表面涂层来提高疲劳强度。

1.1.7　断裂韧度

有些高强度钢制造的机械零件、构件和中低强度钢制造的大型构件，还有一些非金属材料制造的大型构件，往往在工作应力远低于屈服强度时就发生脆性断裂，这种断裂称为低应力脆性断裂。大量的研究表明，实际材料的组织都不是均匀、各向同性的，一般都存在组织上的缺陷，如微裂纹、夹杂和气孔等，当材料受力时，这些缺陷的尖端附近便产生应力集中现象。根据应力与裂纹扩展的取向不同，裂纹扩展可分为张开型（Ⅰ型）、滑开型（Ⅱ型）和撕开型（Ⅲ型），如图1-13所示。三种裂纹扩展形式以张开型最为危险。一旦形成裂纹后，在其尖端的应力集中处就形成了应力场。这个应力场的大小用应

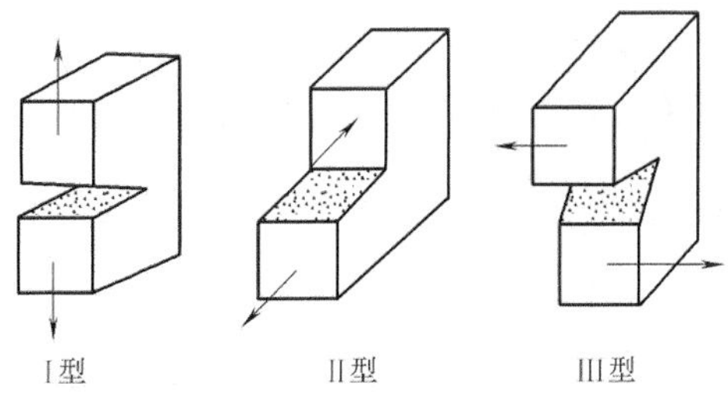

图1-13　裂纹扩展的基本形式

力强度因子表征，用符号 K_{I} 表示。

$$K_{\mathrm{I}} = \gamma\sigma\sqrt{a}$$

式中　K_{I}——下角标Ⅰ表示Ⅰ型裂纹应力强度因子（$\mathrm{MPa \cdot m^{1/2}}$）；

γ——与裂纹形状、加载方式及试样尺寸相关的系数；

σ——外加应力（MPa）；

a——裂纹长度的一半（m）。

由上式可知，K_{I} 随 σ 和 a 的增大而增大；在拉伸外力作用下，γ 的值是一定的；当外力逐渐增大或裂纹逐渐扩展时，裂纹尖端的应力强度因子 K_{I} 也随之增大；当 K_{I} 增大到某一临界值时，裂纹会突然快速扩展，导致断裂，这个强度因子的临界值称为材料的断裂韧度，用符号 K_{IC} 表示。

根据应力强度因子 K_{I} 和断裂韧度 K_{IC} 的相对大小，可判断存在裂纹的材料在受力时裂纹是否会扩展而导致断裂。当 $K_{\mathrm{I}} >> K_{\mathrm{IC}}$ 时，材料必然发生裂纹失稳扩展而脆断；当 $K_{\mathrm{I}} < K_{\mathrm{IC}}$ 时，裂纹不扩展或扩展缓慢。

断裂韧度表征材料抵抗裂纹扩展的能力，是断裂力学中重要的性能指标，涉及材料的强度、韧度等，与材料的内部组织、成分和结构密切相关。

1.2　金属材料的高温力学性能

很多机械零件在高温条件下工作，如高压蒸汽锅炉、柴油机、汽轮机等，还有热作模具在工作中既受力的作用又受温度的作用。因此，对于制造这类零件的金属材料，仅考虑常温下的力学性能显然是不行的。首先，温度对金属材料的力学性能影响很大，一般随温度升高，其强度降低而塑性提高。其次，金属材料在常温下的静载性能与载荷持续时间关系不大，但在高温下，载荷持续时间对力学性能有很大的影响。在高温长时间载荷的作用下，金属材料的塑性显著降低，缺口敏感性提高，因而高温断裂往往呈脆性破坏现象。

对金属材料来说，所谓高温是指其工作温度超过再结晶温度。材料的高温力学性能主要有蠕变强度、持久强度、高温韧度和高温疲劳极限等。

1. 蠕变及蠕变强度

材料在长时间的恒温、恒应力作用下，即使所受到的应力小于屈服强度，也会缓慢地产生塑性变形的现象称为蠕变。蠕变是在高温条件下金属材料力学行为的重要特点。由这种变形而导致的材料断裂称为蠕变断裂。

蠕变强度是材料在规定时间内，在一定的温度下产生一定蠕变变形量所对应的应力值。蠕变强度是反映材料在长时间高温作用下的塑性变形抗力的指标。

2. 持久强度

蠕变强度表征了金属材料在高温长时间载荷作用下对塑性变形的抗力，但不能反映断裂时的强度及塑性。对于高温材料还必须测定其在高温长时间载荷作用下抵抗断裂的能力。

持久强度是指材料在高温长时间载荷作用下抵抗断裂的能力。持久强度极限是指材料在恒定温度下，达到规定的时间而不断裂的最大应力，以 R_{τ}^{t} 表示，如 $R_{1000}^{700} = 30\mathrm{MPa}$ 表示在700℃下，要使材料使用1000h而不断裂，此时材料最大只能承受30MPa的应力。对于设计

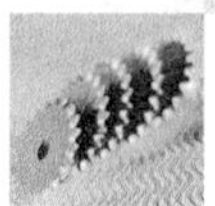

某些在高温运转过程中不考虑变形量的大小、只考虑在承受给定应力下使用寿命的零件来说，金属材料的持久强度是极其重要的性能指标。

蠕变强度与持久强度极限都是反映材料高温性能的重要指标，其区别仅为侧重点不同，前者以考虑变形为主，后者则主要考虑材料在高温下长期使用的破坏抗力。

3. 高温韧度

材料的高温韧度一般通过高温冲击试验来测定。高温冲击试验与常温、低温冲击试验的本质是一致的，只不过是将试样加热，在高温下进行冲击试验。高温韧度是判定材料高温脆化倾向的重要指标。

1.3 案例

案例1 某厂购进一批40钢，其力学性能标准是：$R_e \geqslant 340\text{MPa}$，$R_m \geqslant 540\text{MPa}$，$A \geqslant 19\%$，$Z \geqslant 45\%$。验收时，将40钢制成$d_o = 10\text{mm}$，$L_o = 50\text{mm}$的试样进行拉伸试验，测得$F_s = 28260\text{N}$，$F_m = 45530\text{N}$，$L_u = 60.5\text{mm}$，$d_u = 7.3\text{mm}$。试判断这批钢材是否合格。

计算得

$$R_e = \frac{F_s}{S_o} = 28260 \div \frac{10^2\pi}{4}\text{MPa} = 360\text{MPa}$$

$$R_m = \frac{F_m}{S_o} = 45530 \div \frac{10^2\pi}{4}\text{MPa} = 580\text{MPa}$$

$$A = \frac{L_u - L_o}{L_o} \times 100\% = \frac{60.5 - 50}{50} \times 100\% = 21\%$$

$$Z = \frac{S_o - S_u}{S_o} \times 100\% = \frac{d_o^2 - d_u^2}{d_o^2} \times 100\% = \frac{10^2 - 7.3^2}{10^2} \times 100\% = 46.7\%$$

测得数据均高于标准值，合格。

案例2 图1-14a、b所示分别为两种材料的拉伸断口，请判断哪种是脆性材料的断口，哪种是韧性材料的断口，并说明理由。

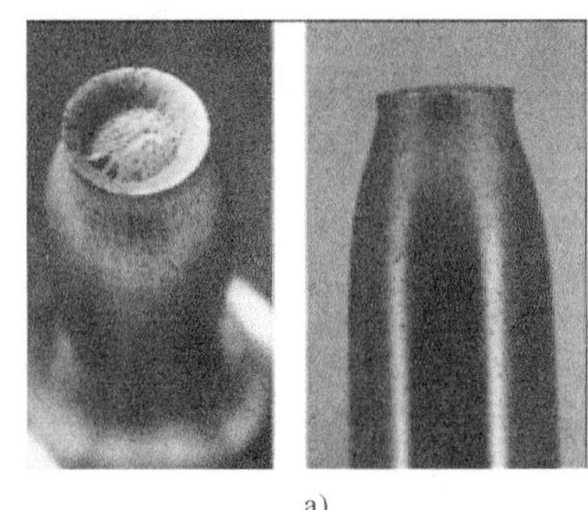

a)

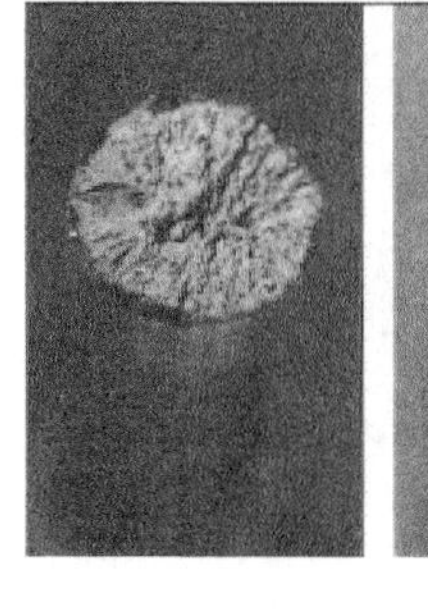

b)

图1-14 拉伸断口

图1-14a所示为韧性材料的断口，因为材料在断裂之前发生了明显的塑性变形；图1-14b所示为脆性材料的断口，因为断裂前没有明显的塑性变形。

思　考　题

1. 力学性能指标中，强度、塑性、硬度、冲击韧度、疲劳强度、断裂韧度分别反映了材料的哪些性能？

2. 什么叫应力、应变？低碳钢拉应力-应变曲线可分为哪几个变形阶段？这些阶段各具有什么特征？

3. 硬度有几种试验方法？各自的适用范围是什么？

4. 下面列举的几种材料（工件）应采用什么方法测定其硬度值？

锉刀、中碳钢、铸铁、黄铜轴套、硬质合金刀片、耐磨工件表面硬化层、铝合金。

5. 什么叫疲劳强度？为什么说表面强化可有效地提高疲劳强度？

6. 引起零件、构件发生低应力脆性断裂的主要原因有哪些？采取什么措施可以减少低应力脆断的发生？

7. 下列说法是否准确？如不准确请予以改正。

1）机器中的零件，材料强度高的不会产生变形，材料强度低的一定会产生变形。

2）材料的强度高，其塑性就低；材料的硬度高，其刚性就大。

3）材料的弹性极限高，所产生的弹性变形量就较大。

第 2 章　金属材料的组织结构

如图 2-1 所示，不同的材料具有不同的力学性能，对于同一成分的材料，可通过改变其内部结构和组织状态的方法来改变其性能。因此，了解材料的结构是掌握材料性能的基础。材料的结构是指组成物质的单元（原子或分子）的排列方式和空间分布方式，它与材料的化学组成及外部条件密切相关。所以，研究机械工程材料的结构及组织状态，对于生产、加工、使用现有材料和发展新型材料均具有重要意义。

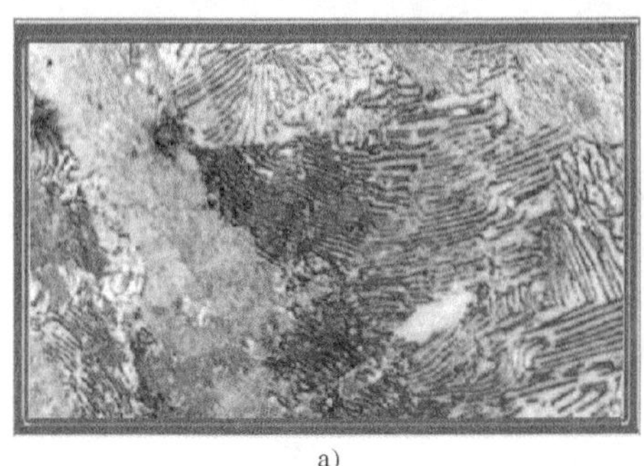

a)

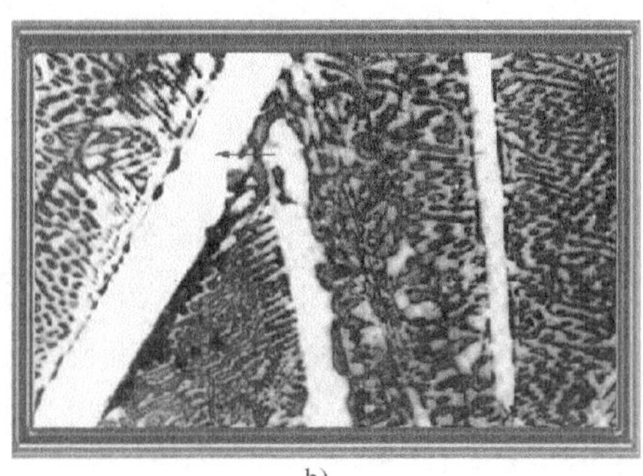

b)

图 2-1　共析钢和过共晶白口铸铁的金相组织
a）共析钢的金相组织　b）过共晶白口铸铁的金相组织

2.1　金属的结构

2.1.1　金属的晶体结构

1. 晶体与非晶体

固态物质按其原子排列规律的不同可分为晶体与非晶体两种。

原子在空间通过有规则的周期性重复排列所形成的固态物质称为晶体。大多数金属、陶瓷以及一些聚合物在形成固体时，都可形成晶体。晶体通常具有固定的熔点和各向异性等特征。

原子在空间无规则地堆积在一起所形成的固态物质称为非晶体。非晶体没有固定的熔点，其性能呈各向同性。玻璃、松香、沥青等都是非晶体。

2. 晶体的基本结构

晶体的结构就是晶体内部原子排列的方式及特征。只有研究金属的晶体结构，才能从本质上说明金属性能的差异及变化的实质。

（1）晶格　实际晶体中的各类质点（离子、电子等）虽然都在不停地运动，但通常在讨论晶体结构时，可以把晶体中的质点看成是固定不动的刚性小球，这些小球按一定的几何形状在空间紧密堆积，形成了原子排列模型，如图2-2a所示。用一些假想的几何线条将晶体中各原子的中心连接起来，构成一个空间格架，这种抽象化了的用于描述原子在晶体中排列形式的几何空间格架，称为晶格，如图2-2b所示。

（2）晶胞　由于晶体中的原子呈规则排列且具有周期性的特点，因此通常选取一个能够完全反映晶格特征的、由最小数目的原子构成的最小结构单元来表示晶体中原子排列的规律，这个几何单元称为晶胞，如图2-1b中粗实线所示。可以看出，晶格可以由晶胞不断重复堆砌而成。

（3）晶格常数　为研究晶体结构，在晶体学中还规定用晶格参数来表示晶胞的几何形状及尺寸。晶格参数包括晶胞的棱边长度 a、b、c 和棱边夹角 α、β、γ，如图2-2c所示。晶胞的各棱边长度的单位为Å（$1Å = 10^{-10}m$）。

a)

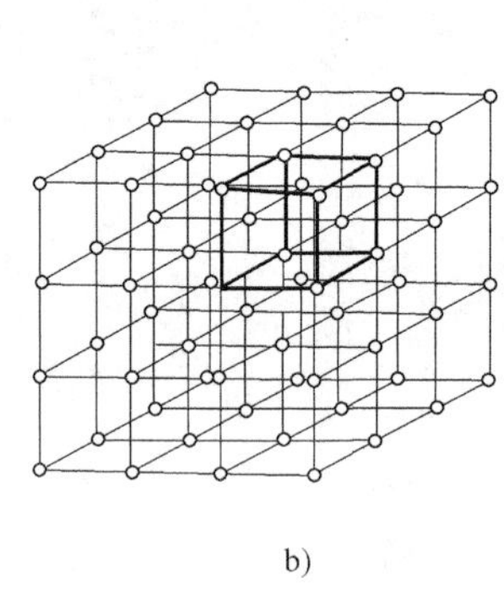
b)

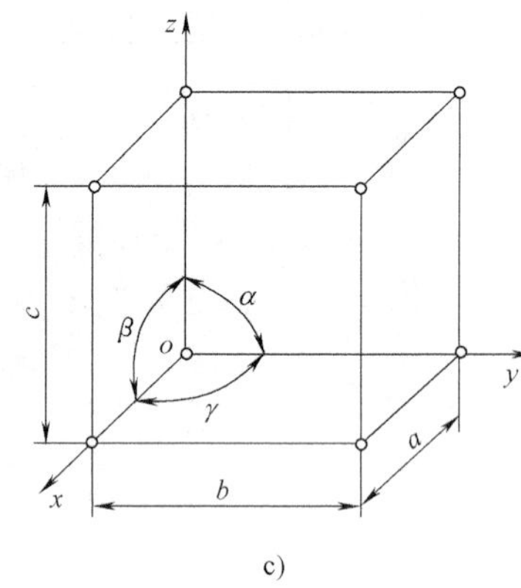

c)

图2-2　简单立方晶格与晶胞示意图

a）晶体中原子排列模型　b）晶格和晶胞　c）晶胞的表示方法

3. 常见金属的晶格类型

根据晶体晶胞中原子排列的规律，晶格的基本类型可以有许多种。由于大多数金属都属于金属键结合，其原子具有趋于紧密排列的趋势，故其常见晶格类型主要包括体心立方晶格、面心立方晶格和密排六方晶格三种。

（1）体心立方晶格　体心立方晶格的晶胞为一个立方体，立方体的8个顶点各排列着一个原子，立方体中心有一个原子，如图2-3所示。属于这种晶格类型的金属有α-Fe（铁）、Cr（铬）、W（钨）、Mo（钼）和V（钒）等。

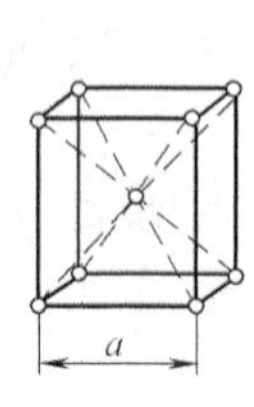

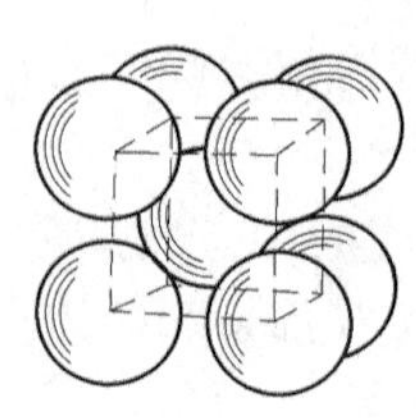

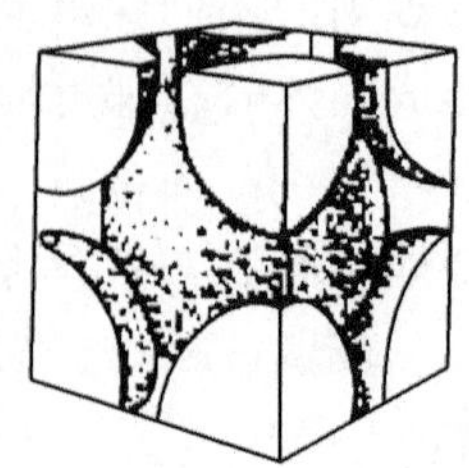

图2-3　体心立方晶格的晶胞示意图

（2）面心立方晶格　面心立方晶格的晶胞也是一个立方体，立方体的8个顶点和6个面的中心各排列着一个原子，如图2-4所示。属于这种晶格类型的金属有γ-Fe（铁）、Al

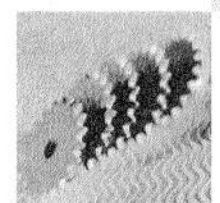

（铝）、Cu（铜）、Ni（镍）、Au（金）和 Ag（银）等。

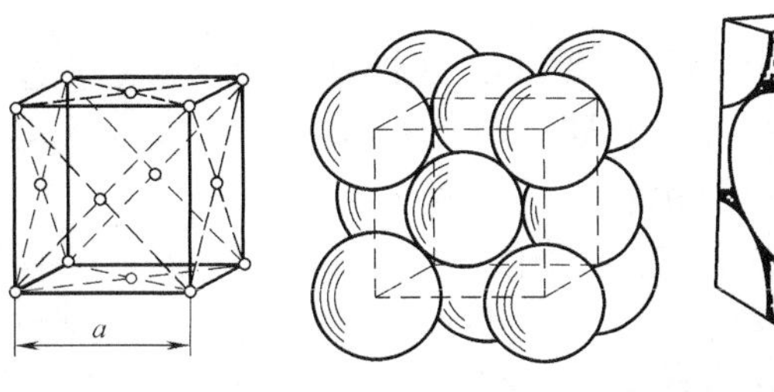

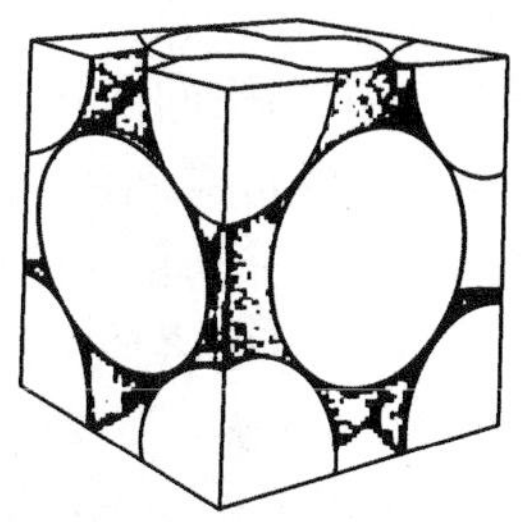

图 2-4　面心立方晶格的晶胞示意图

（3）密排六方晶格　密排六方晶格的晶胞是一个六方柱体，柱体的 12 个顶点和上、下面中心各排列着一个原子，六方柱体的中间还有 3 个原子，如图 2-5 所示。属于这种晶格类型的金属有 Mg（镁）、Zn（锌）、Be（铍）和 Ti（钛）等。

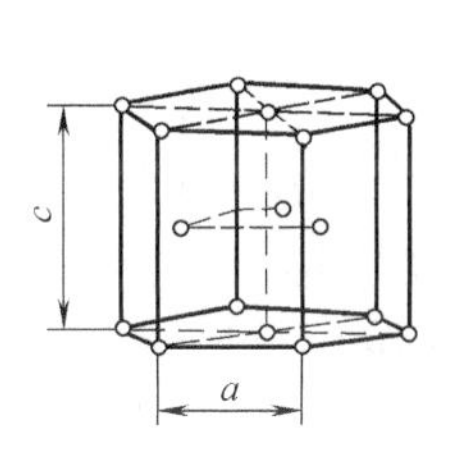

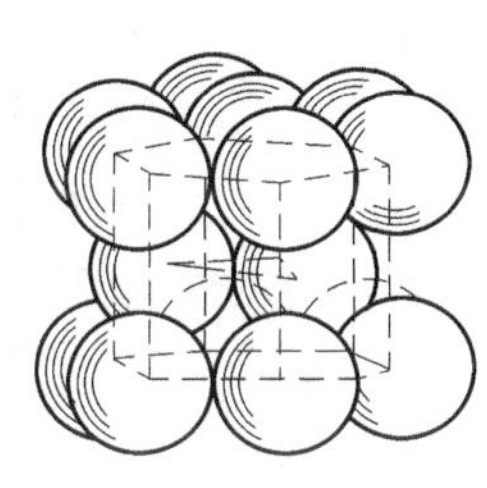

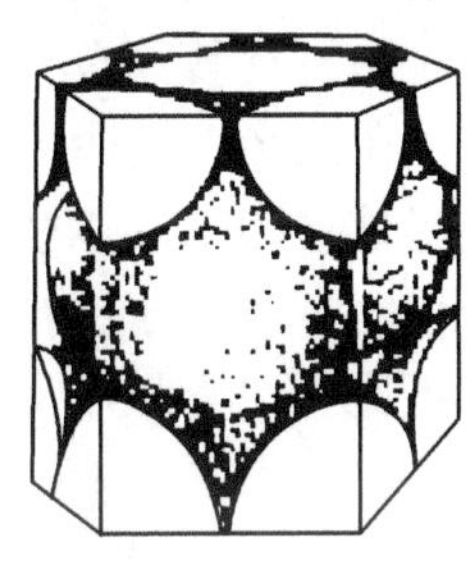

图 2-5　密排六方晶格的晶胞示意图

晶格类型不同，原子排列的致密度（晶格中原子所占体积与晶格体积的比值）也不同。体心立方晶格的致密度为 68%，而面心立方晶格和密排六方晶格的致密度均为 74%。晶格类型发生变化，将引起金属体积和性能的变化。

2.1.2　金属的实际晶体结构

1. 单晶体和多晶体

晶体是由原子按一定几何规律作周期性排列而形成的，如果晶体内部的晶格位向完全一致，则这种晶体称为单晶体。在工业生产中，只有经过特殊的方法才能获得单晶体。

实际使用的金属材料，即使体积很小，其内部仍包含了许多颗粒状的小晶体，每个小晶体内部的晶格位向是一致的，而各个小晶体彼此间的位向都不同。外形呈多面体颗粒状的小晶体称为晶粒，晶粒与晶粒之间的界面称为晶界，这种实际上由许多晶粒组成的晶体称为多晶体，如图 2-6 所示。

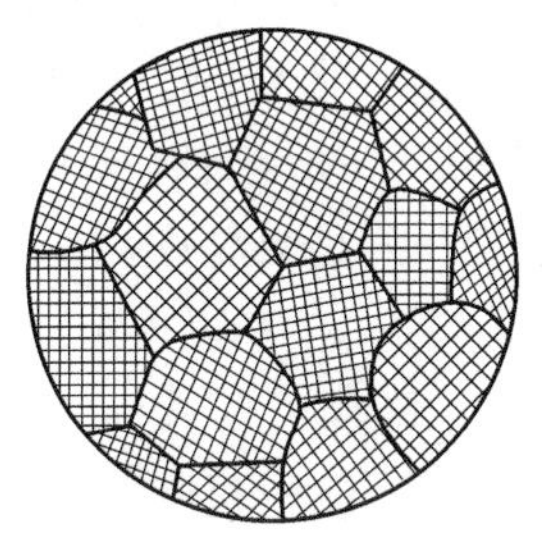

图 2-6　多晶体示意图

2. 晶体缺陷

实际的金属晶体结构不仅是多晶体，而且原子的排列并不像理想晶体那样规则和完整。实际应用的晶体材料的结构，总是不可避免地存在一些原子偏离规则的不完整区域，这就是缺陷。这些缺陷对金属的物理性能、化学性能和力学性能影响很大。根据晶体缺陷的几何形态特征，可分为点缺陷、线缺陷和面缺陷三类。

(1) 点缺陷 最常见的点缺陷是晶格空位和间隙原子，如图2-7所示。晶格中某个原子脱离了平衡位置，形成了空间结点，称为空位。某个晶格间隙中挤进了原子，这种不占有正常的晶格位置、处在晶格间隙之间的原子称为间隙原子。缺陷的出现破坏了原子间的平衡状态，使晶格发生扭曲，称为晶格畸变。晶格畸变将使晶体性能发生改变，如强度、硬度的改变和电阻的增大。

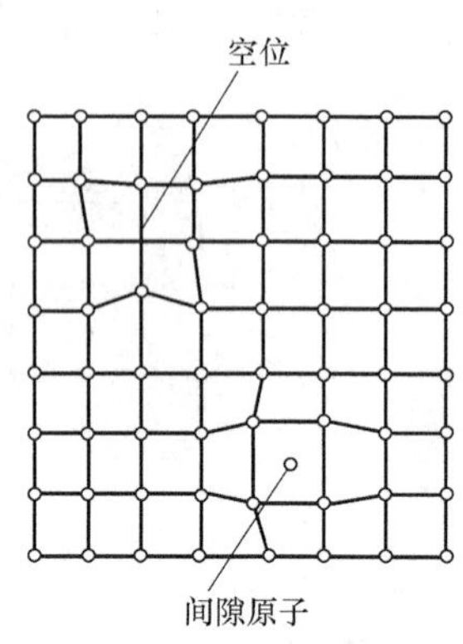

图2-7 点缺陷示意图

(2) 线缺陷 线缺陷是指在晶体中呈线状分布（在一个方向上尺寸很大，在另一个方向上尺寸很小）的缺陷。常见的线缺陷是各种类型的位错。位错是晶体结构中一种极为重要的微观缺陷，是一种普遍存在的形式，是在晶体中某处有一列或若干列原子发生了有规则的错排现象。位错有许多类型，其中刃型位错是一种比较简单的位错。

如图2-8所示，在*ABCD*晶面上垂直插入一个原子面*EFGH*，这个多余原子面像切削刃一样切入晶体，使晶体中刃部周围的原子产生了错排现象。多余原子面的底边（*EF*线）称为位错线。在位错线附近，由于错排产生了晶格的畸变，使位错线上方的邻近原子受到压应力，而其下方的邻近原子受到拉应力。离位错线越近，晶格的畸变越严重。刃型位错常用符号⊥表示。

位错的特点是易动，它对金属的塑性变形、强度、扩散、相变、疲劳腐蚀等物理、化学性能都起着重要作用。

位错对材料性能的影响（特别是对金属材料的力学性能的影响）比点缺陷要大。理想晶体的强度很高，位错的存在可提高实际晶体的强度。当金属材料处于退火状态时，强度最低，但经过冷变形加工后，金属材料的位错密度增加，金属的强度明显提高。

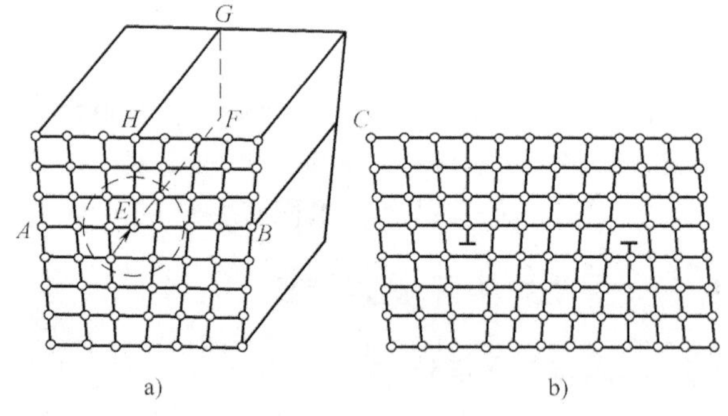

图2-8 刃型位错示意图

(3) 面缺陷 面缺陷是指在晶体中呈面状分布（在两个方向上的尺寸很大，在第三个方向上的尺寸很小）的缺陷。常见的面缺陷是晶界和亚晶界。

一般金属材料都是多晶体，多晶体中两相邻晶粒间的位向差大多在30°～40°，而晶界处的原子排列必然受到两侧不同晶粒位向的影响，形成原子排列无规则的过渡层，如图2-9所示。晶界处的这种无规则排列，使晶格处于畸变状态，使晶界处的能量也高于晶粒内部的能量。因此，晶界在常温下的强度和硬度较高，且随晶粒的细化，其强度和硬度成正比例增大。

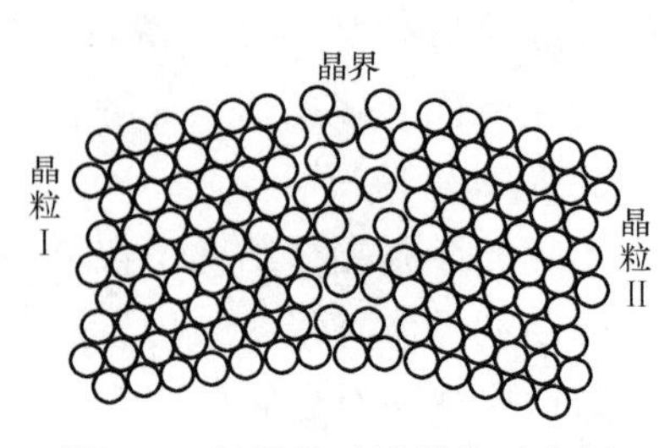

图2-9 晶界的过渡结构示意图

综上所述，实际晶体内部存在各种缺陷，在缺陷处及其附近，晶格均处于畸变状态，直接影响到金属的力

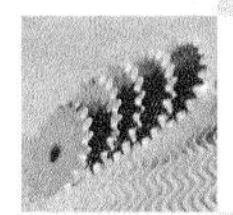

学性能，使金属的强度、硬度有所提高。

2.1.3 合金的晶体结构

纯金属由于具有较高的导电性、导热性、化学稳定性以及金属光泽，所以在人类的生产和生活中得到了广泛应用。但纯金属种类有限、提炼困难且力学性能又较低，因此无法满足人们对金属材料提出的多品种和高性能的要求，所以在工业上大量使用的不是纯金属而是合金。合金是由两种或两种以上的金属元素或金属元素与非金属元素组成的具有金属性质的物质，如碳素钢、合金钢、铸铁、黄铜等常用材料都是合金。

1. 合金的基本概念

（1）组元　组成合金的最基本的独立单元称为组元。组元可以是金属元素、非金属元素或稳定的化合物。根据组元的多少，合金可分为二元合金、三元合金和多元合金。由两个以上组元组成的一系列不同成分的合金称为合金系，如二元合金系、三元合金系。

（2）相　相是金属或合金中具有相同成分、相同结构并以界面相互分开的各个均匀组成部分。若合金由成分结构互不相同的几种晶粒所构成，则该合金具有几种不同的相。金属或合金的一种相在一定条件下可以变为另一种相，即相变。

（3）组织　组织是指用金相观察方法，在金属及其合金内部看到的涉及晶体或晶粒的大小、方向、形状、排列状况等组成关系的构造情况。

（4）组织和相的关系　组织和相有着紧密的联系。相是组织的最基本的组成部分，当相的大小、形状与分布不同时，会构成不同的组织。相是组织的基本单元，组织是相的综合体。

合金在固态下，只由一种相组成的组织称为单相组织，由两种或两种以上相组成的组织分别称为两相组织或多相组织。

2. 合金的相结构

合金的性能一般都是由组成合金的各相的成分、结构、形状、性能和各相的组合情况——组织所决定的。因此，在研究合金的组织和性能之前，应先了解构成合金组织的相的结构及其性能。根据合金中各组元间的相互作用，合金中相的结构主要有固溶体和金属化合物两大类。

（1）固溶体　合金中的两组元在液态和固态下都互相溶解，共同形成均匀的固相，这类相称为固溶体。组成固溶体的两个组元中，能够保持其原有晶格类型的组元称为溶剂，失去原有晶格类型的组元称为溶质。因此，固溶体的晶格与溶剂的晶格相同，而溶质以原子状态分布在溶剂的晶格中。根据溶质原子在溶剂晶格中占据的位置，可将固溶体分为置换固溶体和间隙固溶体。两种固溶体的结构如图2-10所示。

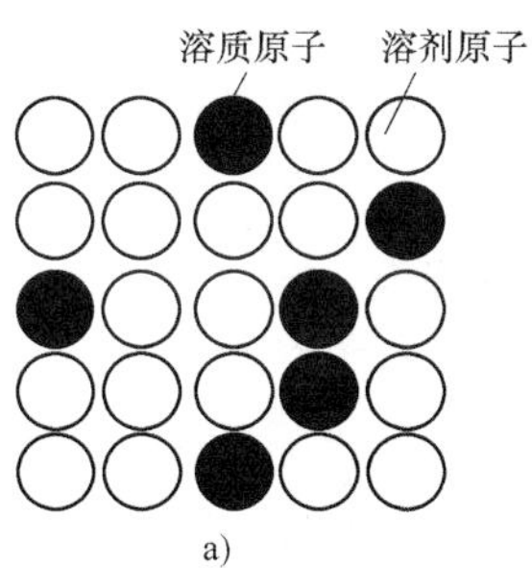

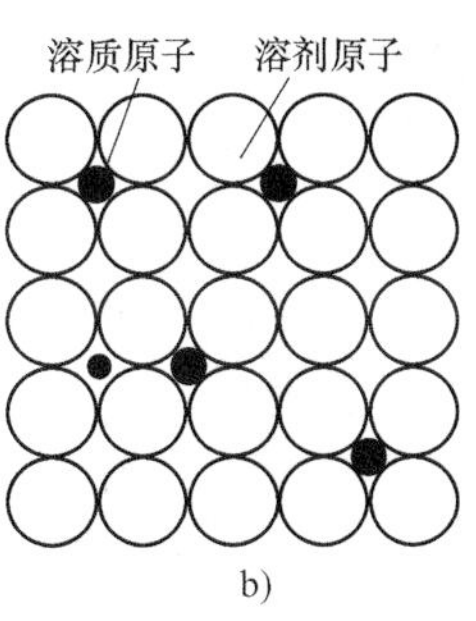

图2-10　固溶体结构示意图

a）置换固溶体　b）间隙固溶体

由溶质原子代替一部分溶剂原子而占据溶剂晶格中某些结合位置而形成的固溶体称为置

换固溶体。按照溶质原子在置换固溶体中溶解度的不同，置换固溶体又分为有限固溶体和无限固溶体，如铜和锌、铜和锡就形成有限固溶体，而铁和铬、铜和镍便形成无限固溶体。

由溶质原子占据溶剂晶格中的间隙位置而形成的固溶体称为间隙固溶体。由于溶剂晶格的间隙有一定的限度，所以间隙固溶体的溶解度是有限的。在金属材料的相结构中，碳素钢中碳原子溶入 α-Fe 晶格间隙中便形成间隙固溶体，称为铁素体。

溶质原子的溶入，引起固溶体晶格发生畸变，使合金的塑性变形抗力增大，强度和硬度提高。这种通过溶入溶质元素，使固溶体的强度和硬度提高的现象称为固溶强化。实践证明，只要适当控制固溶体中溶质的含量，就能在显著提高金属材料强度的同时仍然使其保持较高的塑性和韧性。固溶强化是提高金属材料力学性能的重要途径之一。对于钢铁材料来说，固溶强化的作用只是其强化途径的一种，有一定的局限性；而对于非铁金属材料来说，固溶强化是行之有效的重要强化手段。

（2）金属化合物　金属化合物是合金组元间发生相互作用而形成的一种新相，其晶格类型和性能不同于任一组元，具有复杂的晶体结构，其熔点高、硬度高而脆性大。金属化合物是很多金属材料中的一种基本组成相，一般都用化学分子式表示，如钢中的渗碳体（Fe_3C）、黄铜中的 CuZn 相。

生产中很少直接使用单相金属化合物的合金，当金属化合物呈小颗粒状均匀分布在固溶体基体上时，将使合金的强度、硬度和耐磨性明显提高，但会降低其塑性和韧性，这一现象称为弥散强化。仅由一种固溶体组成的合金，由于强度不高，其应用受到限制。所以，多数合金都是固溶体和少量的金属化合物的混合物。人们可以通过调整固溶体的溶解度和分布于其中的化合物的形状、大小、数量和分布，来调整合金的性能，以满足工程上不同的性能要求。

2.2 金属的结晶

2.2.1 纯金属的结晶

金属材料的生产一般都经过由液态到固态的凝固过程，如果凝固的固态物质是原子有规则排列的晶体，则这个凝固过程又称为结晶。金属结晶后获得的原始组织称为铸态组织，它对金属的工艺性能及使用性能有直接影响。因此，了解金属从液态结晶为固态的基本规律是十分必要的。

1. 金属的结晶温度和过冷现象

纯金属的结晶过程可用热分析的方法来测定，其测定结果可用一条冷却曲线表示，此曲线反映纯金属在冷却过程中温度随时间变化的规律，如图 2-11 所示。金属由液态缓慢冷却时，随着热量向外散失，温度不断下降，当温度降到 T_0 时，开始结晶。由于结晶时放出的结晶潜热补偿了其冷却时向外散失的热量，故结晶过程中温度不变，即冷却曲线上出现了一段水平线段，水平线段所对应的温度称为理论结晶温度（T_0）。

在生产实际中，金属结晶时的冷却速度是相当快的，此时液态金属将在理论结晶温度以下的某一温度 T_1 才开始结晶。金属的实际结晶温度 T_1 低于理论结晶温度 T_0 的现象称为过冷现象。理论结晶温度与实际结晶温度的差值 ΔT 称为过冷度（$\Delta T = T_0 - T_1$）。

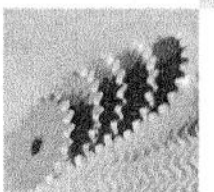

实践证明，金属总是在一定的过冷度下结晶的，过冷度是结晶的必要条件。同一金属，结晶时的冷却速度越快，过冷度就越大，金属的实际结晶温度就越低。

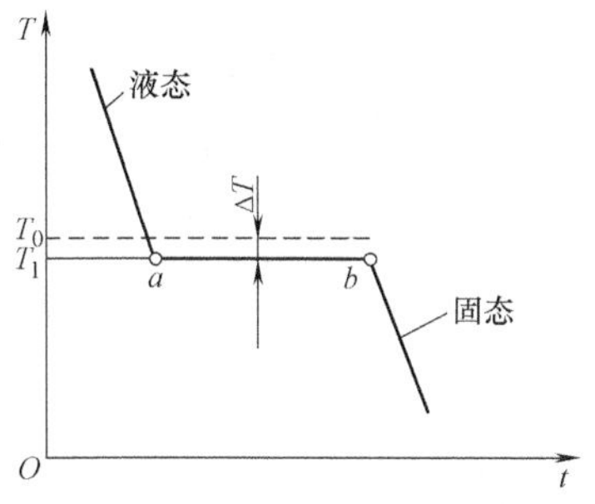

图 2-11　纯金属的冷却曲线

2. 结晶的一般过程

实践证明，金属液体中总是存在着许多类似于晶体中原子排列的“小集团”，在理论结晶温度以上时，这些“小集团”不稳定，时聚时散；当低于理论结晶温度时，这些“小集团”中的一部分就成为稳定的结晶核心，称为晶核。在实际生产中，金属液体内常存在各种固态杂质微粒，金属结晶时，依附于这些杂质的表面形成晶核比较容易，这种依附于杂质表面形成晶核的过程称为非自发形核。随着时间的延长，液体中的原子不断向晶核聚集，使晶核长大；同时，液体中会不断有新的晶核形成并长大，直到每个晶粒长大到互相接触，液体消失为止，如图 2-12 所示。所以，一般纯金属是由许多晶核长成的外形不规则的晶粒和晶界所组成的多晶体。

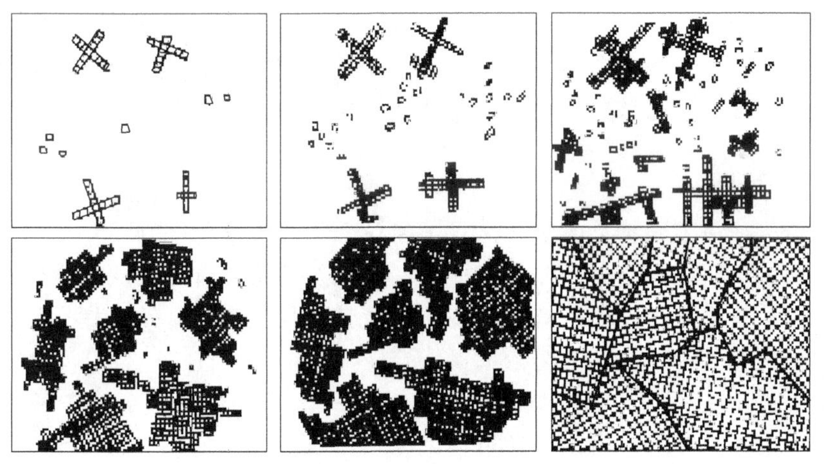

图 2-12　结晶过程示意图

晶核形成之后立即开始长大。晶核长大可以理解为液相中的原子向晶核表面迁移、堆砌而结合的过程。在晶核开始长大的初期，由于其内部原子排列规则，其外形大多较规则。但随着晶核长大，晶体棱角形成，由于棱角处的散热条件优于其他部位，因此得到优先成长，如同树枝一样，先长出枝干，再长出分支，直至把晶间填满，这种长大方式称为树枝状长大，如图 2-13 所示。

3. 金属结晶后的晶粒大小

金属结晶后便形成由许多晶粒组成的多晶体组织。晶粒的大小可以用单位体积内晶粒的数目来表示，数目越多，晶粒就越细小。为测量方便，常以单位截面积上晶粒的数目或晶粒的平均直径来表示晶粒的大小。晶粒的大小对金属的力学性能、物理性能和化学性能均有很大影响。细晶粒金属不仅强度高，而且塑性和韧性也较好，所以常通过采用适当的方法获得细小的晶粒来提高金属材料的强度。生产中常用以下方法来获得细小的晶粒。

（1）增大过冷度　根据过冷度对形核率和晶核长大速率的影响规律，增大过冷度可使晶粒细化。在生产中增大冷却速度、降低浇注温度，都可以细化晶粒，但只能用于小型和薄

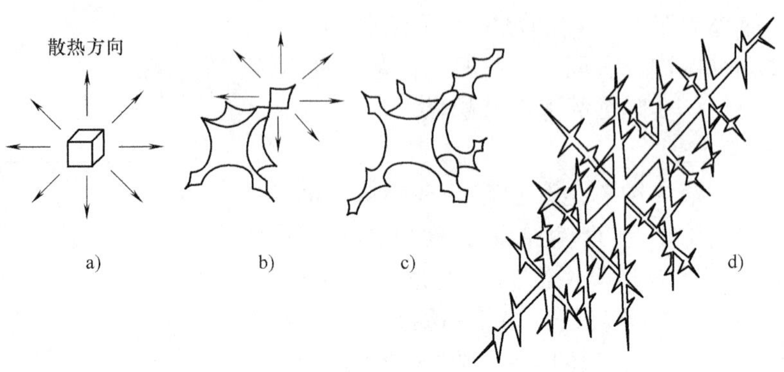

图 2-13　晶体树枝状长大过程示意图

壁零件。对于大型铸件，要获得大的过冷度则很难办到，更不易使整体均匀冷却，且冷却速度过快还容易引起铸件开裂。

（2）变质处理　为了获得细小晶粒组织，在液态金属结晶前加入少量的变质剂，促使其形成大量非自发晶核，提高形核率，这种细化晶粒的方法称为变质处理。变质处理在冶金和铸造生产中应用十分广泛，如铸铁液中加入硅铁、硅钙合金，钢液中加入铝、钛等金属。

（3）附加振动　在金属结晶时，对液态金属附加机械振动、超声波振动和电磁振动等措施，造成枝晶破碎，使晶核数量增多，也能使晶粒细化。

2.2.2　合金的结晶

合金结晶后可形成不同类型的固溶体、金属化合物或机械化合物。合金的结晶组织比纯金属复杂得多。为了研究合金的性能与其成分、组织的关系，就必须探求合金中各种组织的形成及变化规律。合金相图是分析合金组织形成及其变化规律的有效工具，是制订冶炼、铸造、锻造、焊接及热处理工艺的重要依据。

合金相图是表示在平衡（极其缓慢地加热或冷却）条件下，合金系中各种合金状态与温度、成分之间关系的图形。所以，通过合金相图可以了解合金系中任何成分的合金在任何温度下的组织状态，以及在什么温度发生结晶和相变，存在几个相，每个相的成分等。但是必须注意，在非平衡状态时（即加热或冷却较快），相图中的特性点或特性线要发生偏离。

1. 二元合金相图

合金相图一般是通过实验的方法得出的，其中最常用的是热分析法。由两个组元组成的合金相图称为二元合金相图。现以 Cu－Ni 合金相图为例，说明二元合金相图的表示方法。用纵坐标表示温度，横坐标表示成分，在横坐标上的任何一点都代表一种成分的合金。以下利用热分析法测定 Cu-Ni 合金的临界点（发生相变的温度，也称为相变点或转折点），说明二元合金相图的建立。图 2-14 所示为 Cu-Ni 合金相图建立过

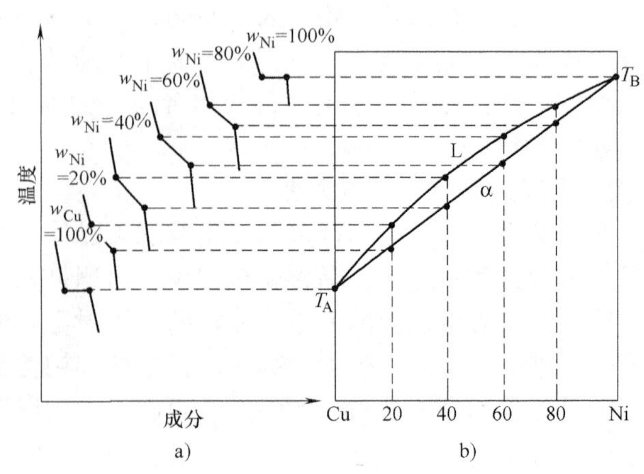

图 2-14　二元匀晶相图建立过程示意图

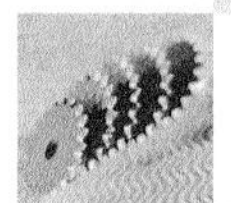

程示意图。

1）首先配制一系列不同成分的合金。

2）测定各成分合金的冷却曲线，并找出冷却曲线上的临界点（指转折点或平台，开始结晶点、终止结晶点）。

3）在温度-成分坐标系中标出各临界点（成分和温度）。

4）将坐标系中具有相同意义的点连接成曲线，即得到 Cu-Ni 合金相图。

相图中的每个点、线均具有一定的物理意义，这些点、线常称为特性点和特性线。

二元合金相图有许多类型，其形式大多比较复杂，但复杂的相图总是可以看做是由若干基本类型的相图组合而成的，其中二元匀晶相图、二元共晶相图就是两个基本的合金相图。

2. 二元匀晶相图

二元匀晶相图是指二元合金中，两组元在液态和固态下以任何比例均匀相互溶解，即在固态下能形成无限固溶体的相图。许多合金系都具有此类相图，如 Cu-Ni、Fe-Cr 和 Au-Ag 合金等。图 2-15 所示为 Cu-Ni 合金相图及冷却曲线，该相图由两条曲线组成，向上凸的曲线是不同成分的 Cu-Ni 合金由液相开始转变为固相的温度连线，称为液相线；向下凹的曲线是不同成分的 Cu-Ni 合金由液相全部转变为固相的终了温度连线，称为固相线。在这两条曲线上有两个特性点：T_A 为纯 Cu 的熔点，为 1083℃；T_B 为纯 Ni 的熔点，为 1452℃。由特性点 T_A 和 T_B 连接的液相线和固相线称为特性线，它们把相图分成三个相区，即液相线以上为液相区，以 L 表示；固相线以下是合金处于固态的固相区，是由 Cu、Ni 形成的无限固溶体，以 α 表示；在液相线和固相线之间是固相和液相两相共存区，以 L + α 表示。

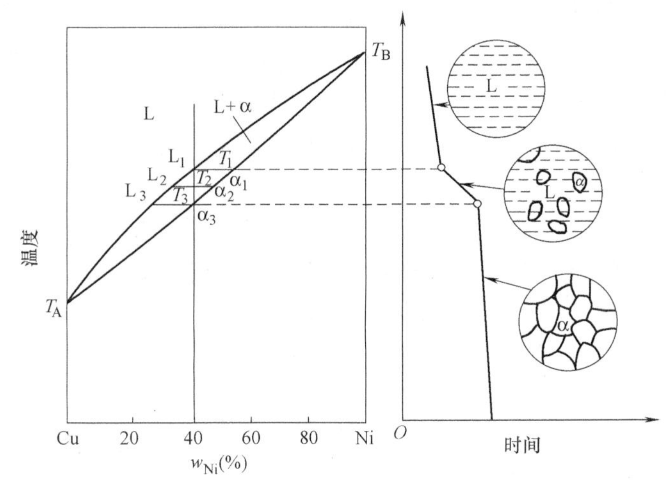

图 2-15　Cu-Ni 合金相图及冷却曲线

3. 二元共晶相图

二元共晶相图是指二元合金系中，两组元在液态时能完全互溶，而在固态下互相有限溶解，并发生共晶转变的相图，如 Pb-Sn、Al-Si 等合金相图都属于共晶相图。图 2-16 所示为 Pb-Sn 合金相图，图中左边的 α 是 Sn 溶入 Pb 晶格中形成的固溶体，右边的 β 是 Pb 溶入 Sn 晶格中形成的固溶体。T_A、T_B 分别是纯 Pb 和纯 Sn 的熔点（或结晶温度）。T_ACT_B 线为液相线，在此线以上合金都处于液相状态。T_ADCET_B 为固相线，此线以下的合金都处于固相状态。在液相线与固相线之间是液、固相平衡共存的两相区。

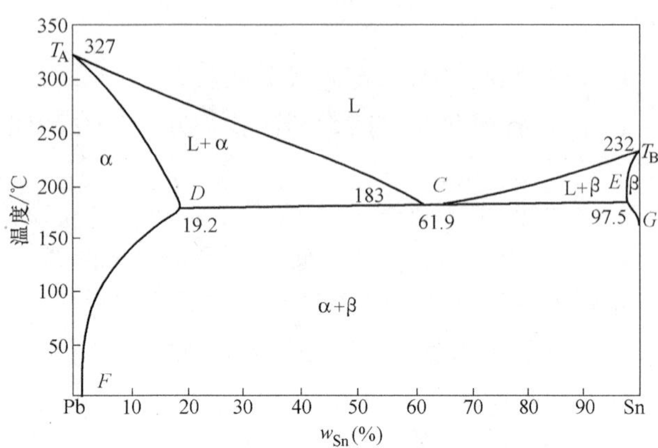

图2-16　Pb-Sn合金相图

液相在 T_AC 线上开始结晶析出α固溶体，至 T_AD 线结晶终了；液相在 T_BC 线上开始结晶析出β固溶体，至 T_BE 线结晶终了。在 DCE 水平线成分范围内的合金，当结晶温度达到183℃时，将发生恒温转变 $L_C \rightarrow \alpha_D + \beta_E$，即在一定的温度下，从某种成分固定的液相合金中，同时结晶出两种成分和结构皆不相同的固相，这种转变称为共晶转变。

特性点：T_A 点、T_B 点分别是纯Pb、纯Sn的熔点。C 点为共晶点，C 点对应的温度为共晶温度，C 点对应的成分为共晶成分。当液态合金成分达到共晶成分、温度为共晶温度时发生共晶转变，形成的产物称为共晶体（α+β）。D 点、E 点分别表示α相、β相的最大溶解度，F 点、G 点分别表示α相、β相的最小溶解度。

特性线：相图中的 DCE 水平线称为共晶线，DCE 线对应的成分轴上任何一种合金（成分在 D、E 之间）结晶时，温度降到 DCE 线所对应的温度时，都发生共晶转变。T_AC、CT_B 线为液相线，T_AD、ET_B 线为固相线，DF、EG 线为固溶线。

2.2.3　铁碳合金的结晶

钢铁是工业上应用最广泛的金属材料。钢铁材料就是铁碳合金，要了解钢铁材料的组织和性能，必须了解铁碳合金相图。铁碳合金主要是由铁和碳两种元素组成的合金，因此，首先要研究铁碳相图，以便分析铁碳合金的成分、组织和性能之间的关系。

1. 纯铁的同素异构转变

大多数金属（如Cu、Al）结晶完成后其晶格类型不再发生改变，而有些金属（如Fe、Co、Ti、Sn等）在结晶完成后随着温度继续下降，其晶格类型还会发生变化，这种金属在固态下晶格类型随温度发生变化的现象称为同素异构转变。图2-17所示为纯铁的冷却曲线，在刚结晶（1538℃）时，具有体心立方晶格，称为δ-Fe；在1394℃时，δ-Fe转变为具有面心立方晶格的γ-Fe；在912℃时，γ-Fe又转变为具有体心立方晶格的α-Fe；再继续冷却时，晶格类型就不再发生变化了。

纯铁的同素异构转变过程可概括为

$$\delta\text{-Fe} \xrightleftharpoons{1394℃} \gamma\text{-Fe} \xrightleftharpoons{912℃} \alpha\text{-Fe}$$

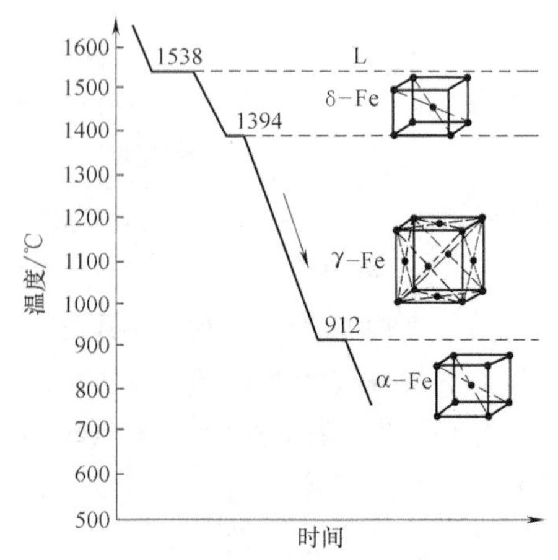

图2-17　纯铁的冷却曲线

由于纯铁具有这种同素异构转变现象，因而能够对钢和铸铁进行热处理，以改变其组织和性能，这也是钢铁用途极其广泛的主要原因之一。

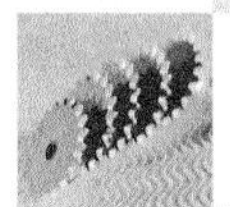

2. 铁碳合金的基本组织

一般纯铁中常含有少量的杂质，这种纯铁称为工业纯铁。工业纯铁具有良好的塑性，但其强度和硬度较低，所以很少用它制造机器零件。为了提高纯铁的强度和硬度，在纯铁中常加入少量的碳元素，组成铁碳合金。常用铁碳合金在固态时的基本组织有铁素体、奥氏体、渗碳体、珠光体和莱氏体。

（1）铁素体　碳固溶于 α-Fe 中的间隙固溶体称为铁素体，用符号 F 表示。铁素体仍保持 α-Fe 的体心立方晶格，其力学性能与纯铁几乎相同，强度和硬度较低，但塑性和韧性很好。在显微镜下，铁素体呈明亮的多边形晶粒，如图 2-18 所示。

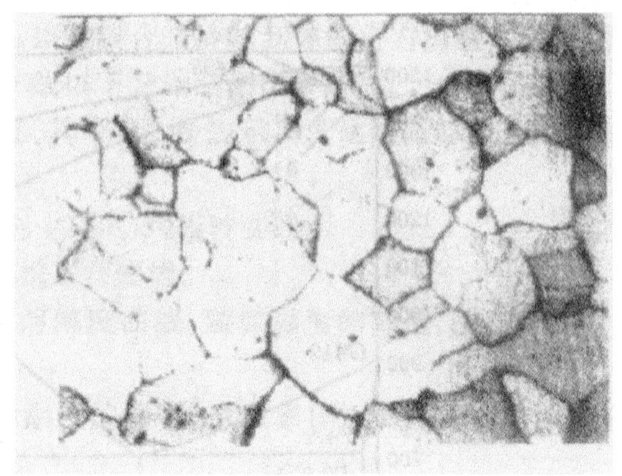

图 2-18　铁素体的显微组织（100×）

（2）奥氏体　碳固溶于 γ-Fe 中的间隙固溶体称为奥氏体，用符号 A 表示。奥氏体仍保持 γ-Fe 的面心立方晶格。奥氏体有很好的塑性和韧性，有一定的强度和硬度，因此生产中常将钢材加热到奥氏体状态进行锻造。在显微镜下，奥氏体晶粒呈多边形结构，与铁素体的显微组织相近，但晶粒边界较铁素体平直。

（3）渗碳体　渗碳体是铁和碳形成的一种具有复杂晶格的间隙化合物，用化学式 Fe_3C 表示。渗碳体中碳的质量分数为 6.69%，其硬度很高（800HBW），塑性和韧性极低，脆性大。渗碳体的显微组织形态很多，可呈片状、粒状、网状或板状，是碳素钢中的主要强化相，它的分布、形状、大小和数量对钢的性能有很大影响。

（4）珠光体　珠光体是由铁素体（F）和渗碳体（Fe_3C）组成的两相复合物或机械混合物，用符号 P 表示。珠光体中碳的质量分数为 0.77%，由于它是软、硬两相的混合物，因此其性能介于铁素体和渗碳体之间，即有足够的强度、塑性和硬度。珠光体的显微组织如图 2-19 所示，在放大倍数足够大时，可以清晰地看到铁素体和渗碳体交替排列的状态。

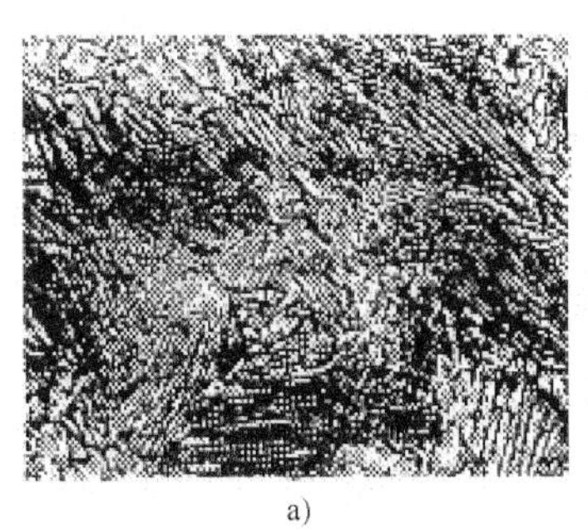

a)

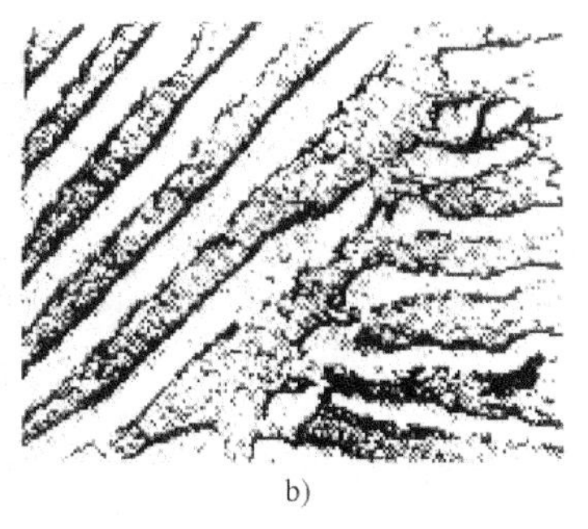

b)

图 2-19　珠光体的显微组织

a）光学显微组织（500×）　b）电子显微组织（8000×）

（5）莱氏体　碳的质量分数为 4.30% 的液态铁碳合金冷却到 1148℃时，由液相中同时结晶出奥氏体和渗碳体（Fe_3C）的共晶体（机械混合物）称为莱氏体，用符号 Ld 表示。在

727℃以下由珠光体和渗碳体组成的莱氏体称为低温莱氏体，用 Ld′表示。莱氏体的性能与渗碳体相似，硬度很高，塑性很差，是白口铸铁的基本组织。

3. 铁碳合金相图

铁碳合金相图是研究铁碳合金的基础。在铁碳合金中，铁和碳可形成一系列化合物，如 Fe_3C、Fe_2C 和 FeC 等。其中形成的 Fe_3C 中碳的质量分数为 6.69%，碳的质量分数高于 6.69% 的铁碳合金脆性极大，没有实用价值，所以在铁碳合金相图中，只研究 Fe 和 Fe_3C 两个基本组元的 Fe- Fe_3C 部分，因此铁碳合金相图实际上是 Fe- Fe_3C 相图。图 2-20 所示为简化后的 Fe- Fe_3C 相图，相图中各主要特性点的温度、成分及物理意义见表 2-1。

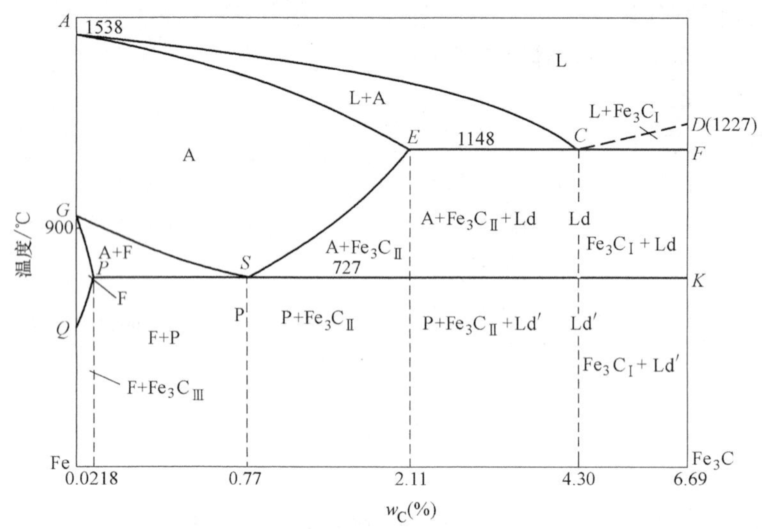

图 2-20 简化后的 Fe-Fe_3C 相图

表 2-1 Fe- Fe_3C 相图中各特性点的温度、成分及物理意义

符号	温度/℃	w_C（%）	物理意义
A	1538	0	纯铁的熔点
C	1148	4.30	共晶点
D	1227	6.69	渗碳体的熔点
E	1148	2.11	碳在 γ-Fe 中的最大溶解度
G	912	0	α-Fe↔γ-Fe 同素异构转变点
S	727	0.77	共析点
P	727	0.0218	碳在 α-Fe 中的最大溶解度
Q	室温	0.008	室温下碳在 α-Fe 中的最大溶解度

4. Fe-Fe_3C 相图分析

Fe-Fe_3C 相图的纵坐标表示温度，横坐标表示碳的质量分数。横坐标左端碳的质量分数为零，是纯铁的成分；右端碳的质量分数为 6.69%，是 Fe_3C 的成分。相图中 *ACD* 线为液相线，*AECF* 线为固相线，简化后的相图中有两条水平线，表示以下两个等温反应：

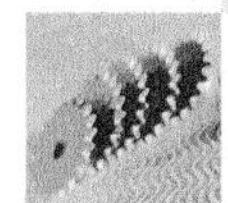

1）*ECF* 水平线（1148℃）。在此水平线上发生共晶转变，即

$$L_C \rightarrow A_E + Fe_3C$$

w_C >2.11%的液态铁碳合金缓慢冷却到1148℃时均发生共晶转变，生成莱氏体（Ld）。

2）*PSK* 水平线（727℃）。也称为 A_1 线，在此温度下发生共析反应，即

$$A_S \rightarrow F_P + Fe_3C$$

反应产物是铁素体与渗碳体的机械混合物，称为珠光体。碳的质量分数超过0.0218%的铁碳合金均发生共析转变，由奥氏体转变为珠光体（P）。

在 Fe-Fe_3C 相图中还有以下三条线较为重要：

1）*GS* 线。*GS* 线是（指从碳的质量分数不同的奥氏体中析出铁素体的开始线或者说是加热时铁素体转变为奥氏体的终了线。）奥氏体与铁素体的相互转变线，也称为 A_3 线。

2）*ES* 线。*ES* 线是指碳在奥氏体中的固溶线，也称为 A_{cm}线。由该线可以看出，γ-Fe 的最大碳的质量分数在1148℃时为2.11%，而在727℃时仅为0.77%。因此碳的质量分数大于0.77%的合金，从1148℃到727℃的过程中，由于奥氏体中碳的质量分数减少，将由奥氏体析出渗碳体，称为二次渗碳体（Fe_3C_{II}）。

3）*PQ* 线。*PQ* 线是指碳在铁素体中的固溶线。铁素体在727℃时碳的质量分数最大（0.0218%），而在600℃时仅为0.008%，室温时几乎不溶碳。因此，由727℃缓慢冷却时，铁素体中多余的碳将以渗碳体的形式析出，称为三次渗碳体（Fe_3C_{III}）。因其数量极少，往往不予考虑。

应当指出：一次、二次、三次渗碳体没有本质上的区别，只是渗碳体的来源、分布、形态以及对铁碳合金性能的影响有所不同，而碳的质量分数、晶体结构和自身性能均相同。

2.2.4 典型铁碳合金的冷却过程及其组织

1. 铁碳合金的分类

按 Fe-Fe_3C 相图上碳的质量分数和室温组织的不同，可将铁碳合金分为三类。

1）工业纯铁，w_C≤0.0218%。

2）钢，0.0218% < w_C ≤2.11%，按室温组织的不同又可分为三种：

① 共析钢，w_C =0.77%；

② 亚共析钢，0.0218% < w_C <0.77%；

③ 过共析钢，0.77% < w_C ≤2.11%。

3）白口铸铁，2.11% < w_C <6.69%，白口铸铁按室温组织的不同又可分为三种：

① 共晶白口铸铁，w_C = 4.3%；

② 亚共晶白口铸铁，2.11% < w_C <4.3%；

③ 过共晶白口铸铁，4.3% < w_C <6.69%。

2. 碳素钢的组织转变过程

下面以几种典型的碳素钢为例分析其结晶过程及室温下的组织。

（1）共析钢　w_C =0.77%的铁碳合金称为共析钢（图2-21中的合金Ⅰ）。共析钢自高温液相冷却到1点开始结晶析出奥氏体，至2点全部结晶为奥氏体，2~3点间全部为单一的奥氏体，奥氏体冷却至3点（727℃）时发生共析转变，转变为珠光体（P），即

$$A_S \rightarrow P\ (F_P + Fe_3C)$$

在 S 点以下直至室温，组织不再发生变化。珠光体是铁素体和渗碳体组成的片状共析体，其中铁素体和渗碳体的质量分数分别为 88.8% 和 11.2%。

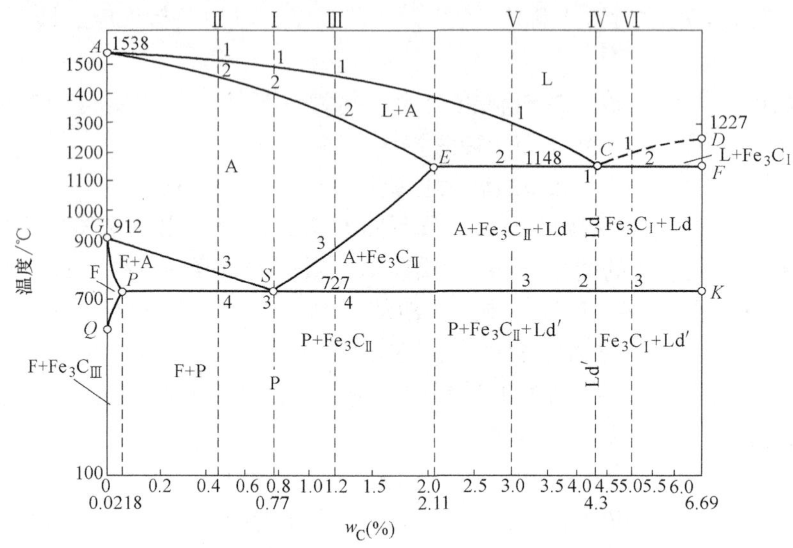

图 2-21　典型合金在 Fe-Fe_3C 相图中的位置

在 S 点温度（727℃）以下缓慢冷却时，铁素体成分沿 PQ 线变化，此时将有三次渗碳体析出，显微组织难以显示，故可以忽略不计。共析钢的结晶过程如图 2-22 所示，其室温下的显微组织如图 2-23 所示。

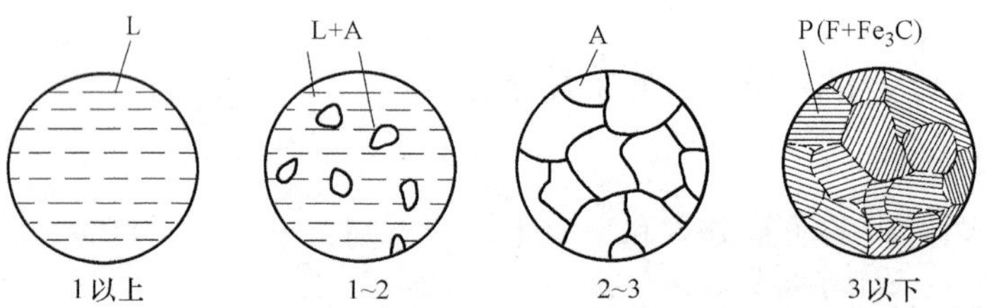

图 2-22　共析钢结晶过程示意图

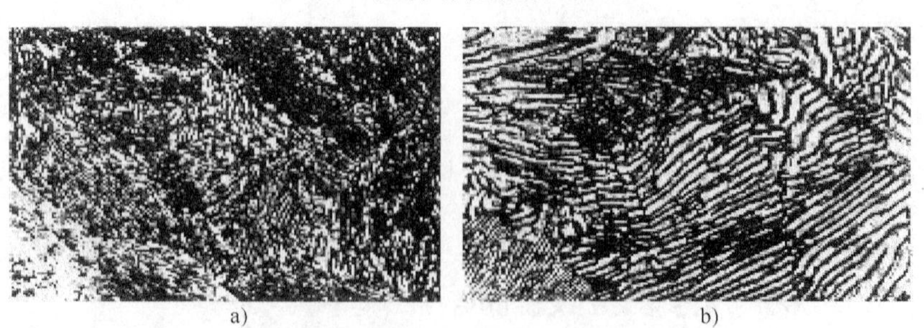

a)　　b)

图 2-23　共析钢的显微组织

a) 500×　b) 800×

（2）亚共析钢　亚共析钢（图 2-21 中的合金Ⅱ）自高温液相冷却，至 3 点以前与共析钢相同，得到单相奥氏体。奥氏体冷却到 3 点以后，随着温度的降低，开始析出铁素体，其

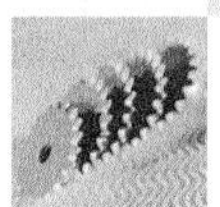

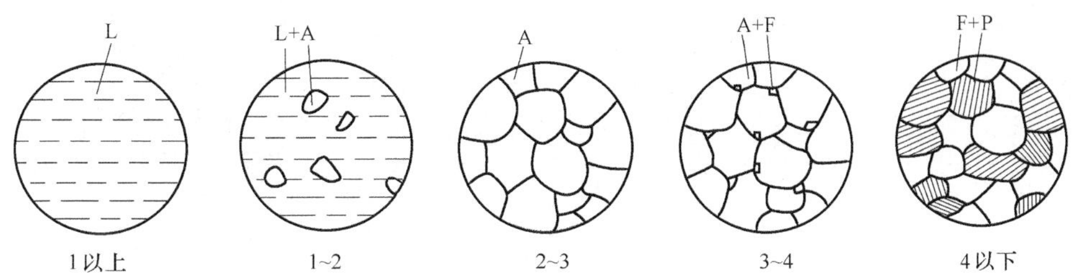

图 2-24　亚共析钢结晶过程示意图

成分沿 *GP* 线变化，同时由于铁素体的不断析出奥氏体的量逐渐减少，其成分沿 *GS* 线变化。当温度降至与 *PSK* 线相交的 4 点时，剩余奥氏体碳的质量分数为 0.77%，发生共析转变，形成珠光体。室温下亚共析钢的组织为铁素体（F）和珠光体（P），其结晶过程如图 2-24 所示，室温下的显微组织如图 2-25 所示。

对于亚共析钢，缓慢冷却后得到的室温组织都是铁素体和珠光体，但由于合金中碳的质量分数不同，故其组织中铁素体与珠光体的量也不同，随着碳的质量分数的增加，珠光体的量增多，而铁素体的量减少。

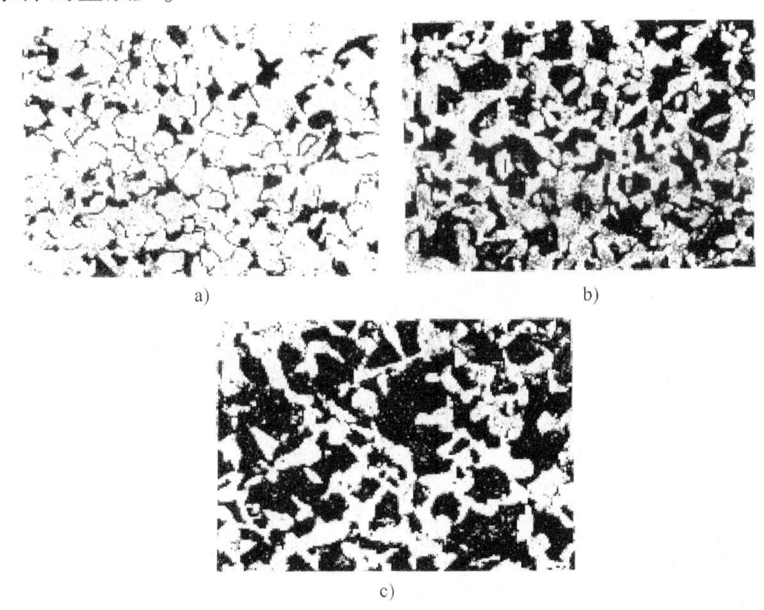

图 2-25　亚共析钢的显微组织

a）$w_C=0.20\%$（200×）　b）$w_C=0.40\%$（250×）　c）$w_C=0.60\%$（250×）

（3）过共析钢　过共析钢（图 2-21 中的合金Ⅲ）自高温液相冷却，至 3 点以前与共析钢相同，得到单相奥氏体。奥氏体冷却到 3 点以后，随着温度继续下降，开始析出二次渗碳体，渗碳体多沿奥氏体晶界析出。奥氏体成分沿 *ES* 线变化，当奥氏体成分到达 0.77% 时，温度为 727℃，剩余的奥氏体发生共析转变，形成珠光体。室温下过共析钢的组织为珠光体（P）＋二次渗碳体（$Fe_3C_{Ⅱ}$）。过共析钢的结晶过程如图 2-26 所示，其室温下的显微组织如图 2-27 所示。

（4）共晶白口铸铁　碳的质量分数为 4.30% 的共晶白口铸铁如图 2-21 中的合金Ⅳ所示。当液态合金冷却至 1 点（1148℃）时，将发生共晶转变，生成莱氏体。莱氏体由共晶

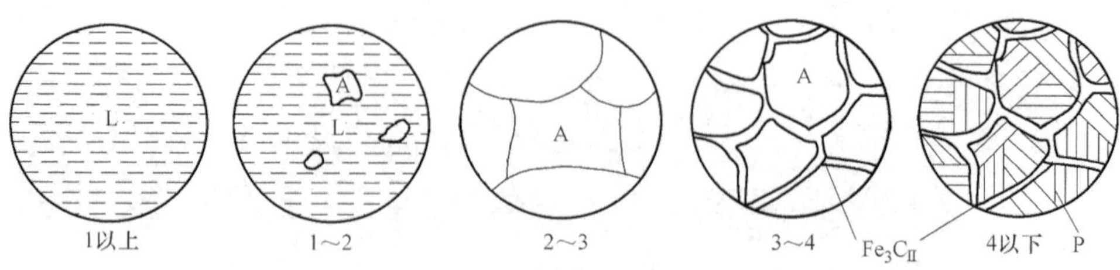

图 2-26　过共析钢结晶过程示意图

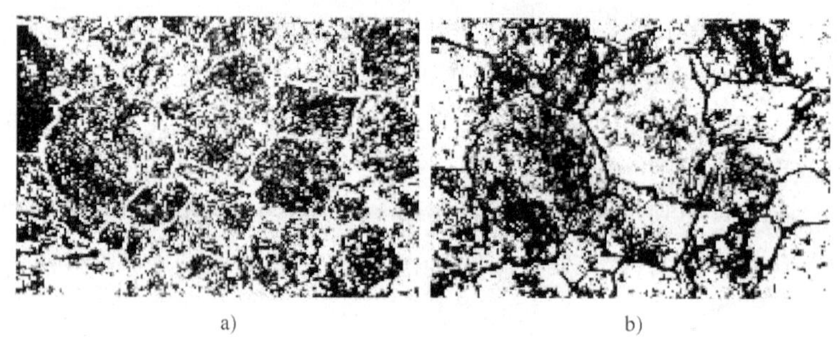

图 2-27　过共析钢的显微组织（500×）

a）质量分数为 4% 的硝酸酒精浸蚀　b）碱性苦味酸钠浸蚀

奥氏体和共晶渗碳体组成。由 1 点继续冷却，莱氏体中的奥氏体将不断析出二次渗碳体，当温度下降到共析线 *PSK* 上的 2 点温度时，奥氏体中碳的质量分数 $w_C = 0.77\%$，此时奥氏体发生共析转变而生成珠光体，其结晶过程如图 2-28 所示。

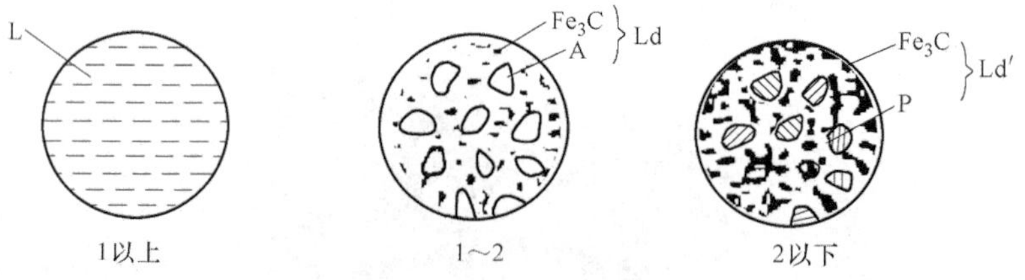

图 2-28　共晶白口铸铁结晶过程示意图

因此，共晶白口铸铁的显微组织是由珠光体、二次渗碳体和共晶渗碳体组成的共晶体，即低温莱氏体，其显微组织如图 2-29 所示。

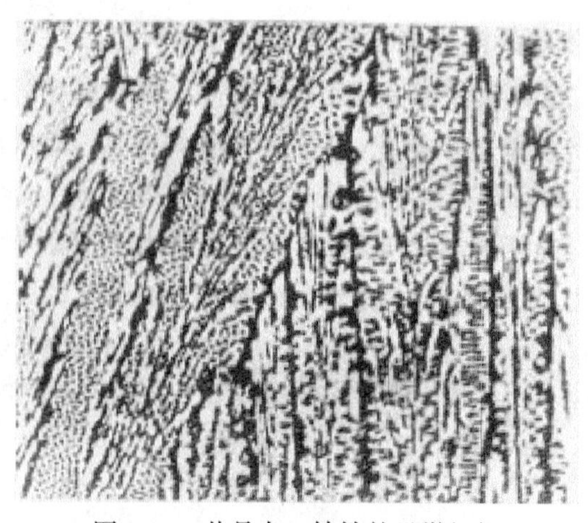

图 2-29　共晶白口铸铁的显微组织

（5）亚共晶白口铸铁　亚共晶白口铸铁如图 2-21 中的合金Ⅴ所示。合金自高温液相冷却至 1 点时，开始结晶出奥氏体。在 1～2 点之间冷却时，随着结晶出的奥氏体不断增多，剩余的液相成分沿着 *AC* 线变化，当成分达到 *C* 点（$w_C = 4.30\%$）时，其温度为 1148℃，发生共晶转变，得到莱氏体（$A + Fe_3C$）。此时，合金的组织为初生的奥氏体和莱氏体。继续冷却时，初生的奥氏体和共晶奥氏体随着温度继续

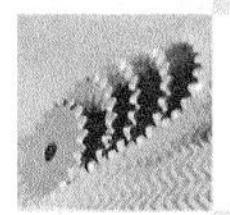

下降而析出二次渗碳体，其成分沿 *ES* 线变化。当奥氏体成分为 $w_C=0.77\%$ 时，发生共析转变生成珠光体。所以，此时的莱氏体由珠光体 + 二次渗碳体 + 共晶渗碳体组成，称为低温莱氏体。因此，亚共晶白口铸铁的室温组织为珠光体 + 二次渗碳体 + 低温莱氏体。

图 2-30 所示为亚共晶白口铸铁结晶过程示意图。亚共晶白口铸铁的显微组织如图 2-31 所示，图中黑色部分为珠光体，白色基体为渗碳体。

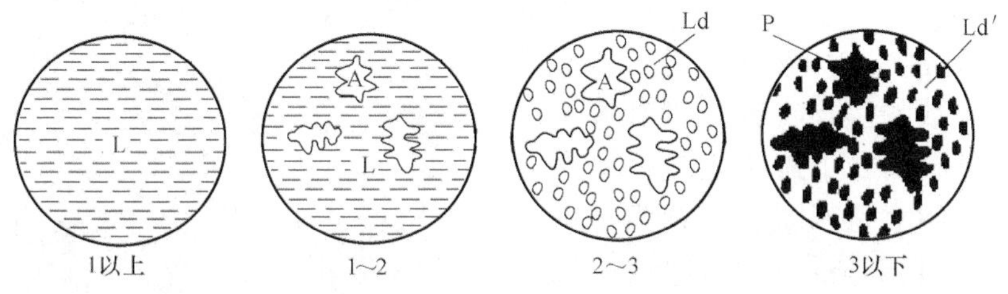

图 2-30　亚共晶白口铸铁结晶过程示意图

(6) 过共晶白口铸铁　图 2-21 中合金Ⅵ所示为 $w_C=5.0\%$ 的过共晶白口铸铁。合金自高温液相冷却至 1 点时开始结晶出板条状的一次渗碳体（Fe_3C）。在 1～2 点之间冷却时，随着温度不断下降，结晶出的一次渗碳体的量不断增多，剩余的液体量逐渐减少，其成分沿 *CD* 线变化。冷却至 2 点时，液相成分达到共晶成分，发生共晶转变，形成莱氏体组织。在 2～3 点之间冷却时，同样由奥氏体中析出二次渗碳体，但二次渗碳体在组织中难以辨认。冷却到 3 点（727℃）时，奥氏体中碳的质量分数为 0.77%，发生共析转变，形成珠光体。3 点以下直至室温的组织变化忽略不计。因此，过共晶白口铸铁的室温组织为一次渗碳体和低温莱氏体。过共晶白口铸铁结晶过程示意图如图 2-32 所示，其显微组织如图 2-33 所示，图中黑白相间的基体为低温莱氏体，白色条状组织为一次渗碳体。所有过共晶白口铸铁的室温组织均由低温莱氏体和一次渗碳体组成，不同的是随着碳的质量分数增加，组织中的一次渗碳体量增多。

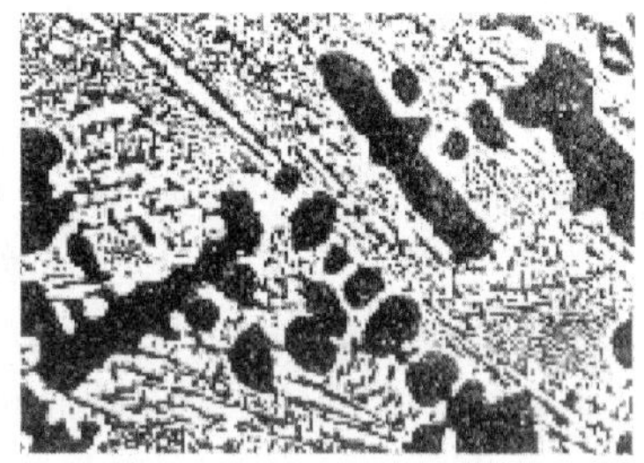

图 2-31　亚共晶白口铸铁的显微组织（250×）

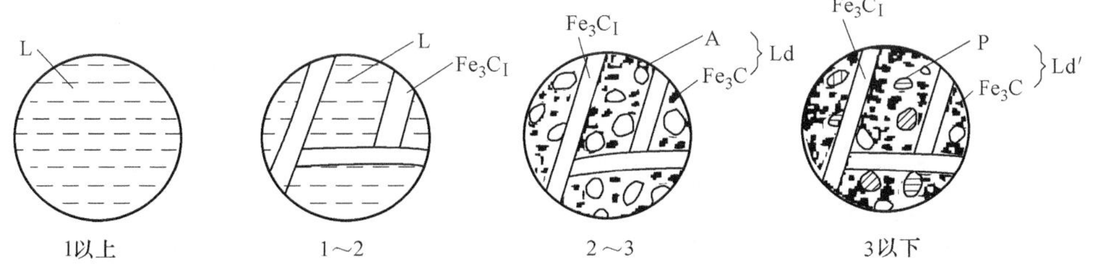

图 2-32　过共晶白口铸铁结晶过程示意图

3. 铁碳合金的成分对组织及力学性能的影响

(1) 碳的质量分数对平衡组织的影响　从铁碳合金相图分析可知，任何成分的铁碳合金在共析温度以下均由铁素体和渗碳体两相组成，而且随着碳的质量分数的增加，铁素体的相对量逐渐减少，而渗碳体的相对量增加，同时渗碳体的形态和分布也有所不同，因此形成不同的组织。室温时随着碳的质量分数的增加，其合金组织的变化为

$$F + P \rightarrow P \rightarrow P + Fe_3C_{Ⅱ} \rightarrow P + Fe_3C_{Ⅱ} + Ld' \rightarrow Ld' \rightarrow Ld' + Fe_3C_{Ⅰ}$$

（2）碳的质量分数对力学性能的影响

碳的质量分数对铁碳合金力学性能的影响如图2-34所示，当 $w_C < 0.9\%$ 时，随着铁碳合金中碳的质量分数的增加，其强度和硬度上升，而塑性和韧性不断下降，这是由于合金组织中渗碳体的相对量增加，而铁素体的相对量减少，而且随着碳的质量分数的增加，渗碳体的形状也逐渐变得复杂，一次渗碳体呈长条形，二次渗碳体沿晶界呈网状，三次渗碳体沿晶界呈小片状等。当 $w_C > 0.9\%$ 时，由于沿晶界形成的二次渗碳体网趋于完整，其强度明显开始下降。当 $w_C = 2.11\%$ 且出现Ld′时，强度已降到很低。为了确保使用的铁碳合金具有足够的强度和一定的塑性和韧性，铁碳合金中的 $w_C < 1.3\%$。$w_C > 2.11\%$ 的白口铸铁由于组织中存在较多的渗碳体，在性能上显得特别硬而脆，难以切削加工，因此在一般机械制造中很少使用。

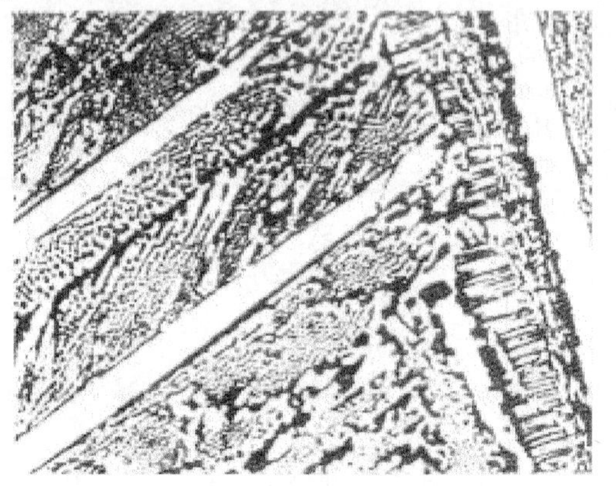

图2-33 过共晶白口铸铁的显微组织（250×）

4. Fe-Fe$_3$C 相图的应用

（1）在选材方面的应用 铁碳合金相图指出了合金的组织随成分变化的规律。根据合金的组织可以判断其大致的力学性能，从而可以合理地选择材料。对于要求塑性高、韧性好的各种型材和建筑结构，应选用 $w_C < 0.25\%$ 的钢；对于工作中要求有较高的强度、塑性、韧性和承受冲击的机器零件，应选用 $w_C = 0.25\% \sim 0.55\%$ 的钢；对于要求耐磨性好、硬度高的各种工具模具，应选用 $w_C > 0.55\%$ 的钢；对于要求耐磨、不受冲击、形状复杂的铸件，可选用白口铸铁。

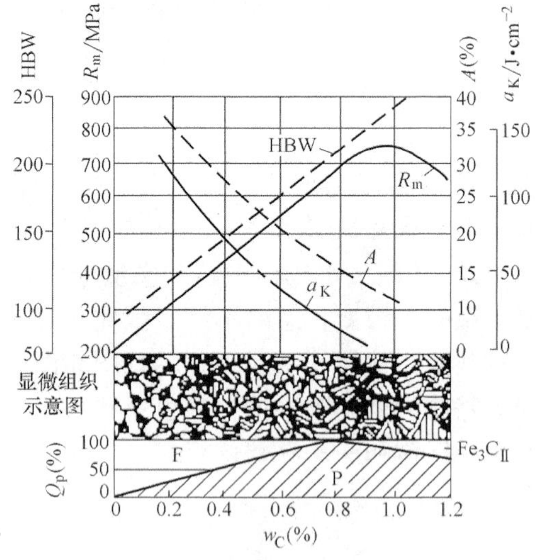

图2-34 碳的质量分数对铁碳合金力学性能的影响

（2）在制造工艺方面的应用

1）在铸造方面的应用。按 Fe-Fe$_3$C 相图可确定合适的浇注温度。浇注温度一般选在液相线以上50～100℃。由于铸造性能主要表现在流动性、偏析、缩孔等方面，这些性能主要由液相线和固相线之间的温度间隔决定，间隔越小其铸造性能越好，而共晶成分的合金，其凝固温度间隔最小（为零），因此可以得到致密的铸件。所以在铸造生产中，接近共晶成分的铸铁得到广泛的应用。

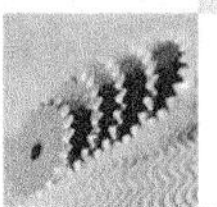

2）在锻造方面的应用。钢在室温时，其组织为两相混合物，因而其塑性较差，形变困难，只有将其加热到单相奥氏体状态，才具有较好的塑性，易于塑性变形。因此，钢材的锻造或轧制应选择在具有单相奥氏体组织的温度范围内进行。一般始锻温度控制在固相线（*AE* 线）以下 200～300℃，此温度不宜选择太高，以免钢材氧化严重；也不宜选择过低，以免钢材产生加工硬化，塑性变差，导致产生裂纹。

3）在热处理方面的应用。各种热处理工艺和 $Fe\text{-}Fe_3C$ 相图有着密切的关系，这将在第 4 章中进行详细介绍。

必须指出，铁碳合金相图反映的是在极其缓慢加热和冷却情况下铁碳合金的相状态。因此，铁碳相图不能解决快速加热或冷却时铁碳合金组织的变化规律，另外还要指出，在通常使用的铁碳合金中除含有铁、碳两种元素外，还含有其他多种杂质（如硫、磷、硅、锰），这些元素对相图也都有影响，应予以考虑。

4）在切削加工方面的应用。金属的切削加工性能是指经切削加工操作生成工件的难易程度，一般用切削抗力的大小、加工后工件的表面粗糙度值、加工时断屑与排屑的难易程度及刀具的磨损程度来衡量。低碳钢组织中存在大量铁素体，使之硬度低、塑性好，因而切削时产生的切削热较大，容易粘刀，且不易断屑和排屑，影响工件的表面粗糙度值；高碳钢组织中存在大量渗碳体，特别是渗碳体呈网状分布时，材料的硬度和脆性都较高，使刀具磨损严重；中碳钢的硬度和塑性适中，切削加工性能也较好。

2.3 案例

根据铁碳相图的知识解释下列现象：

1）在进行锻造和热轧之前，先要将钢加热到 1000～1200℃。

2）钢可以进行锻造加工，白口铸铁却不可以。

3）捆绑物件一般用 $w_C \leqslant 0.2\%$ 的镀锌低碳钢丝，而起重机钢缆却是用 $w_C \geqslant 0.4\%$ 的钢丝制成的。

4）在常温下，$w_C = 1.2\%$ 的钢的强度反而比 $w_C = 0.8\%$ 的钢低。

5）用手锯锯 $w_C = 1.0\%$ 的钢，比锯 $w_C = 0.2\%$ 的钢要费力，而且锯条容易磨损。

解释如下：

1）在钢的热变形加工（如锻造、热轧）中，首先要把钢加热到 1000～1200℃，得到单一的奥氏体组织，因为奥氏体的强度低、塑性好，适宜锻造。而且此时钢的温度已远高于它的再结晶温度，一旦变形就可以迅速地发生再结晶，这样就能保持“柔软的”状态，这对于塑性变形加工是十分有利的。

2）钢被加热到足够高的温度时，都可以得到单一的奥氏体组织，强度低而塑性好，适合锻造。白口铸铁加热时不能得到单一的奥氏体组织，塑性始终很低，因此不能锻造。

3）低碳钢丝的强度低、塑性好，易于弯曲变形，适合用于捆绑物件。而含碳量较高的钢丝强度较高，适于承受较大的拉力，可用于起重。

4）$w_C = 0.8\%$ 的钢的组织是珠光体，$w_C = 1.2\%$ 的钢的组织中除了珠光体以外还有网状渗碳体，网状渗碳体会使钢的强度下降。

5）含碳量越高的钢硬度越高，故锯起来费力，而且容易使锯条磨损。

思 考 题

1. 常见的金属晶格类型有哪些？试绘图说明其特征。

2. 晶体有哪些缺陷？晶体的缺陷对金属材料的力学性能有什么影响？

3. 什么是过冷度？它与冷却速度有什么关系？它对铸件晶粒的大小有何影响？

4. 如果其他条件相同，试比较下列铸造条件下，铸件晶粒的大小。

1）金属型浇注与砂型浇注。

2）浇注温度较高与较低。

3）铸造薄壁件与铸造厚壁件。

4）厚大铸件的表面部分与中心部分。

5）浇注时振动与不振动。

5. 什么是共析转变和共晶转变？以铁碳合金为例，说明这两种转变过程及其显微组织的特征。

6. 利用简化的铁碳合金相图，分别绘出 $w_C=0.45\%$、$w_C=0.77\%$ 和 $w_C=1.2\%$ 三种钢的冷却曲线组织示意图，并指出其组织与性能的关系。

7. 铁碳相图有哪几个方面的应用？

第 3 章　金属的塑性变形与再结晶

在机械制造业中，许多金属制品都是通过对金属铸锭进行压力加工获得的。压力加工就是对金属施加外力，使其产生塑性变形，改变其形状和尺寸，用以制造毛坯、工件或机械零件的成形加工方法。常见的金属压力加工方法有锻造、轧制、挤压、拉拔和冲压等，图 3-1 所示为压力加工方法示意图。

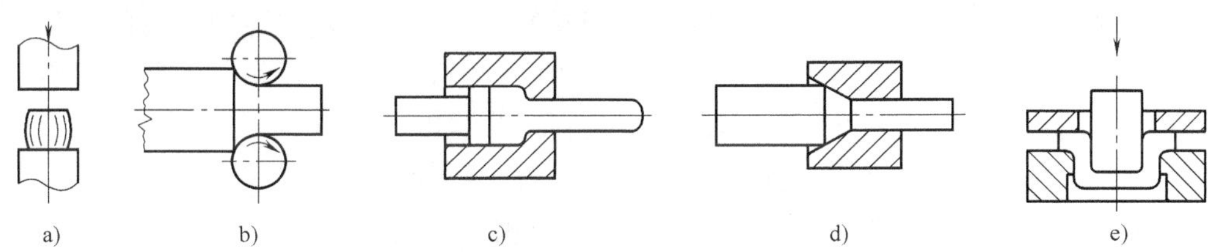

图 3-1　压力加工方法示意图

a）锻造　b）轧制　c）挤压　d）拉拔　e）冲压

压力加工不仅改变了金属的外形和尺寸，而且使金属内部的组织和性能也发生了变化。因此，研究金属塑性变形的过程，了解金属变形时的组织与性能的变化规律以及加热对变形金属的影响，对金属的加工工艺、加工质量和使用有很重要的意义。

3.1　金属的塑性变形

金属在外力的作用下产生的变形过程包括弹性变形和塑性变形两个阶段。弹性变形在外力去除后能够完全恢复，所以不能用于成形加工；塑性变形才是永久变形，才能用于成形加工。

弹性变形是由于外力克服原子间的作用力，使原子之间的距离发生改变，原子偏离原来的平衡位置而产生的。当外力去除后，在原子间作用力的作用下，原子返回原来的平衡位置，金属恢复原来的形状。金属产生弹性变形后，其组织和性能不发生改变。

金属的塑性变形过程比弹性变形复杂，而且塑性变形后金属的组织及性能发生了改变。

3.1.1　单晶体的塑性变形

工业用金属材料大多是由多晶体构成的，要说明多晶体的塑性变形，必须首先了解单晶体的塑性变形。

实验证明，晶体在正应力作用下，只能产生弹性变形，并直接过渡到脆性断裂，只有在切应力作用下才会产生塑性变形。单晶体的塑性变形主要是以滑移的方式进行的，即晶体的一部分沿一定的晶面和晶向相对于另一部分发生滑动。要使晶体产生滑移，作用在晶体上的切应力必须达到一定的数值。当原子移动到新的平衡位置时，晶体就产生了微量的塑性变形；大量晶面上滑移的总和，就形成了宏观上的塑性变形。晶体在切应力作用下的变形过程如图 3-2 所示。

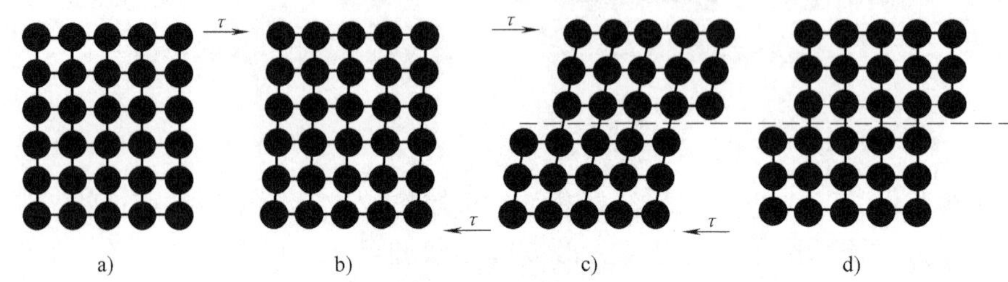

图 3-2　晶体在切应力作用下的变形过程

a）未变形　b）弹性变形　c）弹、塑性变形　d）塑性变形

一般来说，滑移是沿原子排列最密集的晶面及原子排列最密集的方向进行的，分别称为滑移面和滑移方向。金属因晶体结构不同，其滑移面和滑移方向的数量是不同的，所以金属的塑性存在着差异。滑移面和滑移方向的数量越多，金属的塑性就越好。

研究表明，晶体滑移时，并不是一部分相对于另一部分沿滑移面作整体移动。如果是整体移动，那么需要克服的滑移阻力是十分巨大的。实际上滑移是借助于晶体中位错的移动来进行的，如图 3-3 所示。在切应力的作用下，一条位错线从滑移面的一侧移动到另一侧，便产生了一个原子间距。大量的位错移出晶体表面，就产生了宏观上的塑性变形。因此，通过位错移动实现滑移，所需克服的滑移阻力很小，滑移容易进行，这与实际测量的结果是一致的。

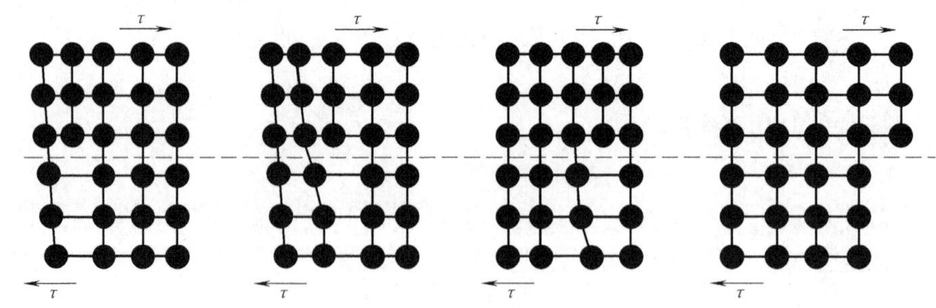

图 3-3　通过位错移动产生滑移的示意图

单晶体在滑移变形时还伴随着晶面的转动。晶体受拉产生滑移变形时，拉伸轴线将逐渐偏移。但由于实际拉伸时夹头的限制，拉伸轴线的方向不能改变，造成晶体中的晶面不得不作相应的转动，结果使滑移面逐渐趋向与拉伸轴线平行的方向。材料力学证明，与拉力成 45°角界面上的分切应力数值最大，有利于滑移的进行。因此，与拉力成 45°角的滑移面上最先产生滑移，随着晶面的转动，该滑移面上的滑移逐渐停止，原来处于其他位向的滑移面转到了与拉力成 45°角的方向上而参与滑移。这样，晶体中的滑移有可能在更多的滑移面上进行，结果使晶体均匀地变形。单晶体滑移变形时晶面的转动如图 3-4 所示。

单晶体的另一种塑性变形方式是孪生。孪生是指在切应力作用下，晶体的一部分相对于另一部分沿一定的晶面（孪晶面）及晶向（孪生方向）产生的剪切变形，如图 3-5 所示。

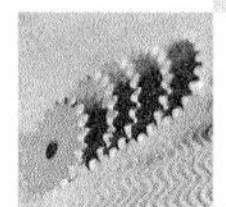

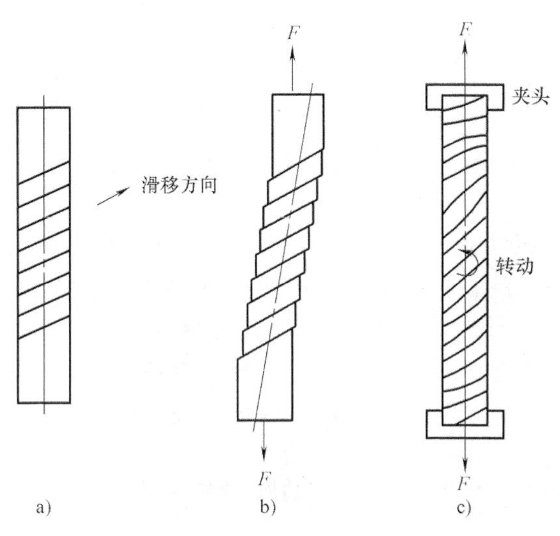

图 3-4　单晶体滑移变形时晶面的转动

孪生变形与滑移变形的区别主要有：孪生变形使一部分晶体发生均匀的切应变，滑移变形则集中在一些滑移面上；孪生变形使晶体变形部分的位向发生了改变，滑移变形后晶体各部分的位向不发生改变；孪生变形时原子沿孪生方向的位移量是原子间距的分数值，滑移变形时原子沿滑移方向的位移量则是原子间距的整数倍；孪生变形所需切应力的数值比滑移变形的大，只有在滑移很难进行的情况下才发生孪生变形。

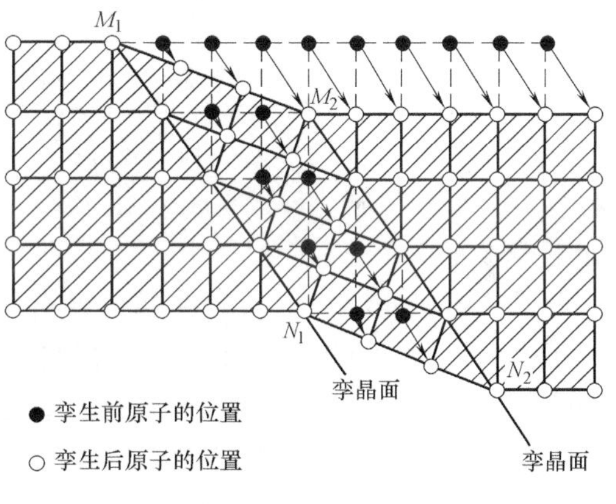

图 3-5　孪生变形

3.1.2　多晶体的塑形变形

常用金属都是多晶体，多晶体是由许许多多的晶粒组成的。由于各个晶粒的晶格位向不同，又有晶界存在，各个晶粒的塑性变形相互影响，因此，多晶体塑性变形的过程比单晶体复杂。

1. 晶粒位向的影响

由于多晶体中各个晶粒的晶格位向不同，在外力作用下，有的晶粒处于有利于滑移的位置，有的晶粒处于不利于滑移的位置。当处于有利于滑移位置的晶粒要进行滑移时，必然受到周围不同位向晶粒的阻碍，使滑移阻力增大，金属的塑性变形抗力增大。图 3-6 所示为多晶体塑性变形示意图。

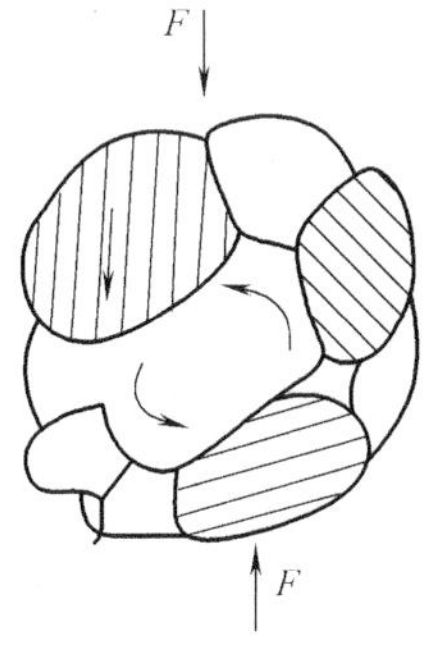

图 3-6　多晶体塑性变形示意图

2. 晶界的作用

在多晶体中，晶界处原子排列混乱，晶格畸变程度大，位错移动时的阻力增大，宏观上表现为塑性变形抗力增大，强度提高。由于晶界的作用，多晶体往往表现出竹节状变形，如图 3-7 所示。

a)　　b)

图 3-7　两个晶粒试样在拉伸时的变形

a）变形前　b）变形后

综上所述，多晶体的塑性变形抗力不仅与金属的晶体结构有关，而且与晶粒大小有关。在一定体积的晶体内，晶粒的数目越多，晶界的数量就越多，晶粒就越细小，位错移动时的阻力就越大，金属的塑性变形抗力就越大，因此金属的强度越高。在同样的变形条件下，晶粒细小时，变形可分散到更多的晶粒内进行，不易产生集中变形。另外，晶界多，裂纹不易扩展，从而使金属在断裂前能产生较大的塑性变形，表现出金属具有较高的塑性和韧性。

3.2　冷塑性变形对金属组织和性能的影响

冷塑性变形不但改变了金属的形状和尺寸，而且还使其组织和性能发生了重大变化。

3.2.1　冷塑性变形对金属组织的影响

金属发生冷塑性变形时，随着外形的改变，其内部晶粒的形状也发生了变化，如图 3-8 所示。当变形程度很大时，晶粒会沿变形方向伸长，形成细条状，这种呈纤维状的组织称为冷加工纤维组织。

形成纤维组织后，金属的性能会具有明显的方向性，其纵向（沿纤维方向）的力学性能高于横向（垂直于纤维方向）的力学性能。同时，由于各个晶粒的变形不均匀，因此金属在冷塑性变形后其内部组织存在着残余应力。

冷塑性变形除了使晶粒的形状发生变化外，还会使晶粒内部的亚晶粒细化、亚晶界数量增多、位错密度增大。由于塑性变形时晶格畸变加剧以及位错间的相互干扰，会阻止位错的运动，因此增大了金属的塑性变形抗力，使金属的力学性能发生改变。

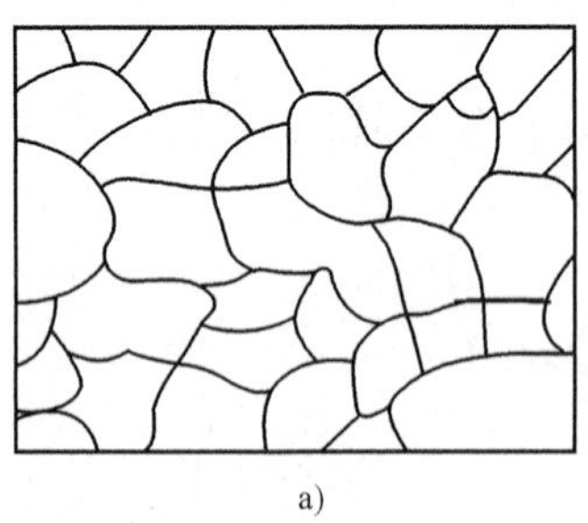

a)

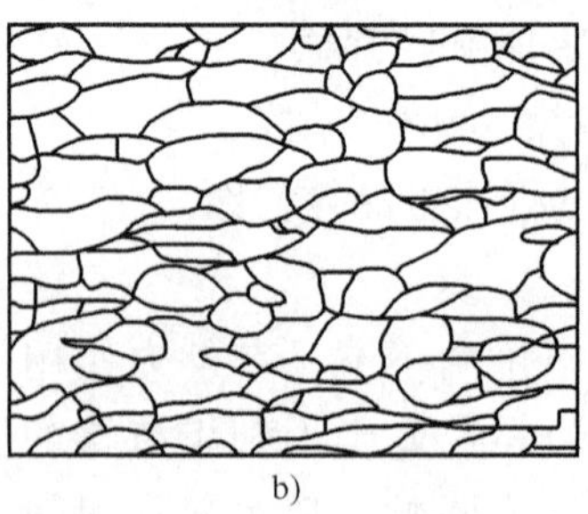

b)

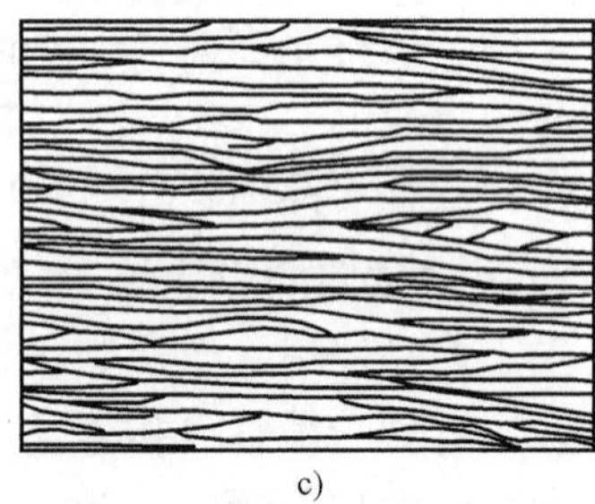

c)

图 3-8　冷塑性变形时晶粒形状变化示意图

a）未变形　b）变形程度小　c）变形程度大

3.2.2　冷塑性变形对金属性能的影响

冷塑性变形改变了金属内部的组织结构，引起了金属力学性能的变化。随着冷塑性变形程度的增大，金属材料的强度和硬度提高，而塑性和韧性下降，这种现象称为冷变形强化。

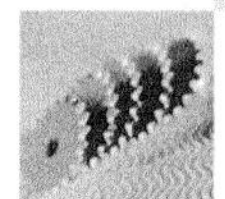

图 3-9 所示为低碳钢冷塑性变形时力学性能的变化规律。

3.2.3 冷塑性变形使金属产生残余应力

残余应力是指作用于金属上的外力去除后，仍存在于金属内部的应力。残余应力是由金属塑性变形不均匀造成的。根据残余应力的作用范围，可分为宏观残余应力、微观残余应力和晶格畸变应力三类。

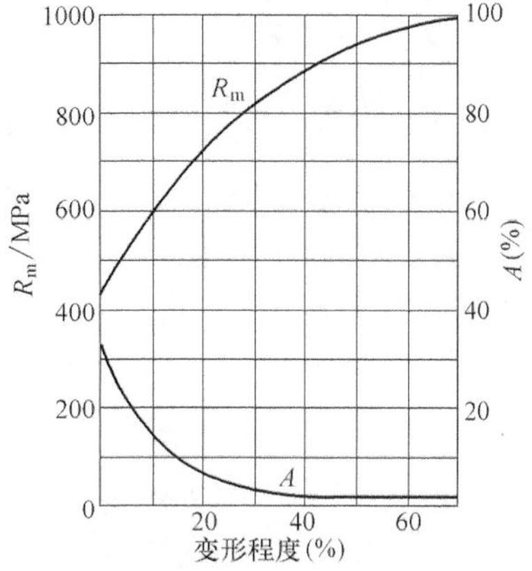

图 3-9 低碳钢冷塑性变形时力学性能的变化规律

宏观残余应力是指由金属各部分塑性变形不均匀所造成的残余应力；微观残余应力是指由晶体中各晶粒或亚晶粒塑性变形不均匀所造成的残余应力；晶格畸变应力是指金属塑性变形时，晶体中一部分原子偏离其平衡位置造成晶格畸变而产生的残余应力。

一般来说，残余应力的存在对金属会产生一些影响，例如降低工件的承载能力，使工件的形状和尺寸发生变化，降低工件的耐蚀性等，但残余应力可提高工件的疲劳强度。通过热处理的方法可以消除冷塑性变形后金属内部的残余应力。

3.2.4 冷变形强化在生产中的影响

冷变形强化可以提高金属的强度、硬度和耐磨性，是强化金属材料的一种工艺方法，特别是对那些不能使用热处理强化的金属材料更为重要。例如纯金属、多数铜合金和奥氏体不锈钢等，在出厂前都要经过冷轧或冷拉加工，以冷变形强化的状态供用户使用。另外，冷变形强化还可以使金属材料具有瞬时抗超载能力。在构件使用过程中，不可避免地会在某些部位出现应力集中或偶然过载的现象，过载部位出现微量的塑性变形，会引起冷变形强化，使变形自行终止，从而在一定程度上提高构件的使用安全性。

冷变形强化是工件使用压力加工方法成形的必要条件。如图 3-10 所示，金属材料在冲压过程中，圆角 r 处的变形量最大。当圆角 r 处的金属变形达到一定程度时，产生冷变形强化，强度和硬度有所提高，而其他部位的金属未产生冷变形强化，强度和硬度较低，所以随后的塑性变形发生转移，这样既避免了已发生塑性变形的部位因继续变形而破裂，又可以得到壁厚均匀的冲压件。

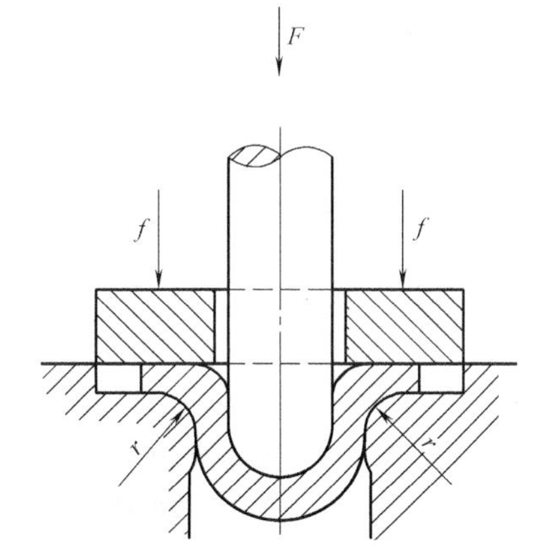

图 3-10 冲压加工示意图

冷变形强化虽然使金属材料的强度、硬度得到提高，但也会使金属材料的塑性降低，继续变形困难，甚至出现破裂。为了使金属材料能继续进行压力加工，必须进行中间热处理，以消除冷变形强化，这就增加了生产成本，降低了生产率。

冷塑性变形除了影响金属的力学性能外，还会使金属的某些物理性能、化学性能发生改变，如电阻增大、化学活性增大、耐蚀性下降等。

3.3　回复与再结晶

冷塑性变形后的金属，其组织结构发生了改变，而且由于金属各部分变形不均匀，在金属内部形成残余应力，使金属处于不稳定状态，具有自发地恢复到原来稳定状态的趋势。常温下，原子活动能力比较弱，这种不稳定状态要经过很长时间才能逐渐过渡到稳定状态。如果给冷塑性变形后的金属加热，则由于加热使原子活动能力增强，因此就会迅速发生一系列组织与性能的变化，使金属恢复到变形前的稳定状态，如图3-11所示。

冷塑性变形后的金属在加热过程中，随着温度的升高，要经历回复、再结晶和晶粒长大三个阶段的变化。

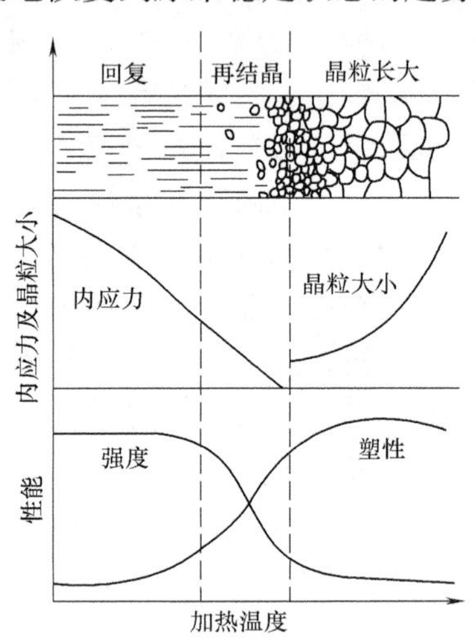

图3-11　加热温度对冷塑性变形金属组织和性能的影响

3.3.1　回复

当加热温度较低时，金属原子有一定的活动能力，通过原子短距离的移动，使变形金属内部晶体缺陷的数量减少，晶格畸变程度减轻，残余应力减小，但造成冷变形强化的主要因素尚未清除，因而冷加工纤维组织无明显变化，金属的力学性能也无明显变化，这一阶段称为回复。在回复阶段，金属的一些物理、化学性能部分地恢复到了变形前的状态。

在工业生产中，常常利用回复现象对冷塑性变形金属进行低温退火处理（又称为去应力退火），目的是在保持冷变形强化的情况下，消除残余应力，提高塑性。例如用冷拉弹簧钢丝制成的弹簧，在卷制后要进行一次250～300℃的低温退火处理，以消除残余应力并使弹簧定形；冷拉黄铜制件，为了消除残余应力，避免应力腐蚀破坏，也需要进行280℃的低温退火处理。

3.3.2　再结晶

随着加热温度的升高，原子的活动能力增强，当加热到一定温度（如纯铁加热到450℃以上）时，变形金属中的纤维状晶粒将重新变为等轴晶粒，这一阶段称为再结晶。

再结晶也是通过晶核形成和长大的方式进行的。新晶粒的核心首先在金属中晶粒变形最严重的区域形成，然后晶核吞并旧晶粒，向周围长大形成新的等轴晶粒。当变形晶粒全部转化为新的等轴晶粒时，再结晶过程就完成了。再结晶前后的晶格类型完全相同，因此再结晶过程不是相变过程，只是改变了晶粒的形状和消除了因变形而产生的某些晶体缺陷，如位错密度下降、晶格畸变消失等。再结晶使冷塑性变形金属的组织与性能基本上恢复到了变形前的状态，金属的强度、硬度下降，塑性升高，冷变形强化现象完全消失。

再结晶不是在恒定温度下发生的，而是在一个温度范围内进行的过程。能进行再结晶的最低温度称为再结晶温度，用符号 $T_{再}$ 表示。

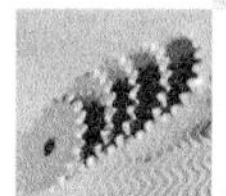

实验证明，再结晶温度与金属的冷塑性变形程度有关，如图3-12所示。金属的塑性变形程度越大，再结晶温度就越低。这主要是因为变形程度越大，晶格畸变程度越大，位错密度越高，金属的组织越不稳定，开始再结晶的温度越低。纯金属的再结晶温度可根据其熔点进行计算，即

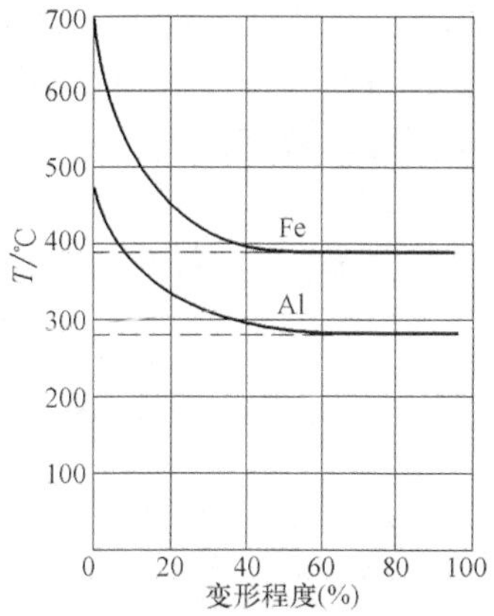

图3-12 金属再结晶温度与冷塑性变形程度的关系

$$T_{再} \approx 0.4T_{熔}$$

式中 $T_{再}$——金属的再结晶温度（K）；

$T_{熔}$——金属的熔点（K）。

例如，工业纯铁的 $T_{再}$ 约为723K，即450℃。

在生产中，为了消除冷变形强化，恢复金属的塑性以便继续进行压力加工，必须对冷塑性变形的金属进行中间退火处理。将冷塑性变形金属加热到再结晶温度以上，保持适当时间，使变形晶粒重新结晶为均匀的等轴晶粒，以消除冷变形强化和残余应力，这种热处理方法称为再结晶退火。实际生产中的再结晶退火温度通常为金属再结晶温度以上100～200℃。表3-1列出了常见金属的去应力退火与再结晶退火温度。

表3-1 常见金属的去应力退火与再结晶退火温度

金属材料	去应力退火温度/℃	再结晶退火温度/℃	金属材料	去应力退火温度/℃	再结晶退火温度/℃
结构钢	500～650	680～720	硬铝	95～105	350～370
碳素弹簧钢	280～300		黄铜	270～300	600～700
工业纯铝	95～105	350～420			

3.3.3 晶粒长大

冷塑性变形金属经再结晶后，一般都得到细小均匀的等轴晶粒。如果继续升高温度或延长保温时间，则再结晶后形成的新晶粒会逐渐长大，导致晶粒变粗，金属的力学性能下降，这一阶段称为晶粒长大。

晶粒长大可以使金属内部的晶界数量减少，组织处于更稳定的状态，因此，晶粒长大是一个自发的过程。晶粒长大的实质是一个晶粒的边界向另一个晶粒中迁移，把另一个晶粒的晶格位向逐步改变成与这个晶粒相同的位向，小晶粒变小直至消失（“吞并”），大晶粒长大。图3-13所示为晶粒长大示意图。

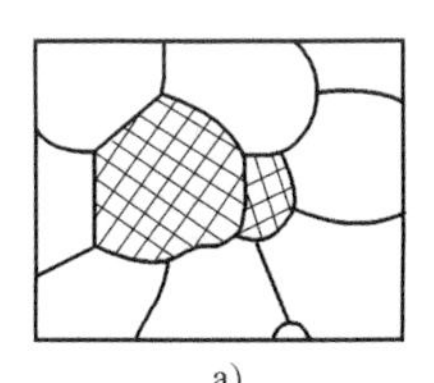

a)

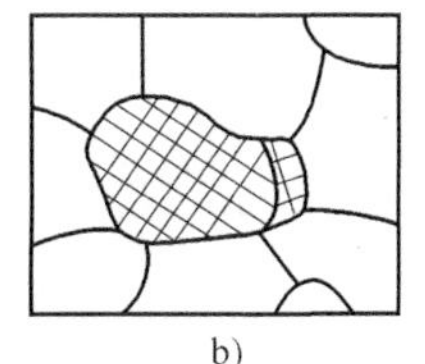

b)

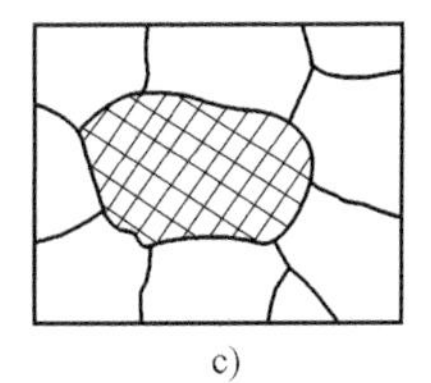

c)

图3-13 晶粒长大示意图

影响晶粒长大的因素主要有加热温度、保温时间及冷塑性变形的程度。一般来说，加热

温度越高，保温时间越长，再结晶后的晶粒就越粗大；冷塑性变形的程度越大，再结晶后的晶粒就越细小。但冷塑性变形程度在2% ~10%时，再结晶后的晶粒会异常粗大，这主要是由于金属变形程度不大，变形仅在一部分晶粒中发生，再结晶时形核数量少。

3.4 金属的热塑性变形

3.4.1 热加工与冷加工的区别

金属的热塑性变形加工与冷塑性变形加工是以金属的再结晶温度来划分的。在再结晶温度以上进行的塑性变形加工称为热加工，而在再结晶温度以下进行的塑性变形加工则称为冷加工。冷加工时，不能发生再结晶过程，必然产生冷变形强化现象。热加工时，金属的塑性变形与再结晶过程同时发生，所产生的变形强化被随时发生的再结晶消除，因此，热加工后并不保留塑性变形带来的强化效果。例如，钨的再结晶温度为1200℃，故钨在1000℃时进行的塑性变形加工仍属于冷加工；锡的再结晶温度为 -7℃，在室温下对锡进行的塑性变形加工就已经属于热加工了。

金属在冷加工时，由于产生的冷变形抗力增大，因此，对于那些要求变形量较大和截面尺寸较大的工件，冷加工将是十分困难的。热加工时，随金属温度的升高，原子间结合力减小，冷变形强化被随时消除，金属的强度、硬度降低，塑性、韧性增大，所以，热加工可用较小的能量消耗来获得较大的变形量。一般情况下，截面尺寸较小、材料塑性较好、加工精度和表面质量要求较高的金属制品用冷加工的方法获得，截面尺寸较大、变形量较大、材料在室温下硬脆性较高的金属制品用热加工的方法来获得。

3.4.2 热加工对金属组织和性能的影响

1. 消除铸态金属的某些缺陷

通过热加工，可使铸态金属毛坯中的气孔和疏松焊合，消除部分偏析，细化晶粒，改善夹杂物和碳化物的形态、大小与分布，使金属的致密度和力学性能有所提高。表3-2为碳素钢（$w_C=0.3\%$）铸态和锻态时的力学性能比较。由表可见，经热加工后，钢的强度、塑性、冲击韧度均比铸态高，所以工程上受力较大的工件（如齿轮、轴、刃具、模具等）大多数要通过热加工来制造。

表3-2 碳素钢（$w_C=0.3\%$）铸态和锻态时的力学性能比较

状态	抗拉强度 /MPa	屈服强度 /MPa	伸长率 (%)	断面收缩率 (%)	冲击韧度 /J·cm^{-2}
铸态	500	280	15	27	35
锻态	530	310	20	46	68

2. 形成热加工纤维组织

热加工时，铸态金属毛坯中的粗大枝晶偏析和各种夹杂物，都要沿变形方向伸长，逐渐形成纤维状。这些夹杂物在再结晶时不会改变其纤维状，所以在材料或加工的纵向宏观试样上，可见到沿变形方向的一条条细线，这就是热加工纤维组织，通常称为流线。

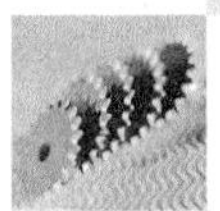

热加工纤维组织的存在会使金属材料的力学性能呈现方向性，沿纤维方向（纵向）具有较高的强度、塑性和冲击韧度，垂直于纤维方向（横向）则具有较高的抗剪强度。表 3-3 为碳素钢（$w_C=0.45\%$）的力学性能与纤维方向之间的关系。

表 3-3 碳素钢（$w_C=0.45\%$）的力学性能与纤维方向之间的关系

力学性能 / 取样方向	抗拉强度 /MPa	屈服强度 /MPa	伸长率 (%)	断面收缩率 (%)	冲击韧度 /J·cm^{-2}
横向	675	440	15	31	26
纵向	715	470	17.5	62.8	60

因此，用热加工方法制造工件时，应保证流线有正确的分布，即流线与工件工作时所受到的最大拉应力方向一致，与切应力或冲击力方向垂直。一般来说，流线如能沿工件的外形轮廓连续分布，则较为理想。

生产中广泛采用模锻法制造齿轮及中小型曲轴，用局部镦粗法制造螺栓，其优点之一即为流线沿工件外形轮廓连续分布，并适应工作时的受力情况。图 3-14 所示为切削加工曲轴和锻造曲轴的流线分布示意图，把两者的流线分布进行比较，显然锻造曲轴的流线分布更为合理。

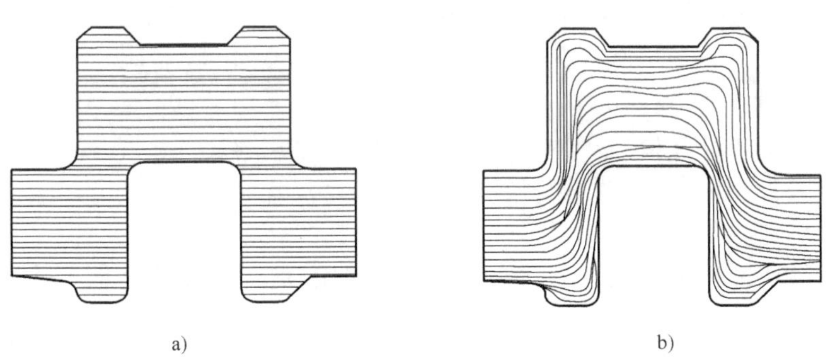

图 3-14 曲轴流线分布示意图

a）切削加工曲轴 b）锻造曲轴

应注意：热处理方法是不能消除或改变工件中的流线分布的，只能通过适当的塑性变形来改善流线的分布。

3. 形成带状组织

如果钢的铸态组织中存在着比较严重的偏析，或热加工时温度过低，则钢中常出现沿变形方向呈带状或层状分布的显微组织，称为带状组织。带状组织是一种缺陷，它会使钢的力学性能下降。带状组织可以用热处理的方法消除。

3.5 案例

案例 1 分析冷变形强化在金属加工中的利弊。

金属的冷变形强化现象一方面会给金属的进一步加工带来困难，如钢板在冷轧过程中会越轧越硬，以致最后轧不动。另一方面，人们可以利用冷变形强化现象来提高金属的强度和硬度，如冷拔高强度钢丝就是利用冷加工变形产生的冷变形强化作用来提高钢丝的强度的。

冷变形强化也是某些压力加工工艺能够实现的重要因素。如冷拉钢丝拉过模孔的部分，由于发生了冷变形强化，不再继续变形而使变形转移到尚未拉过模孔的部分，这样钢丝才可以继续通过模孔而成形。

案例 2　将铜管弯曲成一定形状，随着弯曲程度的增加，感觉越弯越费劲，而且铜管还容易破裂，这是什么原因？如何消除这种现象？

这是因为铜管逐渐发生了冷变形强化，使强度升高，继续变形需要更大的变形力；使塑性降低，继续变形就容易破裂。采用再结晶退火方法，能够消除冷变形强化，使铜管的可变形性得到恢复。

思　考　题

1. 试述细晶粒金属具有较高力学性能的原因。
2. 加热时，冷塑性变形金属的组织和性能会发生哪些变化？
3. 铜的熔点是 1083℃，如何确定其再结晶温度？
4. 钛的熔点是 1667℃，铅的熔点是 327℃，在 500℃时对它们进行塑性变形加工，它们分别属于冷加工还是热加工？
5. 金属的再结晶过程与同素异构转变过程有何不同之处？
6. 再结晶能否作为细化晶粒的一种方法？
7. 热加工对金属组织和性能有哪些影响？
8. 试比较冷加工纤维组织、流线与带状组织的区别，并分析它们产生的原因以及对金属性能的影响。

第4章 钢的热处理

模具淬火加热时温度过高，容易造成模具过热、过烧，冲击韧度下降，导致早期断裂。如果淬火温度过低，则会降低模具的硬度、耐磨性及疲劳强度，容易造成模具的塑性变形、磨损失效。淬火加热时不注意采取保护措施，会使模具表面氧化和脱碳，脱碳将造成淬火软点或软区，降低模具的耐磨性、疲劳强度和抗咬合能力，影响其使用寿命。淬火冷却速度过快或油温过低，模具容易产生淬火裂纹。如果回火温度太低，而且不够充分，将无法消除淬火过程中的残余应力而使模具的韧性降低，容易发生早期断裂。钢的热处理在机械制造业中占有非常重要的地位，它是利用加热和冷却固态金属的方法来改变钢的内部组织，从而改善其性能的一种工艺方法。

同样机器零件或工具通过热处理也可以提高其品质，并减轻重量，降低成本，而且能大大地提高其使用寿命。所以，现代机床工业中有60% ~70%的零件、汽车拖拉机工业中有70% ~80%的零件均要进行热处理。热处理是强化钢材、使其发挥潜在能力的重要方法，是提高产品质量和寿命的主要途径。

钢的热处理是指将钢材在固态范围内采用适当的方法进行加热、保温和冷却，以改变其内部组织，获得所需性能的一种工艺方法。热处理的实质是通过改变材料的组织结构来改变材料的性能，因此只适用于固态下发生组织转变的材料，不发生固态相变的材料不能用热处理方法来强化。

由于对热处理后的性能要求不同，热处理的类型也是多种多样的，但其过程都由加热、保温和冷却三个阶段所组成。一般可用热处理工艺曲线来表示，如图4-1所示。

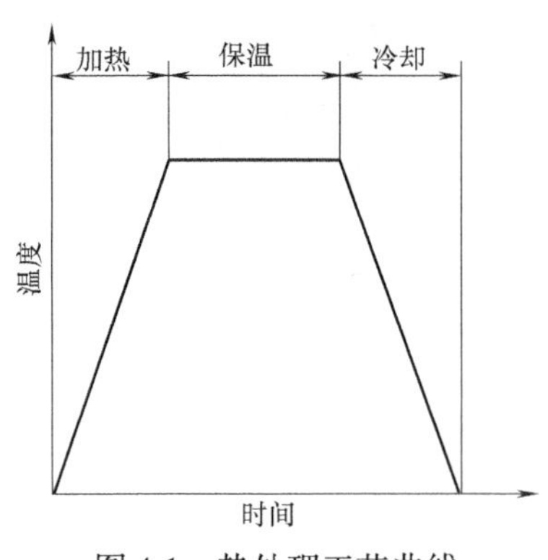

图4-1 热处理工艺曲线

根据加热和冷却方式不同，热处理可分为普通热处理和表面热处理两大类。普通热处理包括退火、正火、淬火和回火。表面热处理又分为表面淬火和化学热处理，其中表面淬火有火焰淬火和感应淬火等，化学热处理有渗碳、渗氮、碳氮共渗和渗金属等。

根据热处理在零件加工过程中的工序位置不同，热处理又可分为预备热处理和最终热处理。

4.1 钢的热处理基础

为了使钢件在热处理后能获得所需的性能，对于大多数热处理工艺，如淬火、正火、退火等都要将钢件加热到高于临界温度，以获得全部或部分奥氏体组织并使之均匀化，这个过程称为奥氏体化。从 $Fe\text{-}Fe_3C$ 相图可知，碳素钢在缓慢加热和冷却过程中，即在相图中的 *PSK* 线（A_1 线）、*GS* 线（A_3 线）和 *ES* 线（A_{cm}线）上都要发生组织转变。因此，任一成分碳素钢的固态组织转变的相变点（又称临界点）都是由 A_1 线、A_3 线和 A_{cm}线来确定的。通常将共析钢、亚共析钢和过共析钢分别加热到 A_1 线、A_3 线和 A_{cm}线以上的温度才可获得单相奥氏体组织。相对应的 A_1、A_3、A_{cm}都是铁碳合金平衡时的临界点温度。

在实际热处理条件下，进行相转变的温度有一定的差异，加热时相变偏向高温，冷却时偏向低温，这种现象称为相变滞后。为了区别于平衡时的临界点，通常加热时的临界点用 Ac_1、Ac_3、Ac_{cm}表示，冷却时的临界点用 Ar_1、Ar_3、Ar_{cm}表示。图 4-2 所示为加热和冷却时碳素钢的临界点。

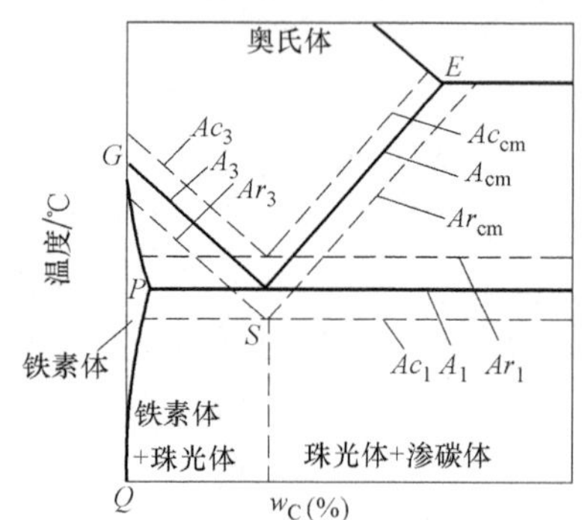

图 4-2　加热和冷却时碳素钢的临界点

4.1.1　钢的奥氏体化

任何成分的钢加热到 A_1 点对应的温度以上时，都要出现珠光体向奥氏体的转变过程，这个过程称为奥氏体化。

在铁碳合金相图中，共析钢在 A_1 点以下的组织全部为珠光体，组织中的铁素体具有体心立方晶格，其 $w_C=0.0218\%$；当加热到 A_1 点以上时，珠光体转变成具有面心立方晶格的奥氏体，其 $w_C=0.77\%$。由此可见，奥氏体必须进行晶格的改组和铁碳原子的扩散，其转变过程遵循结晶的基本规律，并通过以下四个阶段来完成，图 4-3 所示为共析钢的奥氏体形成过程示意图。

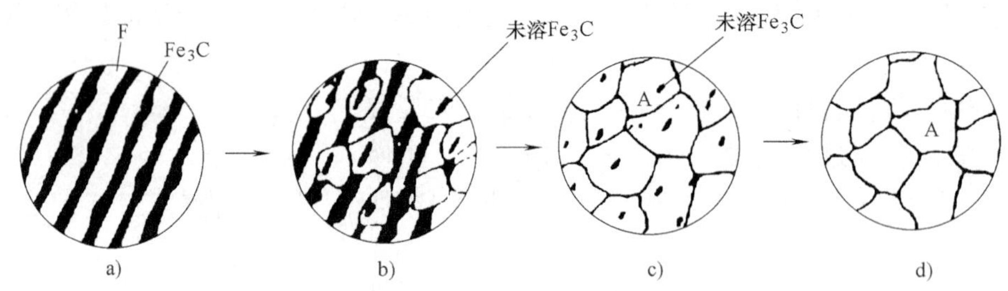

图 4-3　共析钢的奥氏体形成过程示意图

a）奥氏体形核　b）奥氏体长大　c）剩余 Fe_3C 溶解　d）奥氏体均匀化

1. 奥氏体晶核的形成

当钢加热到 Ac_1 以上温度时，珠光体处于不稳定状态。奥氏体的晶核优先形成于铁素体和渗碳体的相界面上，这是因为相界面上原子排列较紊乱，空位和位错密度高，成分不均匀。此外，因为奥氏体的碳的质量分数处于铁素体和渗碳体之间，所以在浓度和结构两方面为奥氏体晶核的形成提供了有利条件。

2. 奥氏体晶核的长大

奥氏体晶核形成后，出现了奥氏体与铁素体和奥氏体与渗碳体的相平衡，但是与渗碳体相接触的奥氏体的碳浓度（碳的质量分数，下同）高于与铁素体相接触的奥氏体的碳浓度，因此在奥氏体内部发生了碳原子的扩散，使奥氏体同渗碳体和铁素体两边相界面上的碳的平

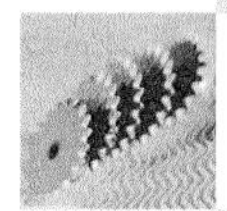

衡浓度遭到破坏。为了维持浓度的平衡关系，渗碳体必须不断溶解而铁素体必须不断转变为奥氏体。这样，奥氏体晶核就分别向两边长大了。

3. 剩余渗碳体的溶解

在奥氏体形成过程中，当铁素体完全转变成奥氏体后，仍有部分渗碳体尚未溶解，随着保温时间的延长，剩余渗碳体不断溶入奥氏体中，直到完全消失。

4. 奥氏体的均匀化

当剩余渗碳体全部溶解后，奥氏体中的碳浓度仍然是不均匀的，在原渗碳体处碳的质量分数比原铁素体处碳的质量分数要高。因此，需要继续延长保温时间，依靠碳原子的扩散，才能使奥氏体的成分逐渐趋于一致。

亚共析钢和过共析钢的奥氏体形成过程与共析钢基本相同，不同之处是亚共析钢和过共析钢需要加热到 Ac_3 或 Ac_{cm} 对应的温度以上时，才能获得单相的奥氏体组织，即完全奥氏体化。

这里必须要指出的是，钢的奥氏体化的目的主要是获得成分均匀、晶粒细小的奥氏体组织，而如果加热温度过高或保温时间过长，则将会促使奥氏体晶粒粗大。

4.1.2 奥氏体的晶粒大小及其影响因素

奥氏体晶粒的大小直接影响到随后冷却转变产物的晶粒大小及性能。加热时获得的奥氏体晶粒越细小，冷却转变产物的组织也越细小，其强度、塑性、韧性比较好；反之，则其性能较差。

1. 奥氏体晶粒度

晶粒度是表示晶粒大小的一种尺度。奥氏体的晶粒大小可用晶粒平均直径或晶粒级别两种方式表示。生产上常根据标准的晶粒大小级别图，用比较的方法确定晶粒大小的级别。晶粒大小通常分为 8 级，其中 1～4 级为粗晶粒，5～8 级为细晶粒，超过 8 级为超细晶粒。

2. 奥氏体晶粒的长大

在加热过程中，奥氏体晶粒长大倾向取决于钢的成分和冶金条件。当珠光体向奥氏体转变刚刚完成时，奥氏体晶粒一般比较细小而均匀，其大小称为奥氏体起始晶粒度。但随着温度进一步升高，加热时间延长，奥氏体晶粒将不断长大。在某一具体加热条件下开始冷却时所得到的实际晶粒大小，称为实际晶粒度。实际晶粒度直接影响钢热处理后的组织和性能。例如用高碳工具钢制造的工具，淬火加热时奥氏体晶粒粗大，具有这种马氏体组织的工具使用时容易崩刃，而具有粗大马氏体组织的模具使用中则易开裂和崩断。

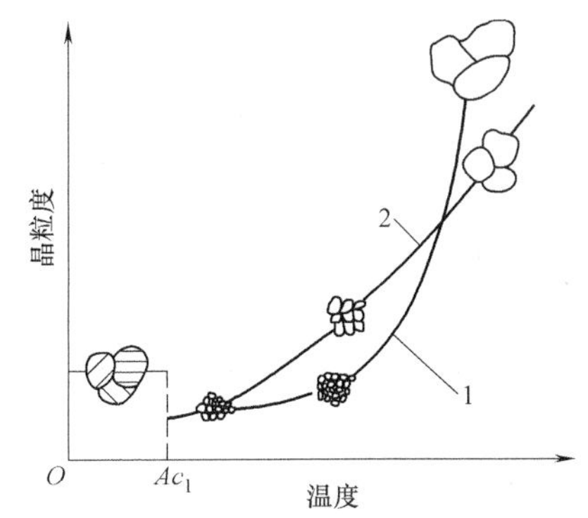

图 4-4 加热温度与奥氏体晶粒度的关系示意图
1—本质细晶粒钢 2—本质粗晶粒钢

图 4-4 所示为加热温度与奥氏体晶粒度的关系示意图，曲线 1 所示的钢，一般在冶炼时用铝脱氧，或加入一些能阻止晶粒长大的元素，所以在一定温度下晶粒不易长大，称为本质细晶粒钢，只有当超过一定温度（此温度也称为奥氏体晶粒粗化温度）时，奥氏体才突然长大，而在生产实际中常用的热处理加热温度范围

(800~930℃)，往往都低于奥氏体晶粒粗化温度，因此所获得的实际晶粒都较细小；曲线2所示的钢，一般在冶炼时只用硅、锰脱氧，或不含阻止晶粒长大的元素，所以随着温度升高，奥氏体晶粒不断长大，此类钢称为本质粗晶粒钢。

不能认为本质细晶粒钢在任何加热条件下，晶粒都不会粗化。因为工艺实验规定的温度为(930±10)℃，若热处理加热温度在950~1000℃以上，则此时本质细晶粒钢的实际晶粒反而比本质粗晶粒钢大。这是由于在950~1000℃以上加热时，本质细晶粒钢具有更大的长大倾向。

3. 奥氏体晶粒大小的控制

(1) 加热温度和保温时间 加热温度越高，保温时间越长，奥氏体晶粒长得越大。通常加热温度对奥氏体晶粒长大的影响比保温时间更显著。

(2) 加热速度 当加热温度确定后，加热速度越快，奥氏体晶粒越细小。因此，快速高温加热和短时间保温，是生产中常用的一种细化晶粒的方法。

(3) 钢的原始组织 通常来说，钢的原始组织越细，碳化物弥散度越大，则奥氏体的晶粒就越细小。

(4) 钢中加入一定量的合金元素 合金元素的影响与作用机理见第5章5.2节。

4.2 钢在冷却时的组织转变

钢经加热、保温后，能获得细小、成分均匀的奥氏体，冷却至Ar_1以下时，奥氏体发生分解，分解的产物取决于分解转变的温度，而转变温度与冷却的方式和速度有关。热处理工艺中，奥氏体化后的冷却方式通常有两种，第一种为等温转变，第二种为连续转变，如图4-5所示。等温转变即将钢件奥氏体化后，冷却到临界点(Ar_1或Ar_3)以下保持等温，待过冷奥氏体全部转变完成后，再冷却到室温的一种冷却方式，如图4-5中的曲线1所示。连续转变即将钢件奥氏体化后，以不同的冷却速度连续冷却到室温，使过冷奥氏体在温度不断下降的过程中完成转变，如图4-5中的曲线2所示。为了分析奥氏体冷却时的转变规律，首先应掌握过冷奥氏体的等温转变曲线。

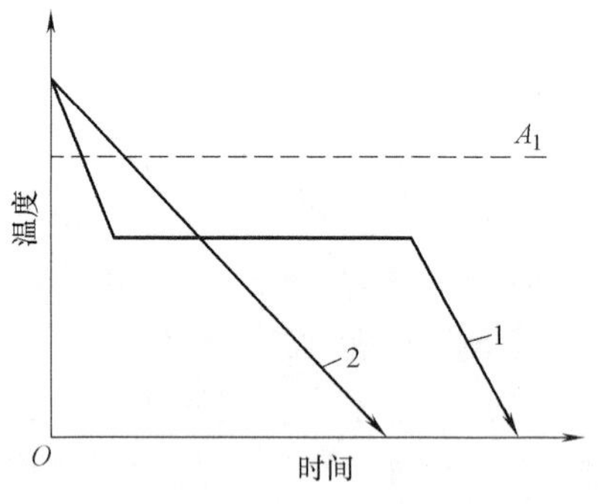

图4-5 冷却方式示意图
1—等温转变 2—连续转变

4.2.1 过冷奥氏体的等温转变

所谓过冷奥氏体，是指在相变温度A_1以下，未发生转变而处于不稳定状态的奥氏体。过冷奥氏体处于不稳定状态，总是要自发地转变为稳定的新相。过冷奥氏体等温转变图是研究过冷奥氏体等温转变的重要工具，是通过实验方法测定的。下面以共析钢为例，分析过冷奥氏体等温转变的规律。

1. 过冷奥氏体等温转变图分析

图4-6所示为共析钢过冷奥氏体等温转变图，图中曲线呈“C”字形，左边的一条曲线为在不同冷却速度下过冷奥氏体等温转变开始点连接的线，称为转变开始线；右边的一条为

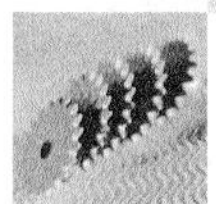

在不同冷却速度下等温转变终了点连接的线，称为转变终了线。在转变开始线的左方是过冷奥氏体区，在转变终了线的右方是转变产物区，两条曲线之间是转变区。在曲线的下部有两条水平线，一条为马氏体转变开始线（以 *Ms* 表示），另一条为马氏体转变终了线（以 *Mf* 表示）。在 A_1 温度线以上，奥氏体处于稳定状态；在 A_1 温度线以下，过冷奥氏体在各个温度下等温转变时，都要经过一段孕育期（以转变开始线与纵坐标之间的水平距离表示）。孕育期越长，过冷奥氏体越稳定；反之则不稳定。孕育期的长短随过冷度不同而变化，在靠近 A_1 线处，过冷度较小，孕育期较长。随着过冷度增大，孕育期逐渐缩短，约在 550℃时孕育期最短，此后孕育期又随着过冷度的增大而增长。孕育期最短处，即曲线的“鼻尖”处，过冷奥氏体最不稳定，转变最快。

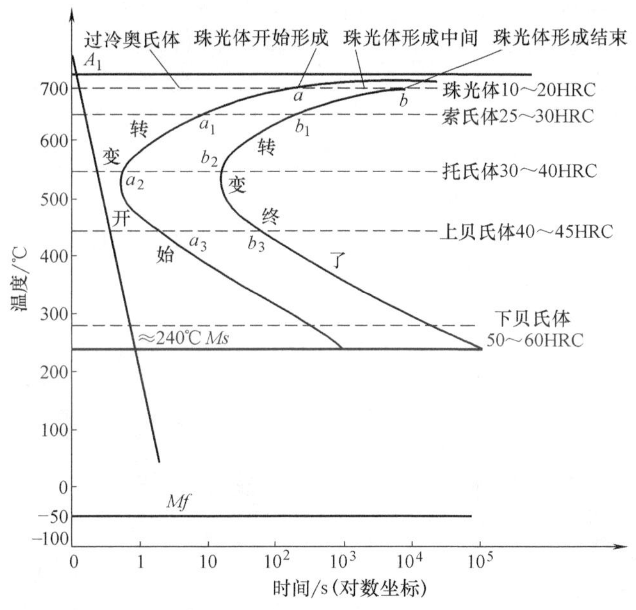

图 4-6　共析钢过冷奥氏体等温转变图

过冷奥氏体在 A_1 温度下的不同温度范围内，可发生三种不同类型的转变：高温珠光体型转变、中温贝氏体型转变和低温马氏体型转变。

2. 共析钢过冷奥氏体等温转变产物的组织与性能

（1）珠光体型转变　珠光体型转变发生在 A_1 ~550℃。在转变过程中，铁、碳原子都进行扩散，故珠光体型转变是扩散型转变。珠光体型转变是以形核、长大方式进行的，在这一温度范围内，奥氏体等温分解为片层状的珠光体组织。珠光体片层的间距随过冷度的增大而减小，按其片层间距的大小，高温转变的产物可分为珠光体、索氏体（细珠光体）和托氏体（极细珠光体）三种。其中珠光体较粗、索氏体较细、托氏体最细。这三种组织没有本质的区别，也没有严格的界限。

珠光体片层间距越小，相界面越多，塑性变形抗力越大，所以它们的硬度随片层间距的减小而增大。另外，由于片层间距越小，渗碳体越薄，越容易随铁素体一起变形而不脆断，因而其塑性和韧性也有所提高。共析钢过冷奥氏体转变产物的组织名称、形成温度和性能见表 4-1。

表4-1　共析钢过冷奥氏体转变产物的组织名称、形成温度和性能

转变类型	组织名称	形成温度/℃	转变形式	显微组织特征	硬度HBW（HRC）
珠光体型转变	珠光体P 索氏体S 托氏体T	A_1 ~650 650~600 600~550	扩散型	$F+Fe_3C$ 的片层状，在放大倍数小于500倍的显微镜下可分辨片层 $F+Fe_3C$ 的细片层状，在放大倍数大于1000倍的显微镜下可分辨片层 $F+Fe_3C$ 的极细片层状，在放大倍数大于2000倍的显微镜下可分辨片层	170~200（~20） 230~320（25~35） 330~400（35~40）
贝氏体型转变	上贝氏体$B_上$ 下贝氏体$B_下$	550~350 350~*Ms*	半扩散型，只有碳原子扩散	光学显微镜下呈羽毛状 光学显微镜下呈黑色针状	（42~48） （48~58）

（2）贝氏体型转变　过冷奥氏体在等温转变图的“鼻尖”至*Ms*线的温度范围内将发生贝氏体型转变。贝氏体是由碳的质量分数过饱和的铁素体与碳化物组成的混合物。贝氏体转变属于半扩散型相变，只有碳原子扩散，铁原子不扩散。转变温度不同，形成的贝氏体的组织形态也明显不同。贝氏体一般可分为上贝氏体（$B_上$）和下贝氏体（$B_下$）两种，其显微组织如图4-7所示。

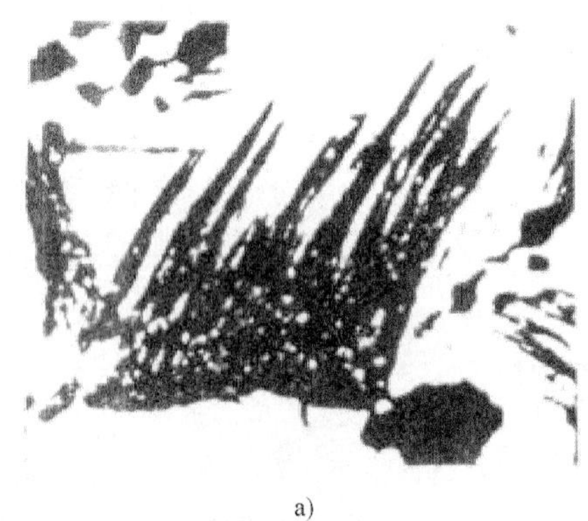

a)

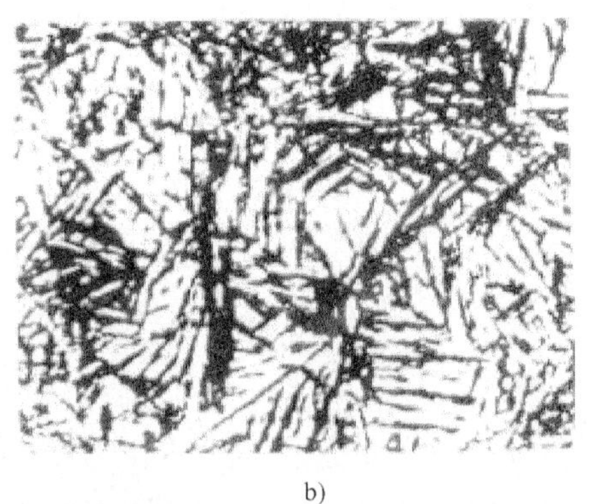

b)

图4-7　贝氏体的显微组织
a）上贝氏体　b）下贝氏体

上贝氏体是在550~350℃形成的，其显微组织呈羽毛状，它是由成束的粗大的铁素体板条和断续分布在板条间的短小渗碳体组成的，如图4-7a所示。下贝氏体是在350℃至*Ms*线对应温度的温度范围内形成的，其显微组织呈黑色针叶状，是由针叶状铁素体和分布在针叶内的细小渗碳体粒子组成的，如图4-7b所示。

贝氏体的力学性能与其形态有关。上贝氏体中铁素体片较宽，塑性变形抗力较低，且渗碳体分布在铁素体片层之间，容易引起脆断，因此其强度和韧性都较低，没有实用价值。下贝氏体中铁素体片细小、无方向性，碳的过饱和度大，碳化物分布均匀，所以硬度高、韧性好，具有较好的综合力学性能，其硬度为48~58HRC。因此，在生产中常用等温淬火来获得下贝氏体组织。

（3）马氏体型转变　马氏体型转变是指当奥氏体被迅速过冷至*Ms*线对应温度以下时发

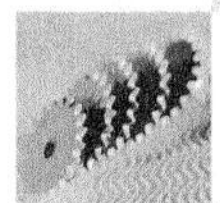

生的转变。与前两种转变不同，马氏体转变是在一定温度范围内（*Ms* ~ *Mf*）连续冷却时完成的，因此将在过冷奥氏体连续冷却转变过程中进行介绍。

3. 影响奥氏体等温转变的因素

影响奥氏体稳定性的因素都能影响过冷奥氏体的等温转变，从而影响奥氏体等温转变图的位置和形状。

（1）碳的影响　碳是稳定奥氏体的元素。随着奥氏体的碳的质量分数的增加，奥氏体的稳定性提高。在正常加热条件下，亚共析钢的等温转变图随碳的质量分数的增加右移，但钢的碳的质量分数并不等于奥氏体的碳的质量分数。对过共析钢来说，随着钢中碳的质量分数的增加，奥氏体的碳的质量分数并不增加，而是未溶渗碳体量增多。由于未溶渗碳体能作为转变核心，促使奥氏体分解，因而使等温转变图左移。共析钢的过冷奥氏体最稳定。与共析钢相比，亚共析钢和过共析钢的等温转变图上部分别有一条先共析铁素体和二次渗碳体的析出线，如图 4-8 所示。在过冷奥氏体转变为珠光体之前，亚共析钢有先共析铁素体析出，过共析钢有先共析渗碳体析出。

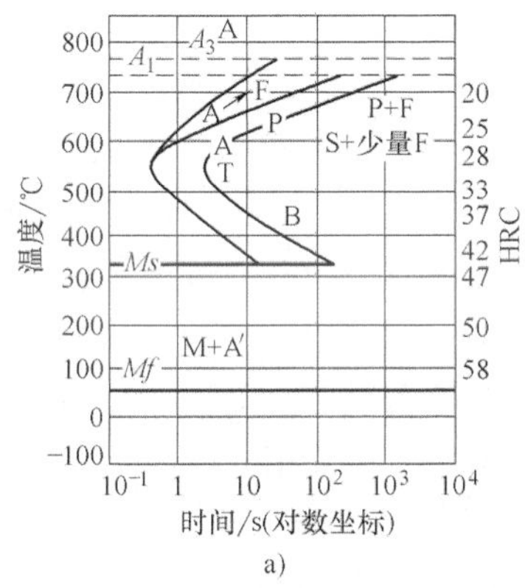

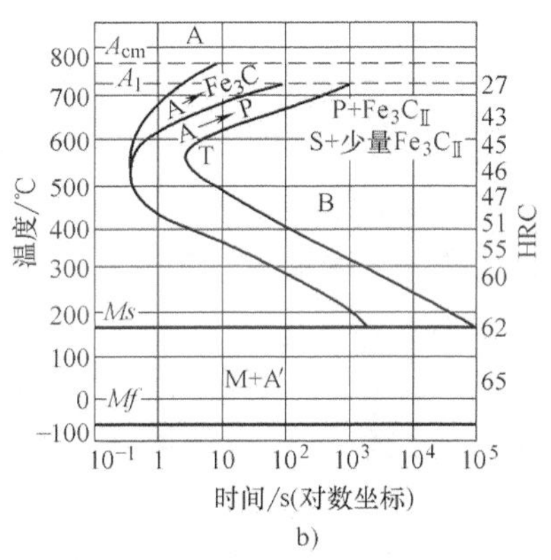

图 4-8　亚共析钢和过共析钢的奥氏体等温转变图

a）亚共析钢的奥氏体等温转变图　b）过共析钢的奥氏体等温转变图

（2）合金元素的影响　除钴外，能溶入奥氏体的合金元素都能使过冷奥氏体的稳定性提高，使等温转变图右移。当奥氏体中溶入较多的碳化物形成元素（铬、钼、钒、钨和钛等）时，不仅等温转变图的位置会改变，而且其形状也会改变，可出现两个“鼻尖”。

（3）加热温度和时间的影响　奥氏体化的温度越高，保温时间越长，奥氏体成分就越均匀，同时晶粒也就越大，晶界面积则越少，未溶碳化物越少。这样会降低过冷奥氏体转变的形核率，不利于奥氏体的分解，使其稳定性提高，等温转变图右移。因此，应用等温转变图时，需要注意奥氏体化条件的影响。

在实际生产中，可利用等温转变图来制订等温退火、等温淬火和分级淬火工艺，等温转变图也是确定冷却方式和选择冷却介质的重要依据。

4.2.2　过冷奥氏体的连续冷却转变

在热处理生产中，常采用连续冷却的方式冷却，如一般的水冷、空冷正火和炉冷退火等。因此，有必要通过钢的连续冷却转变图来了解过冷奥氏体连续冷却转变的规律。

1. 共析钢过冷奥氏体连续冷却转变图分析

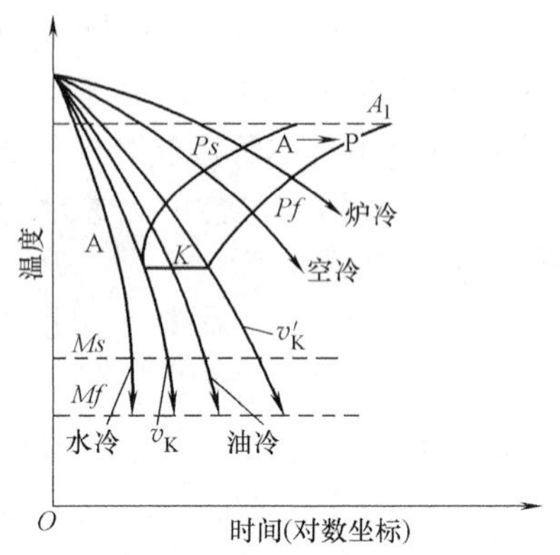

图4-9　共析钢的连续冷却转变图

图4-9所示为共析钢的连续冷却转变图，图中*Ps*线为珠光体的转变开始线，*Pf*线为珠光体的转变终了线，*K*线为珠光体转变的终止线。当实际冷却速度小于v'_K时，只发生珠光体转变；当实际冷却速度大于v_K时，则只发生马氏体转变；当实际冷却速度介于两者之间、冷却曲线与*K*线相交时，有一部分奥氏体已转变为珠光体，珠光体转变终止，剩余的奥氏体在冷却至*Ms*点以下时发生马氏体转变。图中v_K为马氏体转变的临界冷却速度，又称上临界冷却速度，是钢中淬火时为得到马氏体组织所需的最小冷却速度。v_K越小，钢在淬火时越容易获得马氏体组织。v'_K为下临界冷却速度，是保证奥氏体全部转变为珠光体的最大冷却速度。v'_K越小，则退火所需要的时间越长。

2. 马氏体转变

当奥氏体的冷却速度大于该钢的马氏体临界冷却速度并过冷到*Ms*线对应的温度以下时，即开始发生马氏体转变。由于马氏体转变温度极低，过冷度很大，而且形成速度极快，使得奥氏体向马氏体转变时难以进行铁、碳原子的扩散，只发生γ-Fe向α-Fe的晶格改组。固溶在奥氏体中的碳全部保留在α-Fe晶格中，形成碳在α-Fe中的过饱和固溶体，即称为马氏体，以符号M表示。

（1）马氏体的晶体结构　马氏体转变属于无扩散型转变，转变前后的碳浓度（质量分数）没有变化。过饱和的碳原子被强制固溶在体心立方晶格（α-Fe）中，致使晶格严重畸变，成为具有一定正方度的体心正方晶格。马氏体的碳的质量分数越高，则晶格畸变越严重。α-Fe的晶格致密度比γ-Fe的小，而马氏体是碳在α-Fe中的过饱和固溶体，比体积更大。因此，当奥氏体向马氏体转变时，体积要增大，而且碳的质量分数越高，正方度越大，体积增大越多，这将引起淬火工件产生相变内应力，容易导致工件变形和开裂。

（2）马氏体的组织形态　马氏体的组织形态主要有板条状和片状两种基本类型，其形态主要与奥氏体的碳的质量分数有关，碳的质量分数较低（$w_C<0.2\%$）的钢淬火时几乎全部得到板条状马氏体组织，又称为低碳马氏体，其显微组织呈相互平行的细板条束，束与束之间具有较大的位向差；而碳的质量分数高（$w_C>1.0\%$）的钢得到片状马氏体组织，又称为高碳马氏体，其显微组织呈十分细小的针片状；碳的质量分数介于两者之间的钢则是两种马氏体混合组织。图4-10和图4-11所示为两种马氏体的显微组织。

（3）马氏体的性能　马氏体的性能与碳的质量分数有关，其强度与硬度随碳的质量分数的增加而增大，尤其在马氏体的碳的质量分数较低时，其强度与硬度随碳的质量分数增大得更明显，当$w_C>0.6\%$时，这种增大就不明显了。强度与硬度提高的主要原因是过饱和的碳原子使晶格正方畸变，即固溶强化。马氏体的塑性与韧性也与碳的质量分数及其形态有关，低碳板条状马氏体具有良好的塑性和韧性，是一种强韧性很好的组织，在生产中得到广泛的应用。

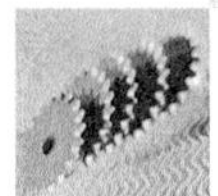

图 4-10　低碳马氏体的显微组织（500×）

图 4-11　高碳马氏体的显微组织（1600×）

4.2.3　等温转变与连续冷却转变的比较

图 4-12 所示为共析钢等温转变图与连续冷却转变图的比较图。通过比较可以看出：

1）共析钢的连续冷却转变图位于等温转变图的右下方。这说明要获得同样的组织，连续冷却转变比等温转变的温度要低一些，即孕育期长一些。

2）连续冷却转变时，共析钢不发生贝氏体转变。

3）连续冷却时，转变是在一个温度范围内进行的，转变产物的类型可能不止一种，有时是几种类型组织的混合。

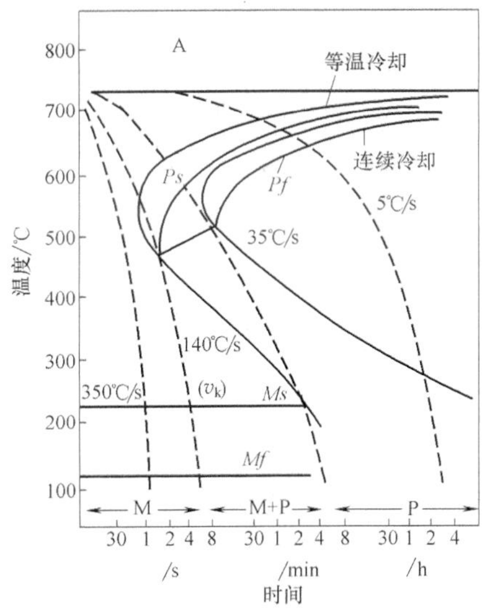

图 4-12　共析钢等温转变图与连续冷却转变图的比较图

连续冷却转变图反映了钢在特定条件下的组织转变规律，是制订和分析热处理工艺的依据，但由于该曲线的测定比较困难，目前使用较广泛的钢种的连续冷却转变图尚未测出，而各种钢的等温转变图都已测定。因此，生产中常利用等温转变图来定性地、近似地分析连续冷却转变的情况，其结果可作为制订热处理工艺的参考。

4.3　钢的普通热处理

在生产中，常将热处理工艺分为预备热处理和最终热处理两类。为消除前道工序造成的某些缺陷，或为随后的切削加工和最终热处理做好准备的热处理，称为预备热处理。为使工件满足使用性能要求的热处理，称为最终热处理。钢的普通热处理工艺中的退火和正火作为预备热处理，而淬火和回火常作为最终热处理。

4.3.1　钢的预备热处理

在机器零件或工具、模具等的加工制造过程中，退火和正火作为预备热处理工序被安排在工件毛坯生产之后、切削（粗）加工之前，用以消除前一道工序带来的某些缺陷，并为后一道工序做好组织准备。

1. 钢的退火

退火是指将钢加热到适当温度，保温一定时间，然后缓慢冷却的热处理工艺。退火主要用于铸、锻、焊毛坯或半成品零件。作为预备热处理，退火后获得珠光体型组织。退火的主要目的是：降低钢件的硬度，以利于切削加工；消除内应力，以防止钢件变形与开裂；细化晶粒，改善组织，为零件的最终热处理做好组织准备。

根据钢的成分和退火目的的不同，常用的退火方法有完全退火、等温退火、球化退火、均匀化退火和去应力退火等。

（1）完全退火　完全退火是指将钢件加热到 Ac_3 以上 30～50℃，保温一定时间，随炉冷却至600℃以下，再出炉空冷的退火工艺。完全退火是可以获得接近平衡状态组织的退火工艺，其目的是使热加工所造成的粗大、不均匀的组织均匀细化，消除组织缺陷和内应力，降低硬度和改善切削加工性能。

完全退火主要用于亚共析成分的各种碳素钢、合金钢的铸件、锻件、热轧型材和焊接结构件。过共析钢不宜采用完全退火，以避免二次渗碳体以网状形式沿奥氏体晶界析出，给切削加工和以后的热处理带来不利影响。完全退火所需时间较长，是一种费时的工艺，故生产中常采用等温退火工艺。

（2）等温退火　等温退火是指将钢件加热到 Ac_3（或 Ac_1）温度以上，保温一定时间后，以较快的速度冷却到珠光体区域的某一温度并保持等温，使奥氏体转变为珠光体型组织，然后再缓慢冷却的退火工艺。等温退火不仅可以大大缩短退火时间，而且由于组织转变时工件内外处于同一温度，故能得到均匀的组织和性能。

亚共析钢的等温退火与完全退火的目的相同。等温退火主要用于处理高碳钢、合金工具钢和高合金钢。

（3）球化退火　球化退火是指将过共析钢或共析钢加热至 Ac_1 以上 20～40℃，保温一定时间，然后随炉缓慢冷却到600℃以下出炉空冷的退火工艺。在随炉冷却通过 Ac_1 温度时，其冷却速度应足够缓慢，以促使共析钢的渗碳体球化。

球化退火的目的是使钢中的渗碳体球化，以降低钢的硬度，改善可加工性，并为后续的热处理工序做好准备。

过共析钢和合金工具钢热加工后，组织中常出现粗片状的珠光体和网状的渗碳体，增大了钢的硬度和脆性，使切削加工性能变差，且淬火时易产生变形和开裂。为了消除过共析钢的这些缺陷，在热加工之后，必须进行一次球化退火，使网状二次渗碳体和珠光体中的片层状渗碳体都变为球状（或粒状）。这种在铁素体基体上均匀分布着球状（或粒状）渗碳体的组织称为球化体，其硬度远低于片层状珠光体和网状渗碳体组织。如T10钢（见图4-13）经球化退火后，硬度由255～321HBW降到197HBW以下。为了便于球化过程的进行，对于原组织中网状渗碳体较严重的钢件，可在球化退火之前进行一次正火处理，以消除网状渗碳体。

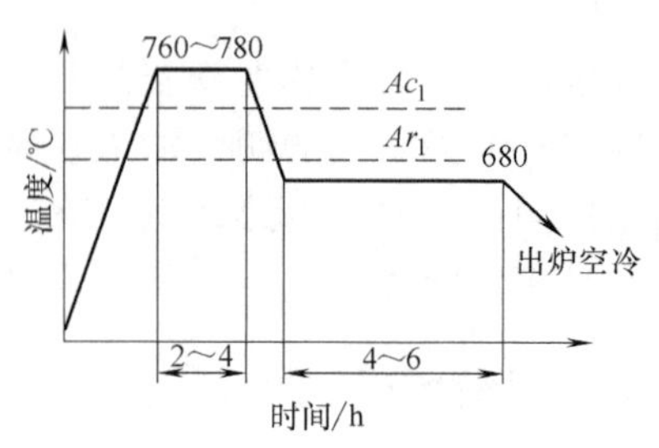

图4-13　T10钢等温球化退火工艺曲线

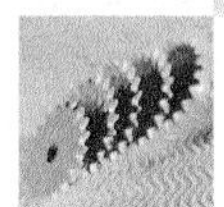

（4）均匀化退火（扩散退火）　均匀化退火是指将钢加热到 Ac_3 以上 150～200℃，长时间保温（10～15h），然后随炉冷却的退火工艺。由于退火时间长，零件烧损严重，能量耗费很大，易使晶粒粗大。为了细化晶粒，均匀化退火后应进行完全退火或正火。均匀化退火工艺主要用于质量要求高的合金钢铸锭、铸件或锻坯。

（5）去应力退火　去应力退火又称为低温退火，是指将钢加热到 Ac_1 以下某一温度（一般为 500～600℃），保持一定时间后缓慢冷却的工艺方法。

去应力退火过程中不发生组织的转变，其目的是消除由于形变加工、机械加工、铸造、锻造、热处理、焊接等所产生的残余应力。

2. 钢的正火

正火是指将钢件加热到 Ac_3（或 Ac_{cm}）以上 30～50℃，保温适当时间后，在空气中冷却得到珠光体型组织的热处理工艺。

正火和退火的主要区别是冷却方式不同，前者冷却速度较快，得到的组织比退火的组织细小。因此，钢件正火后的硬度、强度也较高。

正火与退火相比，不但所得钢件的力学性能高，而且正火操作简便、生产周期短、能量耗费少，故在可能的情况下，应优先考虑采用正火处理。

正火一般应用于以下几个方面：

（1）改善切削加工性能　低碳钢和低碳合金钢退火后一般硬度在 160HBW 以下，不利于切削加工。正火可提高其硬度，改善其切削加工性能。

（2）作为预备热处理　中碳钢和合金结构钢在调质处理前都要进行正火处理，以获得均匀而细小的组织。对于过共析钢，由于正火时冷却速度较快，二次渗碳体来不及沿奥氏体晶界呈网状析出，消除了网状渗碳体的析出，为球化退火做好了组织准备。

（3）作为最终热处理　正火可以细化晶粒，提高力学性能，故可作为对性能要求不高的普通铸件、焊接件及不重要的热加工件的最终热处理工序。对于一些大型或重型零件，当淬火有开裂危险时，也可以用正火作为其最终热处理工序。

几种退火与正火的加热温度范围及热处理工艺曲线如图 4-14 所示。

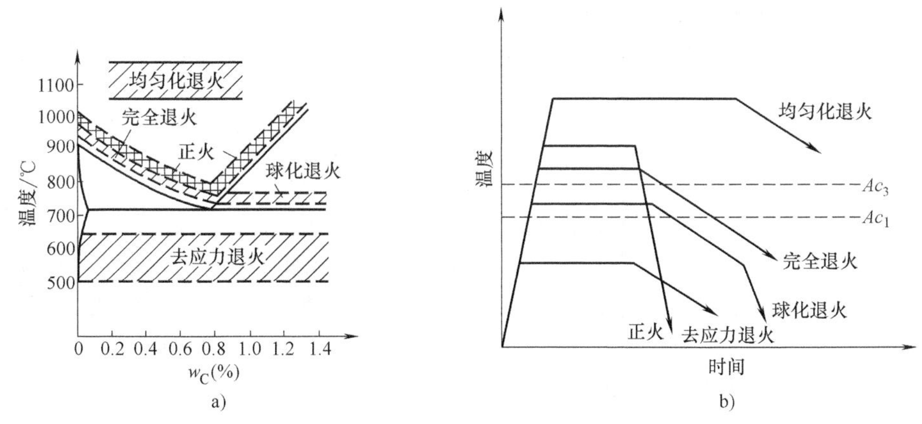

图 4-14　几种退火与正火的加热温度范围及热处理工艺曲线
a）加热温度范围　b）工艺曲线

4.3.2　钢的最终热处理

将钢加热到 Ac_3 或 Ac_1 线以上30～50℃，保温一定时间使其奥氏体化，以大于马氏体临界冷却速度（v_K）的速度进行快速冷却，从而发生马氏体转变的热处理工艺称为淬火。淬火是强化钢材最重要的热处理方法。

1. 钢的淬火

（1）淬火的目的　淬火的主要目的是获得马氏体或贝氏体组织，然后与适当的回火工艺相配合，以得到零件所要求的使用性能。淬火和回火是强化钢材的重要热处理工艺方法。

（2）淬火工艺

1）淬火加热温度的选择。钢的淬火温度主要根据钢的临界温度来确定。如图4-15所示，一般情况下，亚共析钢（$w_C<0.77\%$）的淬火加热温度在 Ac_3 以上30～50℃，可得到全部的奥氏体组织，淬火后为均匀细小的马氏体组织。若加热温度过高，则马氏体组织粗大，使力学性能恶化，同时也增大了淬火应力，使变形和开裂的倾向增大。若加热温度在 Ac_1～Ac_3，则淬火后的组织为铁素体和马氏体，不仅会降低硬度，而且回火后钢的强度也较低，故不宜采用。共析钢和过共析钢（$w_C\geqslant0.77\%$）的淬火加热温度为 Ac_1 以上30～50℃，此时的组织为奥氏体或奥氏体与渗碳体，淬火后得到细小的马氏体或马氏体与少量渗碳体。渗碳体的存在，提高了淬火钢的硬度和耐磨性。淬火温度过高或过低，均对淬火钢的组织有很大的影响。因为淬火温度过低，得到的是非马氏体组织，没有达到淬火的目的；淬火温度过高，渗碳体全部溶解于奥氏体中，提高了奥氏体的碳浓度，使淬火后残留奥氏体量增多，故硬度、耐磨性降低。

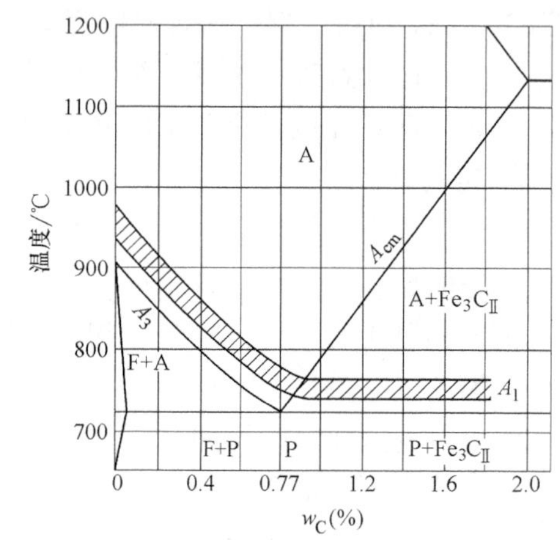

图4-15　碳素钢的淬火加热温度范围

2）淬火加热时间的确定。淬火加热时间由两部分组成，即升温时间和保温时间。升温时间是指零件由室温达到淬火温度所需要的时间，保温时间是使钢件热透、使室温组织转变为奥氏体的时间。生产中通常以总的加热时间来考虑。若加热时间过长，则奥氏体晶粒粗大，并引起钢件的氧化、脱碳，延长生产周期，降低生产率，提高生产成本；若加热时间过短，则组织转变不完全，成分扩散不均匀，淬火、回火后达不到需要的性能。影响加热时间的因素很多，主要应根据钢的成分、加热介质和零件尺寸来确定加热时间。

3）淬火冷却介质。钢加热获得奥氏体后，需要用具有一定冷却能力的介质冷却，保证奥氏体转变为马氏体组织。如果冷却速度太快，则虽易于淬硬，但容易产生变形和开裂，而冷却速度太慢钢件又淬不硬。由等温转变图可知，对于理想的淬火冷却介质，在650℃以上时，由于过冷奥氏体比较稳定，故冷却速度可慢一些，以便减小零件内外温差引起的热应力，防止变形。常用的淬火冷却介质有油、水、盐水和碱水等，其冷却能力依次提高。

水是最常用的淬火冷却介质，它有较强的冷却能力，且成本低廉，使用安全、无燃烧、无腐蚀，但其缺点是在650～400℃的冷却能力不够强，而在300～200℃的冷却能力又很强，因此常会引起淬火钢的内应力增大，导致工件变形和开裂。因此，水在生产中主要用于形状简单、截面较大的碳素钢零件的淬火。

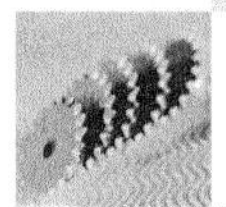

常用于淬火的油主要有机油、变压器油和柴油等。油在 300～200℃的冷却能力远弱于水，这对于减少淬火变形与开裂是有利的，但油在 650～400℃的冷却能力比水弱，不利于工件淬硬，因此只能用于过冷奥氏体比较稳定的低合金钢的淬火。

为了减小工件淬火时的变形，常采用盐浴作为淬火冷却介质，如熔融的 $NaNO_3$ 和 KNO_3 等。此种方法主要用于贝氏体等温淬火和马氏体分级淬火。

（3）常用的淬火方法　常用淬火方法有以下几种：

1）单液淬火。单液淬火是指将加热至淬火温度的工件投入到一种淬火冷却介质中连续冷却至室温的淬火工艺，如图 4-16 中的曲线①所示。例如碳素钢在水中淬火、合金钢在油中淬火。此方法操作简单，易于实现机械化和自动化，但它也有不足之处，即易产生淬火缺陷。水中淬火易产生变形和开裂，油中淬火易产生硬度不足或硬度不均匀等情况，所以该方法常用于形状简单的工件的淬火。

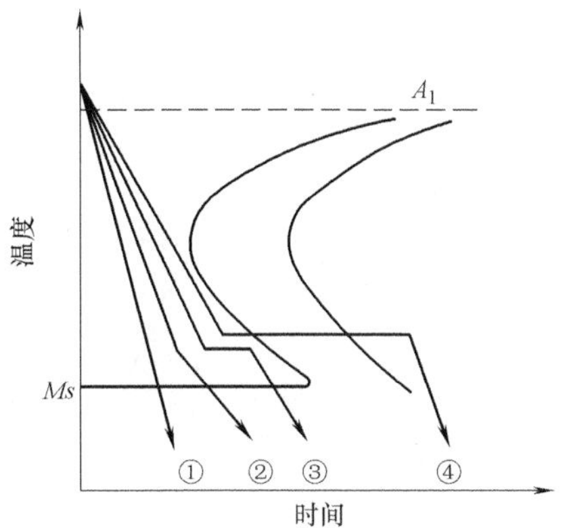

图 4-16　常用的淬火方法

2）双液淬火。双液淬火是指将加热的工件先投入到一种冷却能力较强的介质中，在工件还未到达马氏体转变的温度之前即取出，并转入到冷却能力较弱的介质中进行马氏体转变的一种淬火工艺，如图 4-16 中的曲线②所示。例如形状复杂的碳素钢工件采用水淬油冷、合金钢工件采用油淬空冷等都属于双液淬火。双液淬火可使低温转变时的内应力减小，从而有效地防止工件的变形和开裂。准确地控制工件从第一种介质转到第二种介质时的温度是双液淬火的关键，需要一定的实践经验。

3）马氏体分级淬火。马氏体分级淬火是指将加热的工件先放入到温度为 *Ms* 点（*Ms* 是马氏体转变开始温度）附近（150～260℃）的盐浴或碱浴中，稍加停留（2～5min），待工件的内外层都达到介质的温度后取出进行空冷，以获得马氏体组织的淬火工艺，如图 4-16 中的曲线③所示。马氏体分级淬火更易于避免变形和开裂的产生，且比双液淬火更易于控制，一般适用于尺寸较小、形状较复杂的工件。

4）贝氏体等温淬火。贝氏体等温淬火是指将工件奥氏体化后，迅速放入温度稍高于 *Ms* 点的盐浴或碱浴中保温足够的时间，使其全部转变为下贝氏体组织，然后在空气中冷却的热处理方法，如图 4-16 中的曲线④所示。下贝氏体组织是在 350℃～*Ms* 形成的，其显微组织特征是呈黑色针叶状，是由针状铁素体和分布在针叶内的细小渗碳体粒子组成的。下贝氏体不仅硬度（45～55HRC）和强度较高，而且塑性和韧性也较好，具有良好的综合力学性能，因此常用于处理形状复杂、尺寸要求精确，并且硬度和韧性都要求较高的工件，如各种冷、热模具和成形刀具等。

2. 钢的淬透性及淬火缺陷

（1）钢的淬透性概念　钢的淬透性是钢的主要热处理工艺性能，它对合理选用材料及正确制订热处理工艺，具有十分重要的意义。

钢的淬透性表征钢淬火时形成马氏体的能力，是钢材本身固有的属性。工件在淬火时，整个截面的冷却速度不同，其中工件表层的冷却速度最大、中心层的冷却速度最小。以圆棒试样为例，其不同部位的冷却速度曲线如图 4-17a 所示，冷却速度大于该钢 v_K 的表层部分，淬火后得到马氏体组织，图4-17b中的阴影区表示获得马氏体组织的深度。一般规定由钢的表面至心部马氏体组织占50%处的距离为有效淬透层深度。

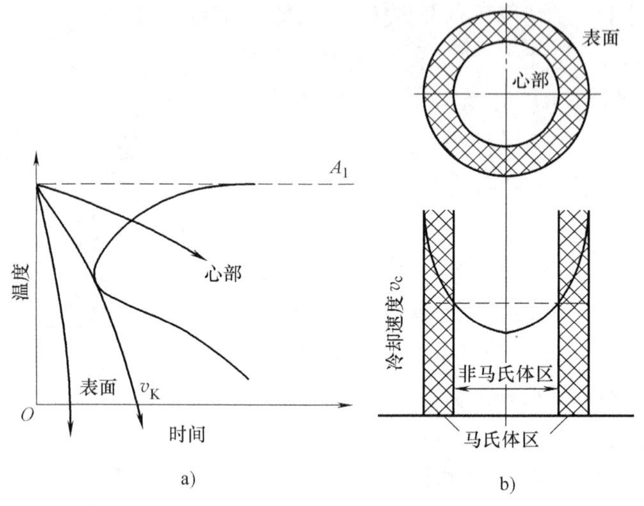

图4-17　工件淬硬深度与冷却速度的关系

必须指出，不要把钢的淬透性和具体条件下具体零件的淬透层深度混为一谈。在同样的奥氏体化条件下，同一种钢的淬透性是相同的，但不能说同一种钢水淬与油淬时的有效淬透层深度相同。钢的淬透层深度与钢的临界冷却速度、工件的截面尺寸和介质的冷却能力有关。在同样的条件下，钢的临界冷却速度越小，工件的淬透层深度越大。

（2）影响钢的淬透性的因素　影响淬透性的最主要因素是钢的化学成分和奥氏体化的条件。

1）钢的化学成分。在亚共析钢中，随着碳的质量分数的增加，马氏体的临界冷却速度减小，淬透性提高；而在过共析钢中，随着碳的质量分数的增加，马氏体的临界冷却速度增大，淬透性降低。合金元素除钴、铝（$w_{Al}>2.5\%$）以外，当溶于奥氏体后，均能提高过冷奥氏体的稳定性，减小马氏体的临界冷却速度，提高淬透性。

2）奥氏体化温度和保温时间。提高奥氏体化温度和延长保温时间，会使奥氏体晶粒粗化，成分均匀，故过冷奥氏体稳定性提高，马氏体临界冷却速度减小，淬透性提高。

应该指出，钢的淬透性和淬硬性是两个完全不同的概念。钢的淬硬性是指钢在正常淬火条件下形成的马氏体组织所能达到的最高硬度。淬火后硬度值越高，淬硬性越好。它主要取决于马氏体的碳的质量分数，合金元素的质量分数对淬硬性没有显著的影响。淬透性好的钢，其淬硬性不一定高，如低碳合金钢。

3. 钢的回火

回火是指将淬火钢加热到 Ac_1 以下的某一温度，保温一定时间，然后冷却至室温的热处理工艺。回火是淬火的后续工序，通常也是零件进行热处理的最后一道工序，所以对产品最后所要求的性能起决定性的作用。淬火和回火常作为零件的最终热处理。

（1）淬火钢在回火时的组织转变　钢淬火后的组织是不稳定的，其组织中的马氏体和残留奥氏体在回火过程中，具有向稳定的铁素体和渗碳体（或其他结构碳化物）两相组织转变的趋势，回火使这一自发转变过程得以加强。通常，在不同温度范围内回火时，将发生

以下四种转变。

1）马氏体分解（100～350℃）。在进行100℃以上回火时，马氏体中的碳开始以化学式为$Fe_{2.4}C$的过渡型碳化物（称为ε碳化物）的形式析出，使马氏体的过饱和度降低。ε碳化物极为细小，弥散度极高。这种马氏体和ε碳化物的回火组织称为回火马氏体。此转变使钢的淬火内应力减小，但硬度并未降低。

2）残留奥氏体转变（200～300℃）。残留奥氏体从200℃开始分解到300℃左右基本结束，转变为下贝氏体。在此温度范围内，马氏体仍在继续分解，因而淬火应力进一步减小，硬度无明显降低。

3）马氏体分解完成和渗碳体形成（300～400℃）。马氏体组织继续分解，直到过饱和的碳原子几乎全部从固溶体内析出。与此同时，ε碳化物逐渐转变为极细的稳定碳化物Fe_3C。此阶段到400℃时全部完成，形成由尚未再结晶的针状铁素体和细球状渗碳体组成的混合组织，称为回火托氏体。此时钢的淬火应力基本消除，硬度有所降低。

4）铁素体再结晶与渗碳体聚集长大（400℃以上）。温度高于400℃后，铁素体发生回复与再结晶，同时渗碳体颗粒不断聚集长大。当温度高于600℃时，形成多边形铁素体与球状渗碳体的混合组织，称为回火索氏体。此时，钢的强度、硬度均有所下降，但韧性却明显改善。

必须指出，以上四个阶段是在不同温度范围内进行的，但四个温度范围有所交叉，即在同一回火温度，可能进行几种不同的转变。淬火钢回火后的性能取决于其组织变化，随着加热温度的升高，其强度和硬度降低，而塑性和韧性提高，如图4-18所示。

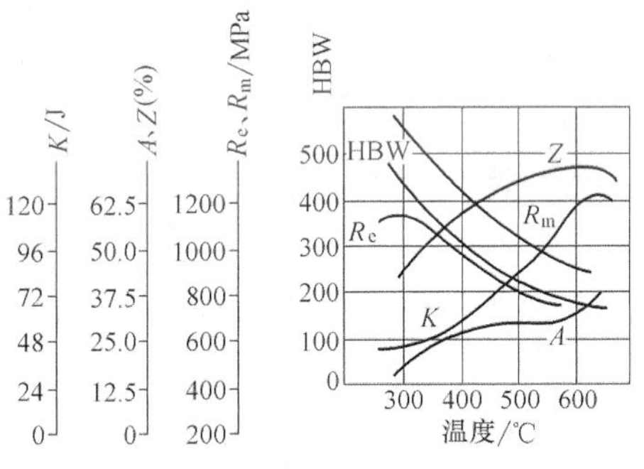

图4-18　40钢回火温度与力学性能的关系

（2）回火的目的

1）降低零件的脆性，消除或减小内应力。一般情况下，通过淬火得到的马氏体组织脆而且内应力大，如果在室温下放置，通常会使零件变形、开裂。因此，零件淬火后一般都要进行回火处理以消除内应力、提高韧性。

2）获得所要求的力学性能。工件经淬火后硬度高，但塑性和韧性都显著降低。因此，可通过调整回火温度，使工件得到不同的回火组织来达到所需要的硬度和强度、塑性和韧性。

3）稳定工件尺寸。淬火工件得到的马氏体和残留奥氏体都是不稳定的组织，在室温下会自发地发生分解，从而引起工件尺寸的变化和形状的改变。通过回火可得到稳定的回火组织，从而保证工件在以后的使用过程中不再发生尺寸和形状的改变。

（3）回火的种类、组织及应用　根据零件性能要求的不同，可将回火分为以下三种：

1）低温回火（150～250℃）。低温回火得到的回火组织是回火马氏体，其显微组织如图4-19所示。低温回火的目的是降低淬火应力和脆性，保持钢淬火后具有的高硬度和耐磨性。低温回火后的硬度一般为58～64HRC。低温回火主要用于各种工具（如刀具、模具、量具等）、滚动轴承、渗碳件和表面淬火件。

2）中温回火（350～500℃）。中温回火得到的回火组织是回火托氏体，其显微组织如

图4-20所示。中温回火的目的是使钢具有高的弹性极限、屈服强度和一定的韧性。中温回火后的硬度一般为35～50HRC。中温回火一般用于各种弹簧和模具等的热处理。

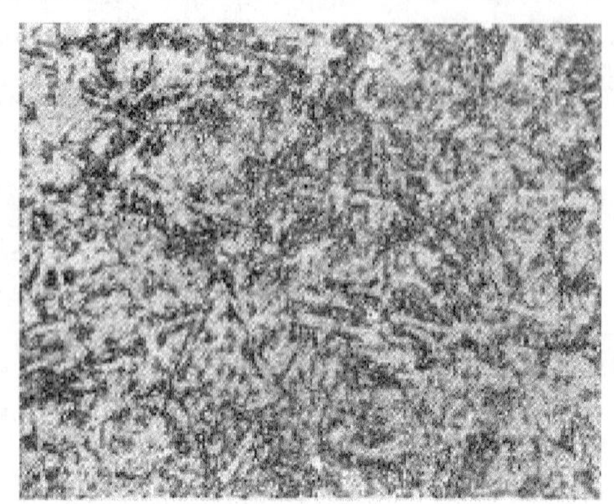

图4-19 回火马氏体的显微组织

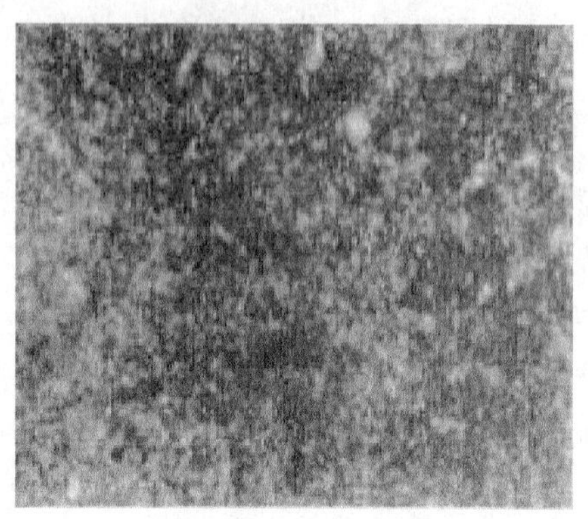

图4-20 回火托氏体的显微组织

3）高温回火（500～650℃）。高温回火得到的回火组织是回火索氏体，其显微组织如图4-21所示。高温回火的目的是获得强度、硬度、塑性和韧性都较好的综合力学性能。高温回火后的硬度为25～35HRC。高温回火广泛用于各种主要的结构零件，如各种轴、齿轮、连杆和高强度螺栓等。

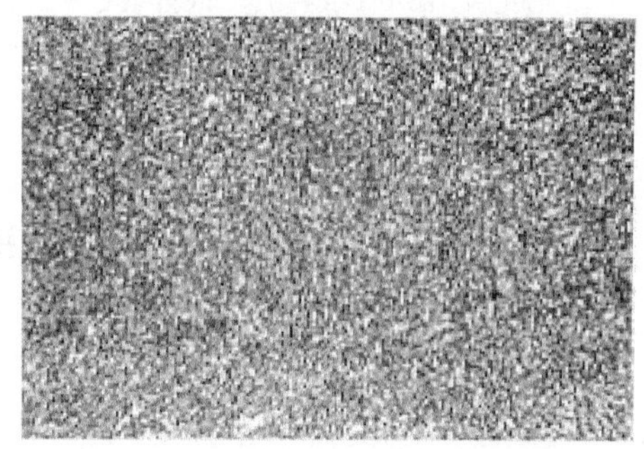

图4-21 回火索氏体的显微组织

通常将淬火和高温回火的复合热处理称为调质处理。调质处理一般作为最终热处理，也可作为表面热处理和化学热处理的预备热处理。回火温度主要取决于零件所要求的硬度范围，回火后的冷却速度对零件硬度的影响不大，实际生产中，回火件出炉后通常采用空冷。

应当指出，钢经调质处理后的硬度和正火后的硬度是相近的，但重要的结构零件一般都进行调质处理而不采用正火。这主要是由于调质后的组织为回火索氏体，其中的渗碳体呈颗粒状；而正火后的组织为索氏体，渗碳体呈片状。因此，调质处理后，工件不仅强度高，而且塑性和韧性也显著超过了正火状态。

（4）钢的回火脆性 淬火钢回火时，随着回火温度的升高，通常钢的硬度和强度下降，而塑性和韧性提高，但在某些温度范围内回火时，钢的韧性不仅没有提高，反而下降，这种脆化现象称为回火脆性。

回火脆性现象一般发生在250～350℃和450～650℃两个温度范围内，前者称为不可逆回火脆性，后者称为可逆回火脆性。生产中应尽量避免在这两个温度范围内回火。

几乎所有的工业用钢都会产生不可逆回火脆性，这类回火脆性的产生与冷却速度无关。为避免这类回火脆性，一般不在此温度进行回火。合

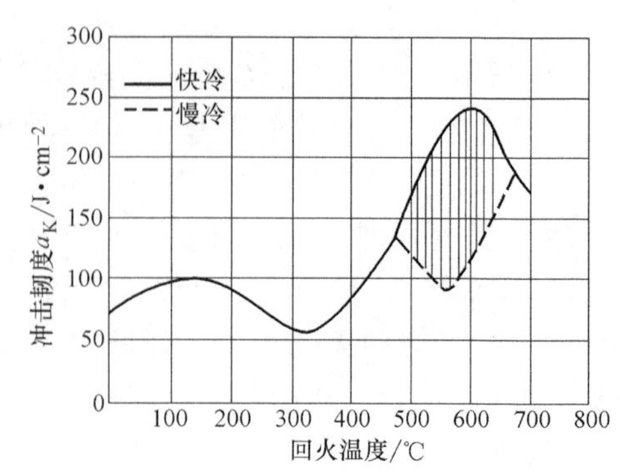

图4-22 回火温度与合金钢韧性的关系

金钢易产生可逆回火脆性，可逆回火脆性具有可逆性，即将已产生此类回火脆性的钢重新加热至650℃以上，然后快速冷却，则脆性消失。回火温度与合金钢韧性的关系如图 4-22 所示。

4.4 钢的表面热处理

在扭转和弯曲交变载荷作用下工作的零件，如齿轮、凸轮、曲轴、活塞销等，其表层承受着比心部高的压力；在有摩擦条件下工作的零件，其表层还要具有高的耐磨性。因此，这些机器零件的表层要求具有较高的强度、硬度、耐磨性和疲劳强度，而心部要有足够的塑性和韧性。在这种工作状态下，若采用前面所述的热处理方法，是很难满足要求的，因而需要对其进行表面热处理。表面热处理包括表面淬火和化学热处理。

4.4.1 钢的表面淬火

钢的表面淬火是一种不改变钢的表面化学成分，但改变其组织的局部热处理方法。它是将工件快速加热到临界点以上，使工件表层转变为奥氏体，冷却后使表面得到马氏体组织的热处理工艺。表面淬火按加热方式可分为感应淬火、火焰淬火、接触电阻加热淬火、激光淬火和电子束淬火，其中感应淬火在目前的生产中应用最为广泛。

1. 感应淬火

感应淬火的原理如图 4-23 所示。将零件放在纯铜制作的感应器内（铜管中加水冷却），使感应器接通交流电，即在它的内部和周围产生与电流频率相同的交变磁场，结果在零件内产生频率相同、方向相反的感应电流。感应电流在工件截面上的分布是不均匀的，靠近表面密度最大，中心处几乎为零，这种现象称为交流电的趋肤效应。电流透入工件表层的深度主要与电流频率有关，电流频率越高，电流透入工件的表层深度越薄，因此，通过改变电流频率可以达到不同的淬硬层深度。

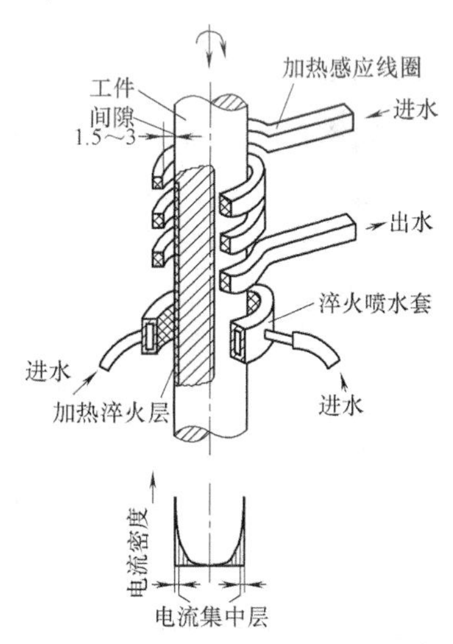

图 4-23 感应淬火的原理示意图

（1）感应淬火的种类

1）高频感应淬火。高频感应淬火是指电流频率为 100～500kHz，淬硬层深度为 0.5～2mm 的表面淬火，主要用于要求淬硬层较薄的中小型零件，如小模数齿轮和中小型轴等。

2）中频感应淬火。中频感应淬火是指电流频率为 500～1000Hz，淬硬层深度为 2～10mm 的表面淬火，主要用于淬硬层要求较深的零件，如直径较大的轴类和中等模数的齿轮以及大模数齿轮的单齿加热淬火等。

3）工频感应淬火。工频感应淬火是指电流频率为 50Hz，淬硬层深度可达 10～20mm 的表面淬火，主要用于大直径件（轧辊、火车车轮等）的表面淬火，也可用于较大直径零件的透热。

（2）感应淬火的特点　感应淬火一般适用于中碳钢和中碳低合金钢，如 45 钢、40Cr 和

40MnB 等。这些钢经预备热处理（正火或调质处理）后，其心部具有良好的综合力学性能，再进行表面淬火，可使其表面具有较高的硬度（>50HRC）和耐磨性。

感应淬火有如下特点：

1）加热速度极快，一般只需几秒到几十秒的时间就可将工件加热到淬火温度。因此，在相变过程中，铁和碳原子来不及扩散，因而珠光体转变为奥氏体的相变温度升高，相变温度范围扩大，通常比普通加热温度高几十摄氏度。

2）加热时间短，奥氏体晶粒细小均匀，淬火后可获得极细的马氏体，零件硬度比普通淬火的硬度高2~3HRC，且脆性较低。

3）因加热速度快，没有保温时间，工件内部未被加热，所以工件氧化和脱碳少，淬火变形小。

4）淬火后表面层存在残余压应力，可提高其疲劳极限，生产率高，易实现机械化和自动化，适宜于大批量生产，但感应淬火设备昂贵，处理形状复杂的零件比较困难。

2. 火焰淬火

火焰淬火是指将火焰（或燃烧物）喷射到工件表面（通常是局部），使其加热到临界点以上，随后用水流或其他介质冷却而获得表面硬化层（层深为2~8mm）的工艺。

工件在火焰淬火前应进行调质或正火处理以改善其心部的性能。火焰淬火后常在炉中进行180~200℃的低温回火，淬火表面磨削后应进行第二次回火，以减少残余应力。

火焰淬火设备简单、操作方便、灵活性大，对于单件工件、需炉外淬火或运输拆卸不便的巨型零件、淬火面积很大的大型零件、具有立体曲面的淬火零件等尤其适用。

火焰淬火容易发生过热，其冷却温度及淬硬层深控制困难，因此对操作者的技术要求较高。

3. 激光淬火

激光加热时，因其过程极短，无须考虑大气介质的影响，没有氧化脱碳现象，淬火表面光亮洁净；又由于加热层是靠自激冷淬火，故不需要特殊的冷却设备；激光淬火加热快、区域小，因而工件的变形极小。

激光淬火的工艺参数有光斑尺寸、扫描速度和激光功率等。

激光淬火后的硬度比普通淬火的硬度高15%~20%。

激光淬火后，零件表面具有4000MPa的残余压应力，有利于疲劳强度的提高。

激光淬火能实现精确的局部加热，可以解决工件拐角、沟槽、不通孔、深孔内壁等其他热处理方法很难解决的强化问题。

激光淬火前，需对淬火表面进行黑化处理，即在被加热的零件表面涂一层吸光涂层，以提高激光的吸收率。

激光淬火可改善模具表面的硬度、耐磨性、热稳定性、疲劳强度和临界断裂韧度等力学性能，是提高模具寿命的有效方法之一。

4.4.2　钢的化学热处理

化学热处理是指将钢件置于具有活性的介质中，通过加热和保温，使活性介质分解析出活性元素，渗入工件的表面，改变其化学成分、组织和性能的一种热处理工艺。化学热处理与其他热处理不同，它不仅改变了钢的组织，同时还改变了钢件表层的化学成分。

按钢件中渗入元素的不同，化学热处理可分为渗碳、渗氮、碳氮共渗、渗硼、渗铝和渗

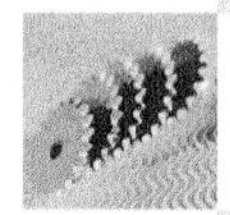

铬等。

化学热处理的基本过程是分解、吸收和扩散。化学热处理能有效地提高钢件表层的耐磨性、耐蚀性、抗氧化性和疲劳强度等。

目前生产中最常用的化学热处理工艺是渗碳、渗氮和碳氮共渗。

1. 钢的渗碳

渗碳是指将工件置于渗碳介质中，加热并保温，使碳原子渗入工件表面的工艺。渗碳主要用于低碳钢或低碳合金钢。

渗碳增加了工件表层的碳的质量分数并形成了一定的碳浓度梯度，使原本碳的质量分数比较低（$w_C=0.15\%\sim0.3\%$）的表层获得了高的碳浓度（$w_C\approx1.0\%$）。在机械制造中，许多重要的零件如齿轮、凸轮、活塞销等，它们都是在交变载荷、冲击载荷及严重磨损的状态下工作的，要求其表层具有高的硬度和耐磨性，而心部具有一定的强度和韧性，选用低碳钢或低碳合金钢进行渗碳处理，然后进行淬火和低温回火，就可以满足上述性能要求。

（1）渗碳的方法　渗碳所用的介质称为渗碳剂。按渗碳剂的不同，渗碳方法可分为气体渗碳、固体渗碳和液体渗碳。

气体渗碳是指将工件置于密封的渗碳炉中，加热到900～950℃，通入渗碳气体（如煤气、天然气等）或滴入易于热分解和汽化的液体（如煤油、丙酮等），使工件在高温渗碳气氛中进行渗碳。气体渗碳的过程一般是渗碳剂首先在高温下发生分解，形成活性碳原子，随后活性碳原子被工件表面吸收而溶于高温奥氏体中，并向内部扩散形成一定浓度梯度的渗碳层。渗碳的时间主要由渗碳层深度决定，保温时间越长，渗碳层越深。气体渗碳的速度平均为0.2～0.5mm/h。

由于气体渗碳效率高，渗碳过程易于控制，渗碳质量好，便于实现自动化操作，所以目前生产上广泛采用气体渗碳工艺。但气体渗碳设备的成本较高，不适宜单件、小批量生产。

（2）渗碳后的组织　低碳钢渗碳后，表层碳的质量分数为0.9%～1.05%，从表层到心部碳的质量分数逐渐降低，心部为原来低碳钢的碳的质量分数。因此，低碳钢渗碳缓慢冷却后的显微组织表层为珠光体和二次渗碳体的过共析钢组织，与其相邻的内层为珠光体的共析钢组织，心部为珠光体和铁素体的原始亚共析钢组织。

（3）渗碳后的热处理　工件渗碳后必须立刻进行淬火和低温回火才能达到性能要求，其常用的淬火方法有直接淬火法、一次淬火法和二次淬火法，如图4-24所示。钢经淬火后的性能为：表层硬度高，可达58～64HRC，耐磨性较好；心部保持低的碳的质量分数，韧性较好；疲劳强度高，这是因为表层为高碳马氏体，体积膨胀大，而心部为低碳马氏体或非马氏体组织，体积膨胀小，所以表层产生压应力，提高了零件的疲劳强度。

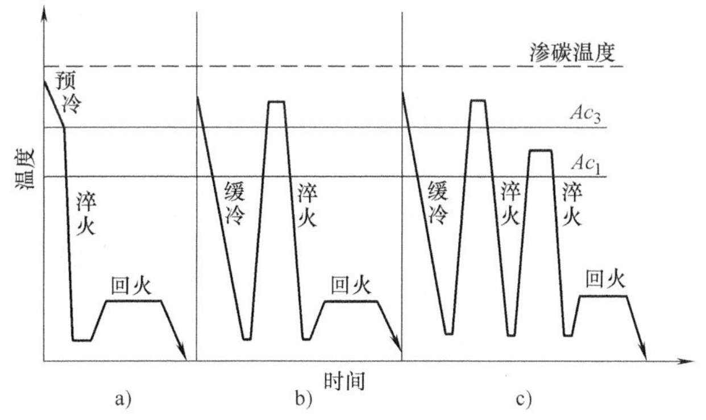

图4-24　渗碳后常用的热处理方法

a）直接淬火法　b）一次淬火法　c）二次淬火法

一般规定，从渗碳工件表面向内至碳的质量分数为规定值处（一般$w_C\approx0.4\%$）的垂直距离为渗碳层深度。

工件的渗碳层深度取决于工件尺寸和工作条件，一般为0.5～2.5mm。

1）直接淬火法。直接淬火法是指先将渗碳件自渗碳温度预冷至某一温度（一般为850～880℃），立即淬入水中或油中，然后再进行低温回火的工艺，其中预冷是为了减少淬火应力和变形。直接淬火法操作简便，不需要重新加热，生产率高，成本低，脱碳倾向小，但由于渗碳温度高，奥氏体晶粒易长大，淬火后马氏体粗大，残留奥氏体也较多，所以工件的耐磨性较差，变形较大。此方法适用于本质细晶粒钢或受力不大、耐磨性要求不高的零件。

2）一次淬火法。一次淬火法是指将工件渗碳后出炉缓慢冷却至室温，然后再重新加热进行淬火和低温回火的工艺。由于工件在重新加热时奥氏体晶粒得到细化，因而可提高钢的力学性能。此方法应用比较广泛。

3）二次淬火法。第一次淬火是为了改善工件的心部组织和消除其表面的网状二次渗碳体，加热温度为Ac_3以上30～50℃。第二次淬火是为了细化工件的表层组织，获得细马氏体和均匀分布的粒状二次渗碳体，加热温度为Ac_1以上30～50℃。二次淬火法工艺复杂、生产周期长、成本高、变形大，只适用于表面耐磨性和心部韧性要求高的零件或本质粗晶粒钢。

渗碳件淬火后应进行低温回火（一般为150～200℃）。直接淬火和一次淬火经低温回火后，表层组织为回火马氏体和少量残留奥氏体，二次淬火表层组织为回火马氏体和粒状渗碳体及少量残留奥氏体。它们的表面硬度均可达到58～64HRC。心部组织取决于钢的淬透性，低碳钢一般为铁素体和珠光体，硬度可达137～183HBW。低碳合金钢一般为回火低碳马氏体、铁素体和托氏体，硬度可达35～45HRC，并具有较高的强度、韧性和一定的塑性。

2. 钢的渗氮

渗氮是指将工件置于一定温度下，使活性氮原子渗入工件表层的一种化学热处理工艺。渗氮的主要目的是提高工件表层的硬度、耐磨性、耐蚀性和疲劳强度。常用的渗氮方法有气体渗氮、液体渗氮和离子渗氮等。

（1）气体渗氮　气体渗氮是指将工件置于能通入氨气的炉中，加热至500～600℃，使氨分解出活性氮原子渗入到工件表层，并向工件内部扩散，形成一定厚度渗氮层的方法。与渗碳相比，气体渗氮具有如下特点：渗氮工件的表层硬度较高，可达1000～1200HV（相当于69～72 HRC）；渗氮温度较低，渗氮后一般不再进行其他热处理，因此工件的变形较小；工件经渗氮后，其疲劳强度可提高15%～35%；渗氮层耐蚀性好。但渗氮工艺复杂，生产周期长，成本高，渗氮层薄而脆，不宜承受集中的重载荷，并需要用专用的渗氮钢（如38CrMoAlA等）来渗氮。因此，渗氮主要用于处理各种高速传动的精密齿轮、高精度机床的主轴及重要的阀门等。由于渗氮温度低，所需时间特别长，一般需要30～60h才能获得0.2～0.5mm的渗氮层，因此限制了它的应用。

（2）碳氮共渗　碳氮共渗是指同时向工件表面渗入碳和氮两种原子的化学热处理方法，主要采用气体碳氮共渗。高温状态以渗碳为主，但氮的渗入使碳浓度很快提高，从而使渗入温度降低，时间缩短。一般碳氮共渗温度为830～850℃，保温1～2h，共渗层可达0.2～0.5mm。碳氮共渗用钢大多数为低碳钢或中碳钢和合金钢。为了提高表面硬度和心部强度，工件经碳氮共渗后还要进行淬火和低温回火，使其表层组织为回火马氏体、细小呈粒状的碳氮化合物和残留奥氏体，心部组织为低碳马氏体或中碳马氏体。气体碳氮共渗具有以下特点：热处理后的共渗层比渗碳层具有更高的硬度（高2～3HRC）、耐磨性、耐蚀性及疲劳强度；碳氮共渗工艺与渗碳工艺相比，具有时间短、生产率高、表面硬度高、变形小等优点，

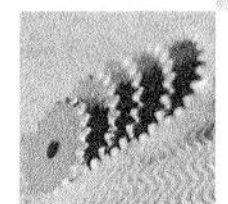

而且共渗层较薄，因此主要适用于形状复杂、要求变形小的小型耐磨件，如自行车、缝纫机及仪表的零件，机床、汽车等要求耐磨的齿轮、蜗轮、蜗杆和小轴。

（3）氮碳共渗　氮碳共渗是指向工件表层同时渗入氮和碳，并以渗氮为主的化学热处理工艺，其渗层硬度较低，脆性较小。

氮碳共渗常用气体氮碳共渗，共渗温度为530～570℃，应比回火温度低5～10℃，或与之相同。氮碳共渗使用通氨滴醇的方法。

气体氮碳共渗具有以下主要特点：

1）处理温度低，时间短（4h左右），变形小。

2）不受材料限制，碳素钢、低合金钢、工具钢、铸铁以及铁基粉末冶金材料等均可进行处理。

3）工件经处理后可获得较高的表面硬度、疲劳强度、耐磨性和耐蚀性，在干摩擦条件下，还具有抗擦伤和抗咬合等性能。

4）渗层脆性小，不易剥落，但渗层较薄，不适合重载工作的工件。

气体氮碳共渗主要用于热态下工作的压铸型、塑料模、热挤压模和锤锻模等。

（4）离子渗氮　离子渗氮是一种较先进的渗氮工艺。它是在专用的离子渗氮炉内进行的，其原理是在抽成真空的容器内通入氮气（或氮、氢混合气体）等渗氮介质，以工件为阴极，工件四周加阳极网，在400～700V的直流电压作用下，迫使电离后的氮离子高速冲击工件，被工件表面吸收，并逐渐向内部扩散形成渗氮层。

离子渗氮的特点是渗氮速度快，渗氮时间短，仅为气体渗氮时间的1/5～1/2，且温度低，渗氮质量好，对材料的适应性强。

离子渗氮已广泛应用于机床零件（如主轴、精密丝杠、传动齿轮等）、汽车发动机零件（如活塞销、曲轴等）及成形刀模具等。

3. 其他化学热处理

1）硫氮共渗。硫氮共渗是指向工件表层同时渗入硫和氮的化学热处理工艺，其目的是综合利用渗硫的减摩作用和渗氮的耐磨作用。常用的硫氮共渗是气体硫氮共渗。硫氮共渗的温度为500～600℃。

硫氮共渗主要用于提高刀具的使用寿命及改善热作模具工作时的粘模、拉伤、脱模困难和成品精度不高等缺点。

2）硼氮共渗。硼氮共渗渗层具有渗硼层的高硬度和高热硬性，但却比渗硼的脆性小，从而可提高工件的使用寿命。硼氮共渗多用于热作模具。

3）硫氮碳共渗。硫氮碳共渗在离子渗氮炉中进行，共渗温度为520～540℃，共渗时间为4h。硫氮碳共渗层具有优良的减摩性能、抗咬合性能、抗疲劳性能和较好的耐蚀性，适用范围相当广泛。

4.5　金属材料热处理工艺设计

4.5.1　热处理的技术条件

根据零件的性能要求，在零件图样上应标出热处理的技术条件，其内容包括最终热处理方法（如调质、淬火、回火、渗碳等）以及应达到的力学性能指标，以此作为热处理生产及检验时的依据。一般零件还需标出硬度值，重要的零件如主轴、齿轮、曲轴和连杆等，还应标出强度、塑性、韧性的指标或对金相组织的要求。对于化学热处理件，还应标注渗层部位和渗层的深度等。

在图样上标出热处理技术条件时，热处理工艺代号的标注方法如图 4-25 所示。

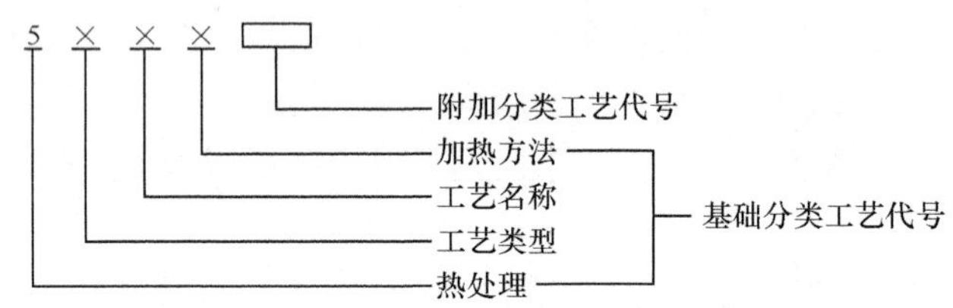

图 4-25 热处理工艺代号的标注方法

热处理工艺代号由基础分类工艺代号和附加分类工艺代号组成。在基础分类工艺代号中，按照工艺类型、工艺名称和实现工艺的加热方法三个层次进行分类，均有相应的代号，见表 4-2。

表 4-2 热处理工艺分类及代号

代号	工艺名称	代号	工艺类型	代号	工艺名称	代号	加热方法
5	热处理	1	整体热处理	1	退火	1	加热炉
				2	正火		
				3	淬火	2	感应
				4	淬火加回火		
				5	调质		
				6	稳定化处理	3	火焰
				7	固溶处理		
				8	固溶处理和时效	4	电阻
		2	表面热处理	1	表面淬火和回火		
				2	物理气相沉积		
				3	化学气相沉积	5	激光
				4	等离子体化学气相沉积		
		3	化学热处理	1	渗碳	6	电子束
				2	碳氮共渗		
				3	渗氮		
				4	氮碳共渗	7	等离子体
				5	渗其他非金属		
				6	渗金属	8	其他
				7	多元共渗		
				8	溶渗		

4.5.2　常见的热处理缺陷

1. 变形与开裂

淬火时产生的内应力是造成零件变形与开裂的根本原因。淬火内应力包括热应力（即淬火钢件内、外温度分布不均匀，造成收缩程度不同引起的应力）和组织应力（即淬火时钢件各部分转变为马氏体时体积膨胀不均匀引起的内应力）。变形不大的零件，可在淬火和回火后进行校直，变形较大的或出现开裂的零件只能报废。

2. 氧化和脱碳

钢在氧化性介质中加热时，氧原子与零件表面或晶界的铁原子形成 FeO 的现象称为氧化。在介质中加热时，钢中溶解的碳形成 CO 或 CH_4 而降低碳的质量分数的现象称为脱碳。氧化和脱碳不仅降低零件的表面硬度和疲劳强度，而且还会影响零件的尺寸，增大淬火开裂倾向。

3. 过热和过烧

零件在热处理时，如果加热温度过高或在高温下保温时间过长，会引起奥氏体晶粒显著长大，这种现象称为过热。过热会影响零件热处理后的力学性能，一般用正火细化晶粒补救。如果加热温度过高，使钢的晶界严重氧化或熔化，这种现象则称为过烧。过烧会严重降低钢的力学性能，而且不能用其他方法补救，因此必须严格控制加热温度。

4.5.3　热处理零件的结构工艺性

零件设计的结构形状不合理，常会引起淬火变形和开裂，使零件报废。因此，设计人员需考虑零件的结构形状与热处理工艺性的关系。在设计淬火零件的结构形状时，应掌握一些有效的方法和措施，避免或减小变形和开裂的可能。

1）应避免零件截面尺寸的急剧变化，防止加热与冷却不均匀造成的组织变化及变形开裂倾向，如确实属于零件结构要求的不等截面，则可采用开工艺孔或槽等方法解决，如图 4-26a 所示。

2）应避免零件上的尖角和棱角，采取圆角和倒角等结构形式，如图 4-26b 所示。

3）结构要对称，必要时可增加工艺孔，如图 4-26c 所示。

4）对于形状复杂且各部位性能要求不同的工件，可采用组合结构，如图 4-26d 所示。

5）对某些易变形的零件可以采用封闭结构和加肋的方法，热处理后再切开或去掉。

6）为了减少零件的变形，热处理时可以使用夹具。淬火夹具的设计应当保证淬火零件可以均匀而对称地冷却，如图 4-27 所示。

4.5.4　热处理工序位置的确定

按热处理目的和工序位置的不同，热处理可分为预备热处理和最终热处理，其工序位置的安排如下。

1. 预备热处理

预备热处理一般均安排在毛坯生产之后、切削加工之前或粗加工之后、半精加工之前，主要包括退火、正火和调质等。

（1）退火和正火的工序位置　退火和正火件的工艺路线为：毛坯生产→退火（或正火）

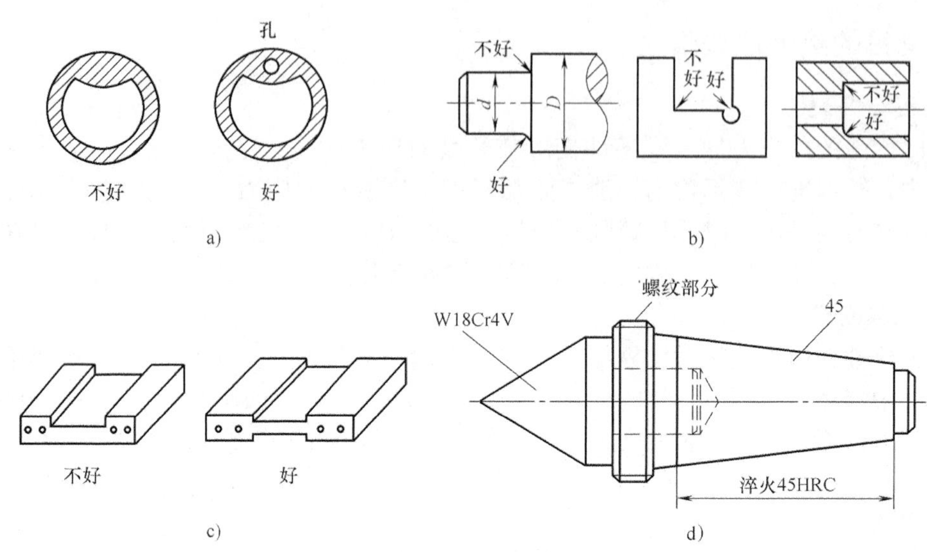

图 4-26　零件结构适应工艺性

→切削加工。

（2）调质的工序位置　调质的工序位置一般安排在粗加工之后、半精或精加工之前。若在粗加工前调质，则零件表面调质层的优良组织有可能在粗加工中被切除掉，失去调质的作用，这种情况在碳素钢件上发生的可能性更大。

调质件的工艺路线一般为：下料→锻造→正火（或退火）→粗加工（留余量）→调质→半精加工（或精加工）。

生产中，灰铸铁件、铸钢件和某些无特殊要求的锻钢件，经退火、正火或调质后，已能满足使用性能要求，不再进行最终热处理，此时上述热处理即为最终热处理。

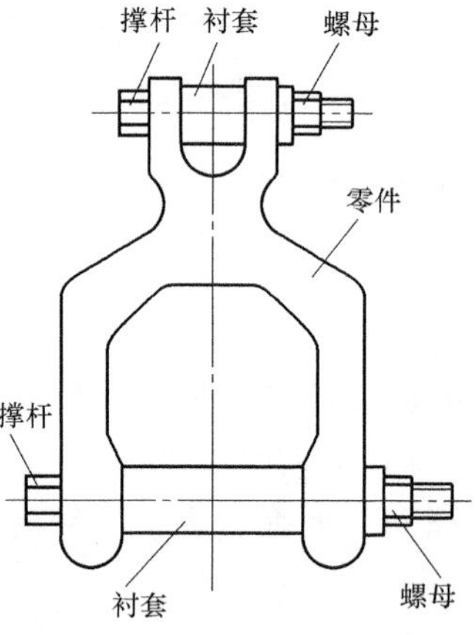

图 4-27　前轮叉的淬火夹具

2. 最终热处理

最终热处理包括淬火、回火、渗碳和渗氮等。零件经最终热处理后硬度较高，除磨削外不宜再进行其他切削加工，因此其工序位置一般安排在半精加工之后、磨削加工之前。

（1）淬火的工序位置　淬火分为整体淬火和表面淬火两种。

1）整体淬火的工序位置。整体淬火件的工艺路线一般为：下料→锻造→退火（或正火）→粗加工、半精加工（留磨量）→淬火 + 回火（低温、中温）→磨削。

2）表面淬火的工序位置。表面淬火件的工艺路线一般为：下料→锻造→退火（或正火）→粗加工→调质→半精加工（留磨量）→表面淬火 + 低温回火→磨削。为降低表面淬火件的淬火应力，保持高硬度和耐磨性，淬火后应进行低温回火。

（2）渗碳的工序位置　渗碳分为整体渗碳和局部渗碳两种。对于局部渗碳件，在不需要渗碳的部位应采取增大原加工余量（增大的量称为防渗余量）或镀铜的方法来防渗，待渗碳后、淬火前切去该部位的防渗余量。

渗碳件（整体与局部渗碳）的工艺路线一般为：下料→锻造→正火→粗加工、半精加

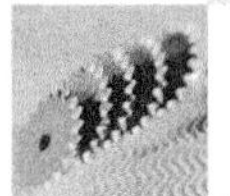

工→渗碳→淬火 + 低温回火→磨削。

(3) 渗氮的工序位置　渗氮温度低，变形小，渗氮层硬而薄，因此工序位置应尽量靠后。通常渗氮后不再进行磨削，对于个别质量要求高的零件，应进行精磨、研磨或抛光。为保证渗氮件的心部有良好的综合力学性能，在粗加工和半精加工之间应进行调质。为防止切削加工产生的残余应力使渗氮件变形，渗氮前应进行去应力退火。

渗氮件的工艺路线一般为：下料→锻造→退火→调质→粗加工→稳定回火→半精车→稳定回火→精车→粗磨→渗氮→精磨、研磨或抛光。

4.6　案例

案例 1　车床主轴的热处理工序位置安排。

一般车床主轴（见图 4-28）多选用中碳结构钢（如 45 钢）制造。因车床主轴主要用于力的传递，要求具有较高的综合力学性能，轴承位置要求具有较高的硬度和耐磨性，故其热处理要求为：车床主轴进行整体调质处理，硬度为 220 ~ 250HBW；轴承位置及锥孔表面淬火，硬度要求达到 50 ~ 52HRC。

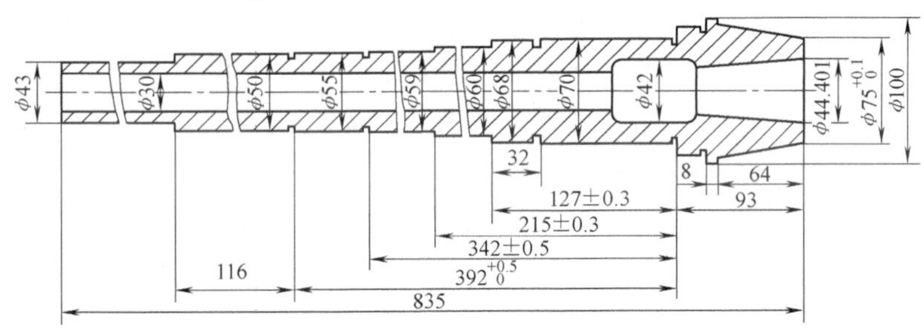

图 4-28　车床主轴

车床主轴的工艺路线一般为：锻造→正火→机加工（粗）→调质→机加工（半精）→高频感应淬火 + 低温回火→磨削。

机床主轴各热处理工序的作用如下：

(1) 正火　作为预备热处理，其目的是消除锻件内应力，细化晶粒，改善切削加工性能。

(2) 调质　获得回火索氏体，使主轴整体具有较好的综合力学性能，为表面淬火做好组织准备。

(3) 高频感应淬火 + 低温回火　作为最终热处理，高频感应淬火可使轴承位置及锥孔表面得到高硬度、高耐磨性和高的疲劳强度；低温回火可消除应力，并保持高硬度和高耐磨性。

案例 2　拟用 T10 钢制造形状简单的车刀，工艺路线为：锻造→热处理→机加工→热处理→磨加工。试写出各热处理工序的名称并指出各热处理工序的作用，指出最终热处理后的显微组织及大致硬度，制订最终热处理工艺规范（温度、淬火冷却介质）。

工艺路线为：锻造→退火→机加工→淬火 + 低温回火→磨加工。退火处理可细化组织，调整硬度，改善可加工性；淬火 + 低温回火可获得高硬度和耐磨性以及去除内应力。

终热处理后的显微组织为回火马氏体 ，大致硬度为 60HRC。

T10 钢车刀的淬火温度约为 780℃，冷却介质为水；回火温度为 150 ~ 250℃。

案例 3 汽车（拖拉机）变速器齿轮的热处理工序位置安排。

汽车（拖拉机）变速器齿轮（见图 4-29）的工作条件比机床齿轮恶劣，受力较大，起动、制动和变速时受冲击频繁，对耐磨性、弯曲疲劳强度、接触疲劳强度、心部强度和韧性等性能要求都较高，用碳素钢或中碳低合金钢经高频感应淬火已不能保证其使用性能，应选用合金渗碳钢如 20CrMnTi 和 20MnVB 等。这类钢经正火处理后再进行渗碳处理，表面硬度可达 58 ~ 62HRC，心部硬度达到 35 ~ 45HRC。

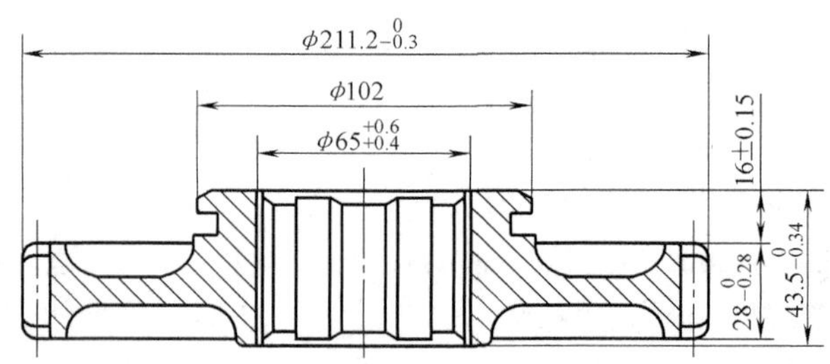

图 4-29 汽车（拖拉机）变速器齿轮

汽车（拖拉机）变速器齿轮的工艺路线一般为：下料→锻造→正火→机加工→渗碳→淬火 + 低温回火→喷丸→精磨。加工中各热处理工序的作用如下：

（1）正火 可使组织均匀，调整硬度，改善切削加工性能。

（2）渗碳 可提高齿面的碳的质量分数。

（3）淬火 + 低温回火 淬火可提高齿面硬度并获得一定的淬硬层深度，提高齿面耐磨性和接触疲劳强度；低温回火可消除淬火应力，防止磨削裂纹的产生，提高冲击抗力。

（4）喷丸 喷丸处理可提高齿面硬度 1 ~ 3HRC，增大表面残余压应力，从而提高接触疲劳强度。

思 考 题

1. 试述共析钢奥氏体形成的几个阶段，分析亚共析钢和过共析钢奥氏体形成的主要特点。

2. 分析奥氏体晶粒的长大过程及影响因素。

3. 说明共析钢等温转变图各区域、各特性线的物理意义，在图上标注出各类转变产物的组织名称及其符号和性能，指出影响等温转变图形状和位置的主要因素。

4. 何谓钢的马氏体转变临界冷却速度？它的大小受哪些因素影响？它与钢的淬透性有何关系？

5. 试述马氏体转变的特点，定性说明两种主要类型马氏体的组织形态和性能差异。

6. 正火和退火的主要区别是什么？生产中应如何选择正火和退火？

7. 退火与回火都可以消除钢中的内应力，两者在生产中能否通用？为什么？

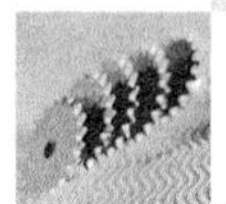

8. 淬火内应力是怎样产生的？它与哪些因素有关？

9. 将20钢和40钢加热到780～840℃后各得到什么组织？在水中淬火后得到什么组织？如分别制成齿轮，则应采用何种热处理工艺？

10. 用45钢制造一零件，硬度要求为220～250HBW，如果分别采用正火处理和调质处理，两者在组织和性能上是否相同？为什么？

11. 为什么高频感应淬火零件的表面硬度、耐磨性和疲劳强度均高于一般淬火零件？

12. 比较说明高频感应淬火、气体渗碳、气体渗氮三种工艺的加热温度、材料适用范围、主要性能、热处理前后的表层组织的区别。

13. 车床主轴要求轴颈部位的硬度为56～58HRC，其余处为20～24HRC，其加工工艺路线为：锻造→正火→机加工→轴颈表面淬火+低温回火→磨削加工，请指出：

1）主轴应选用何种材料。

2）正火、表面淬火及低温回火的目的和大致工艺。

3）轴颈表面和其余部位分别为哪种组织。

第5章 工 业 用 钢

如图 5-1a 所示,汽车工业中应用最广泛的材料就是钢铁,汽车车身零件一般由钢板冲压而成,图 5-1b 所示就是冲裁模,它的零件也是由金属材料制作的。所以说在工业上,大量使用的材料是金属材料。

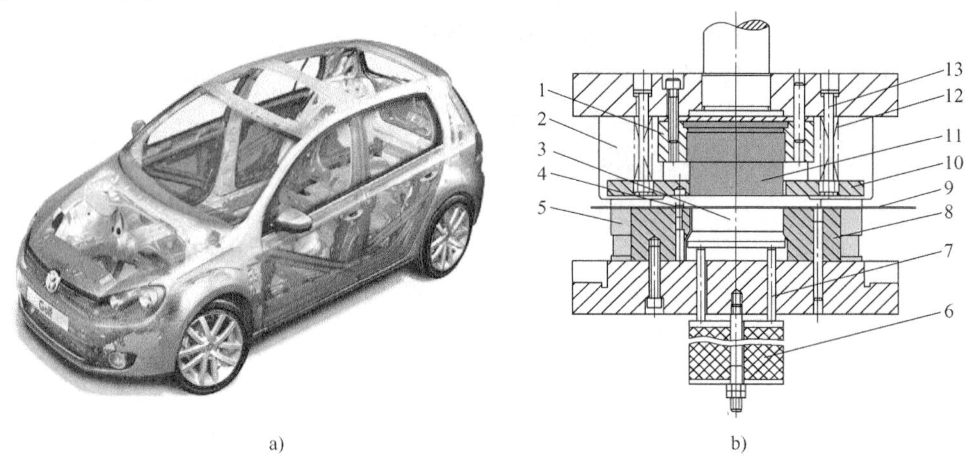

图 5-1 汽车的车身和冲裁模

a) 汽车的车身 b) 冲裁模

1—凸模固定板 2—导套 3—顶件块 4—挡料销 5—导柱 6—橡胶 7—顶杆 8—凹模 9—板料 10—卸料板 11—凸模 12—卸料弹簧 13—卸料螺钉

金属材料通常有三大类,即工业用钢、铸铁和非铁金属。工业用钢和铸铁主要指的是铁碳合金,也称为钢铁材料。由于铁碳合金材料价格低廉、便于冶炼、性能优良,因此在各个行业中,尤其在机械工业中得到了广泛的应用。

5.1 铁碳合金

铁碳合金分为钢和铸铁两大类。

5.1.1 钢的分类

钢的种类繁多,为便于使用、管理和研究,通常从不同的角度对其进行分类。

1. 按用途分类

钢按用途可以分为结构钢、工具钢和特殊性能钢。其中,结构钢主要有工程结构用钢(包括碳素结构钢和低合金高强度结构钢等)和机械结构用钢(包括优质碳素结构钢、合金结构钢等),工具钢主要包括刃具钢、模具钢和量具钢,特殊性能钢包括不锈钢、耐热钢和耐磨钢等。

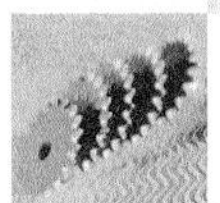

2. 按化学成分分类

钢按化学成分可分为碳素钢和合金钢，其中碳素钢按碳的质量分数不同又分为低碳钢（$w_C<0.25\%$）、中碳钢（$w_C=0.25\%\sim0.60\%$）和高碳钢（$w_C>0.60\%$），合金钢按合金元素的质量分数可分为低合金钢（$w_{Me}<5\%$）、中合金钢（$w_{Me}=5\%\sim10\%$）和高合金钢（$w_{Me}>10\%$）。另外，根据钢中所含主合金元素种类的不同，合金钢还可分为锰钢、铬钢、铬镍钢和铬锰钢等。

3. 按冶金质量分类

钢按冶金质量和钢中有害元素硫、磷的质量分数，可分为普通质量钢（$w_S\leqslant0.050\%$，$w_P\leqslant0.045\%$）、优质钢（$w_S\leqslant0.035\%$，$w_P\leqslant0.035\%$）和高级优质钢（$w_S\leqslant0.020\%$，$w_P\leqslant0.030\%$）。

4. 按显微组织分类

按显微组织不同，钢可分为珠光体钢、贝氏体钢、马氏体钢和奥氏体钢等。

5.1.2 铸铁的分类

1. 按碳存在的形式分类

按碳存在的形式不同，铸铁可分为以下种类：

（1）灰铸铁　它是指碳全部或大部分以游离状态的石墨形式存在，断口呈黑灰色的铸铁。

（2）白口铸铁　它是指少量碳溶入铁素体，其余的碳以渗碳体的形式存在，断口呈亮白色的铸铁。

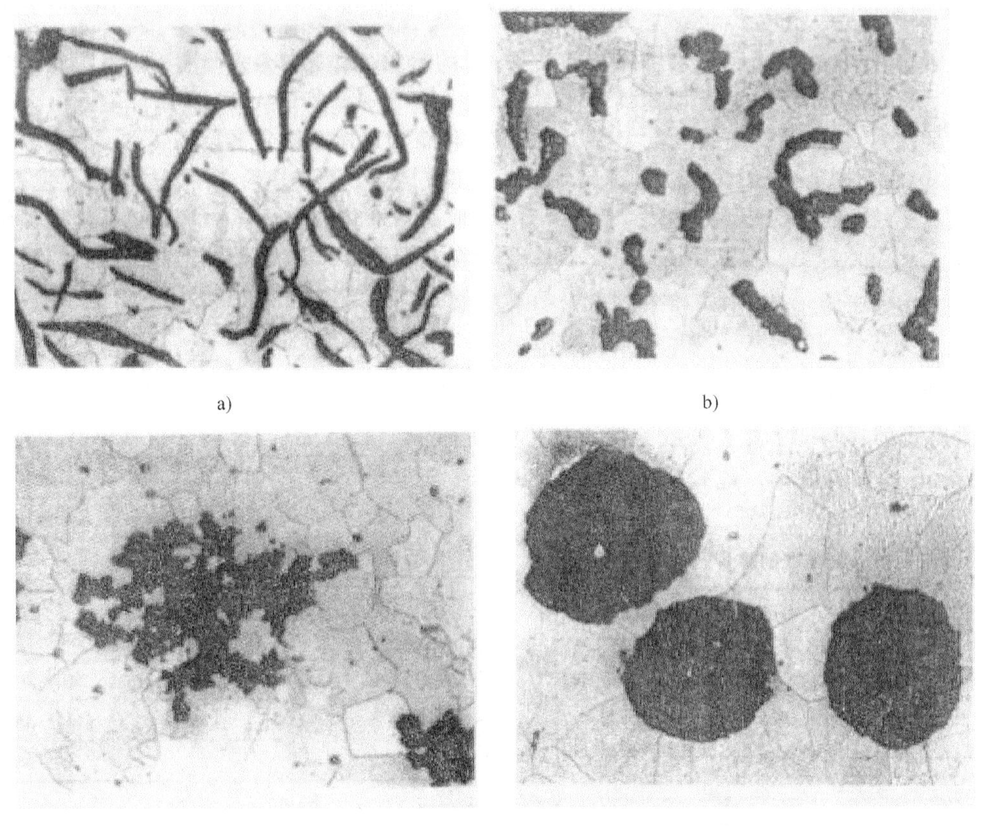

图 5-2　铸铁中石墨的形态

（3）麻口铸铁 它是指碳以石墨和渗碳体的混合形式存在，断口呈黑白相间的麻点的铸铁。

2. 按石墨的形态分类

（1）普通灰铸铁 石墨呈片状，如图5-2a所示。

（2）蠕墨铸铁 石墨呈蠕虫状，如图5-2b所示。

（3）可锻铸铁 石墨呈团絮状，如图5-2c所示。

（4）球墨铸铁 石墨呈球状，如图5-2d所示。

5.2 常存元素和合金元素对钢性能的影响

常用的碳素钢除含有Fe和C元素外，还含有少量由原料、冶炼及加工过程遗留下来的其他元素。钢中常存的元素一般有Mn、Si、P、S四种，通常称为杂质，它们的存在对钢的质量有很大的影响。另外，为了改善钢的性能，在冶炼过程中会特意向钢中加入一些元素，这些元素称为合金元素。合金元素主要有Cr、Mn、Si、Mo、W、V、Ti、Co、Al、Cu、B和RE（稀土元素）等。

5.2.1 常存杂质元素对钢性能的影响

1. Mn和Si的影响

Mn可防止形成FeO，与S生成MnS，减轻S的有害作用，强化铁素体，增加珠光体相对量，使组织细化，从而提高钢的强度。Si可改变钢的质量，还可溶入铁素体，显著提高钢的强度和硬度，但含量较高时，会使钢的塑性和韧性下降。Mn和Si在一定含量范围内是有益元素，但是作为少量杂质存在时，对钢的力学性能的影响并不显著。

2. S和P的影响

在固态下，S在钢中主要以FeS的形态存在，它会使得钢在1100℃左右的高温下进行变形加工时沿着晶界开裂，称为热脆。P在固态下可溶入铁素体中，使钢的强度、硬度提高，并提高铁液的流动性，但在室温下使钢的塑性、韧性显著下降，在低温时更为严重，称为冷脆。除此之外，P的存在还会使钢的焊接性变差。因此，S、P的含量必须严格控制，这是衡量钢的质量等级的指标之一。

5.2.2 合金元素在钢中的作用

合金元素对钢的影响主要是合金元素与铁、碳之间的相互作用以及对铁碳相图和热处理相变过程的影响。

1. 合金元素对钢基本相的影响

（1）形成合金铁素体 大多数合金元素都能溶于铁素体，使铁素体晶格畸变，产生固溶强化，从而使铁素体的强度和硬度提高，塑性和韧性下降，如图5-3和图5-4所示。

（2）形成合金碳化物 在钢中能形成碳化物的元素有铁、锰、钼、钨、钒、铌、锆、铬、钛等。根据它们与碳的亲和力，又分为强碳化物形成元素（钛、锆、铌、钒）、中等强度碳化物形成元素（钨、钼、铬）和弱碳化物形成元素（锰、铁）。合金元素与碳的亲和力越强，形成的合金碳化物就越稳定，硬度就越高。按合金元素与碳的亲和力强弱及合金元素在钢中的含量不同，可形成下列类型的碳化物：特殊碳化物，如TiC、NbC、VC等；合金碳

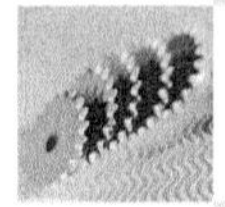

化物，如 Mo_2C、W_2C、Cr_7C_3 等；合金渗碳体，如 $(Fe,Mn)_3C$、$(Fe,Cr)_3C$ 等。其中特殊碳化物的硬度最高，稳定性最好，合金碳化物次之，合金渗碳体硬度最低，稳定性最差。随着碳化物数量的增多，钢的强度和硬度提高，而塑性和韧性下降。

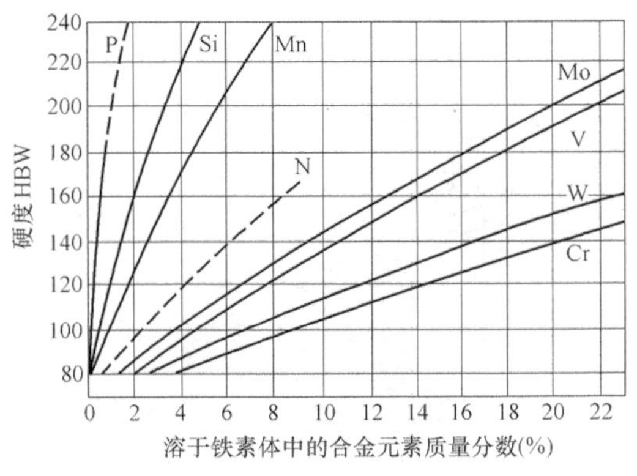

图 5-3　合金元素对铁素体硬度的影响

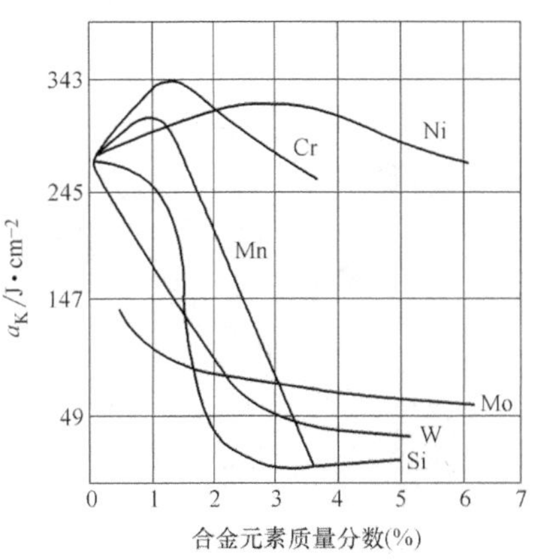

图 5-4　合金元素对铁素体韧性的影响

2. 合金元素对 $Fe-Fe_3C$ 相图的影响

（1）对奥氏体相区的影响

1）扩大奥氏体区。Ni、Mn、Cu 等元素使单相奥氏体区扩大，这些合金元素加入后可使 A_1 线、A_3 线下降。图 5-5a 所示为 Mn 对奥氏体相区的影响。若钢中含有大量的 Mn 或 Ni 等元素，便会使相图中的奥氏体区延展到室温以下。这类钢在室温下也可以得到奥氏体，因此称为奥氏体钢。

2）缩小奥氏体相区。Cr、Mo、W、Ti、Si 等元素可使单相奥氏体区缩小，这些合金元素的加入可使 A_1 线、A_3 线升高。图 5-5b 所示为 Cr 对奥氏体相区的影响。当这些元素的含量足够高时，可使钢在高温下也保持铁素体组织，因此这类钢称为铁素体钢。

（2）对 S 点和 E 点的影响　合金元素都使 $Fe-Fe_3C$ 相图的 S 点和 E 点向左移，也就是使钢的共析点碳的质量分数和碳在奥氏体中的最大固溶度降低。S 点左移意味着奥氏体发生共析转变所需的碳的质量分数低于 0.77%，出现 $w_C<0.77\%$ 的过共析钢。E 点是奥氏体的最大溶碳点，E 点左移意味着钢和生铁按平衡状态组织区分的碳的质量分数不再是 2.11%，而是低于这个数值，这样就出现了莱氏体钢。

3. 合金元素对钢热处理的影响

（1）对奥氏体化及奥氏体晶粒长大的影响　合金元素溶于碳素钢后形成碳化物组织，阻碍碳原子的扩散，可减缓奥氏体的形成。这些碳化物比渗碳体难溶于奥氏体，即使溶解后也不易均匀扩散，因此合金钢的奥氏体化过程需要更高的温度和更长的保温时间。另外，碳化物形成元素容易形成稳定的碳化物，并以弥散质点的形式分布在奥氏体的组织中，能阻碍奥氏体晶粒的长大。所以，除锰钢外，奥氏体可以加热到更高的温度。

（2）对过冷奥氏体冷却转变的影响　大多数合金元素（除钴外）都使钢的过冷奥氏体的稳定性提高，从而使钢的等温转变图右移，临界冷却速度降低，使钢的淬透性提高，这有利于大截面零件的淬透。

（3）对回火转变的影响　由于合金元素溶于马氏体，降低了碳在马氏体中的扩散速度，

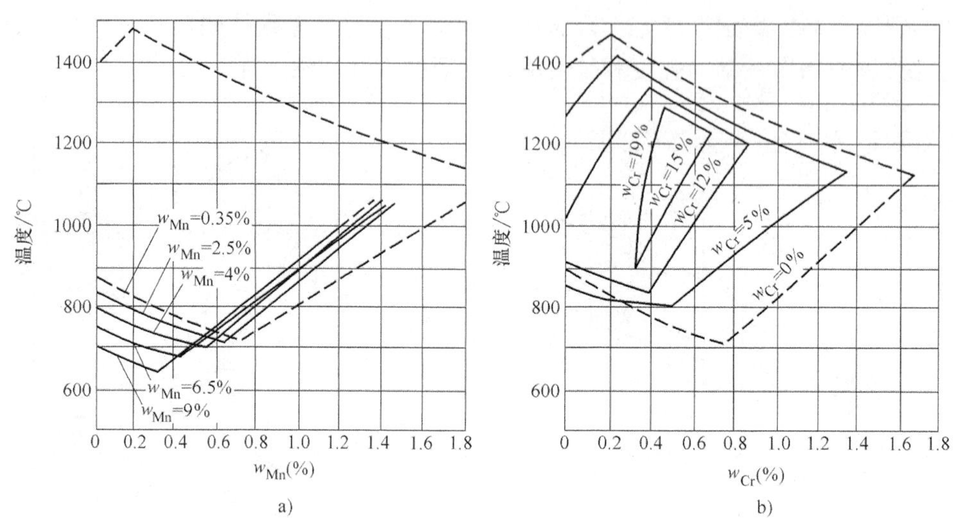

图5-5 合金元素对奥氏体相区的影响

a）Mn的影响 b）Cr的影响

使碳不易从马氏体中迅速析出，从而在回火过程中，马氏体不易分解，碳化物不易长大，明显阻碍了析出后碳化物微粒的聚集长大。因此，与碳素钢比较，经相同温度回火后，合金钢中的碳化物细小分散，硬度和强度下降不多，有较高的耐回火性。

含有较多强碳化物形成元素的钢，在回火温度达到500～600℃时，会从马氏体中析出特殊碳化物，如VC、WC、Cr_7C_3等。析出的碳化物高度弥散，分布在马氏体基体上，增大了基体的变形抗力，使钢的硬度反而有所提高，这就出现了二次硬化现象，如图5-6所示。

二次硬化是提高钢的热硬性的主要途径。所谓热硬性，是指材料在高温下保持高硬度的能力。热硬性对于高速切削刀具及热变形模具等具有非常重要的意义。

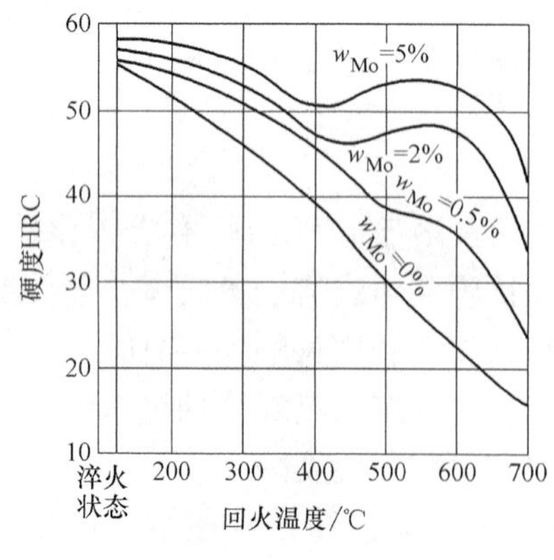

图5-6 合金钢的二次硬化示意图

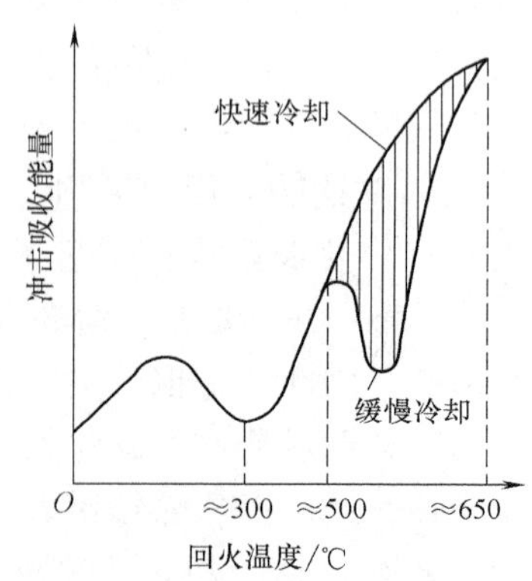

图5-7 可逆回火脆性示意图

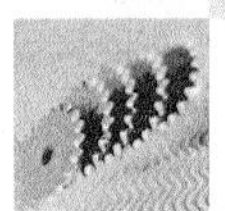

淬火钢在某些温度回火后出现韧性显著降低的现象，称为回火脆性。合金元素对淬火钢回火后力学性能下降方面的影响主要是可逆回火脆性，如图 5-7 所示。减轻或消除可逆回火脆性的方法是提高钢的纯度、减少杂质元素的含量，同时还应改善工艺方法，选用含钨或钼的合金钢。

5.3 碳素钢

碳素钢因其工艺性能好、价格低廉、力学性能能够满足一般工程及机械制造的需要而被广泛应用。

1. 碳素结构钢

碳素结构钢的牌号是由代表钢材屈服强度的字母（Q）、屈服强度数值、质量等级符号、脱氧方法符号四个部分按顺序组成的。如 Q235AF 表示碳素结构钢中屈服强度为 235MPa，质量等级为 A 级的沸腾钢。

碳素结构钢中含 S、P 杂质较多（w_S≤0.050%、w_P≤0.045%），强度较低，但冶炼容易，工艺性好，价格低廉，能满足一般工程结构和普通零件的使用要求。碳素结构钢加工成形后一般不进行热处理，大都在热轧状态下直接使用。表 5-1 列出了碳素结构钢的牌号、化学成分、力学性能和用途。

表 5-1 碳素结构钢的牌号、化学成分、力学性能和用途

牌号	等级	主要化学成分(%)			脱氧方法	力学性能			用途举例
		w_C≤	w_S≤	w_P≤		R_{eH}①/MPa≥	R_m/MPa	A②(%)≥	
Q195	—	0.12	0.040	0.035	F、Z	195	315~390	33	承受载荷不大的金属结构件、铆钉、垫圈、地脚螺栓、冲压件及焊接件
Q215	A	0.15	0.050	0.045	F、Z	215	335~450	31	
	B		0.045						
Q235	A	0.22	0.050	0.045	F、Z	235	370~500	26	金属结构件、钢板、钢筋、型钢、螺栓、螺母、短轴、心轴，Q235C、Q235D 可用作重要焊接结构件
	B	0.20	0.045						
	C	0.17	0.040	0.040	Z				
	D		0.035	0.035	TZ				
Q275	A	0.24	0.050	0.045	F、Z	275	410~540	22	键、销、转轴、拉杆、链轮、链环片等
	B	0.21(厚度或直径≤40mm) 0.22(厚度或直径>40mm)	0.045	0.045	Z				
	C	0.20	0.040	0.040	Z				
	D		0.035	0.035	TZ				

① 厚度（或直径）≤16mm 时的数值。

② 厚度（或直径）≤40mm 时的数值。

2. 优质碳素结构钢

优质碳素结构钢的牌号用两位数字表示，这两位数字表示钢中平均碳的质量分数（以万分数表示），例如 45 钢表示钢中平均碳的质量分数为 0.45%。

部分优质碳素结构钢的力学性能和用途见表5-2。

表5-2 部分优质碳素结构钢的力学性能和用途

牌号	力学性能					用途举例
	R_{eL} /MPa	R_m /MPa	A (%) ≥	Z (%)	KU_2 /J	
08F	175	295	35	60	—	这类低碳钢由于强度低，塑性好，易于冲压与焊接，一般用来制造受力不大的零件，如螺栓、螺母、垫圈、小轴、销子、链等。经过渗碳处理或碳氮共渗处理可用于制造表面要求耐磨、耐腐蚀的机械零件
08	195	325	33	60	—	
10F	185	315	33	55	—	
10	205	335	31	55	—	
15F	205	355	29	55	—	
15	225	375	27	55	—	
20	245	410	25	55	—	
20Mn	275	450	24	50	—	
25	275	450	23	50	71	
30	295	490	21	50	63	这类中碳钢的综合力学性能和可加工性均较好，可用于制造受力较大的零件，如主轴、曲轴、齿轮、连杆和活塞销等
35	315	530	20	45	55	
35Mn	335	560	19	45	—	
40	335	570	19	45	47	
45	355	600	16	40	39	
45Mn	375	620	15	40	—	
50	375	630	14	40	31	
55	380	645	13	35	—	这类钢有较高的强度、弹性和耐磨性，主要用于制造凸轮、车轮、板簧、螺旋弹簧和钢丝绳等
60	400	675	12	35	—	
60Mn	410	695	11	35	—	
65	410	695	10	30	—	
65Mn	430	735	9	30	—	
70	420	715	9	30	—	

注：以上力学性能是正火后的试验测定值，但测 KU_2 值时试样应进行调质处理。

优质碳素结构钢的S、P质量分数较低（$w_S \leqslant 0.030\%$、$w_P \leqslant 0.035\%$），非金属夹杂物较少，塑性和韧性较高，可进行热处理强化，主要用于机械制造中较重要的零件，如曲轴、连杆、齿轮和机床主轴等。

3. 碳素工具钢

碳素工具钢中碳的质量分数一般为0.65%～1.35%。根据有害杂质S、P含量不同，碳素工具钢分为优质碳素工具钢和高级优质碳素工具钢，其编号是在T字母后面附以数字表示，数字表示钢中碳的质量分数（以名义千分数表示），例如T8、T12分别表示碳的质量分数为0.8%和1.2%的碳素工具钢。对于高级优质碳素工具钢，则在牌号后加A，如T8A表示碳的质量分数为0.8%的高级优质碳素工具钢。碳素工具钢的牌号、化学成分、力学性能和用途见表5-3。

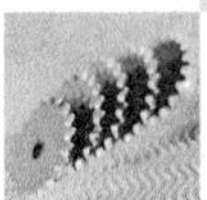

表 5-3 碳素工具钢的牌号、化学成分、力学性能和用途

牌号	主要化学成分（%）			退火状态 HBW ≥	试样淬火硬度 HRC≥	用途举例
	w_C	w_{Si}	w_{Mn}			
T7 T7A	0.6～0.74	≤0.35	≤0.35	187	62 （800～820℃水）	承受冲击、韧性较好、硬度适当的工具，如扁铲、手钳、大锤和木工工具
T8 T8A	0.7～0.84	≤0.35	≤0.40	187	62 （780～800℃水）	承受冲击、要求较高硬度的工具，如冲头、压缩空气工具和木工工具
T8Mn T8MnA	0.8～0.90	≤0.35	0.40～0.60	187	62 （780～800℃水）	承受冲击、要求较高硬度的工具，如冲头、压缩空气工具和木工工具，但淬透性较好，可制造截面较大的工具
T9 T9A	0.8～0.94	≤0.35	≤0.40	192	62 （760～780℃水）	韧性中等、硬度高的工具，如冲头、木工工具和凿岩工具
T10 T10A	0.9～1.04	≤0.35	≤0.40	197	62 （760～780℃水）	不受剧烈冲击、高硬度、耐磨的工具，如车刀、刨刀、冲头、钻头和手锯条
T11 T11A	1.0～1.14	≤0.35	≤0.40	207	62 （760～780℃水）	不受剧烈冲击、高硬度、耐磨的工具，如车刀、刨刀、冲头、钻头和手锯条
T12 T12A	1.1～1.24	≤0.35	≤0.40	207	62 （760～780℃水）	不受冲击、高硬度、高耐磨的工具，如锉刀、刮刀、精车刀、丝锥和量具
T13 T13A	1.2～1.35	≤0.35	≤0.40	217	62 （760～780℃水）	不受冲击、高硬度、高耐磨的工具，如锉刀、刮刀、精车刀、丝锥和量具，要求更耐磨的工具，如刮刀和剃刀

注：淬火硬度不是指用途举例中各种工具的硬度，而是指碳素工具钢材料在淬火后的最低硬度。

碳素工具钢用来制造各种刃具、模具和量具等，但在使用前都要进行热处理。

4. 铸造碳钢

铸造碳钢中碳的质量分数一般为0.15%～0.60%。在生产中，有些形状复杂的零件很难用锻压方法成形，用铸铁又难以满足性能要求，此时可采用铸造碳钢。铸造碳钢牌号以“铸钢”两字的汉语拼音字首ZG加两组数字表示，第一组数字表示屈服强度，第二组数字表示抗拉强度，如牌号ZG310-570表示屈服强度为310MPa、抗拉强度为570MPa的工程用铸造碳钢。工程用铸造碳钢的牌号、化学成分、力学性能和用途见表5-4。

表5-4　工程用铸造碳钢的牌号、化学成分、力学性能和用途

牌号	主要化学成分（%）					室温力学性能					用途举例
	w_C	w_{Si}	w_{Mn}	w_P	w_S	R_{eH} ($R_{p0.2}$) /MPa	R_m /MPa	A (%)	Z (%)	KV /J	
	不大于					不小于					
ZG200-400	0.20	0.50	0.80	0.04		200	400	25	40	30	有良好的塑性、韧性和焊接性，用于受力不大、要求韧性好的各种机械零件，如机座和变速器壳等
ZG230-450	0.30	0.50	0.90	0.04		230	450	22	32	25	有一定的强度和较好的塑性、韧性，焊接性良好，用于受力不大、要求韧性好的各种机械零件，如砧座、外壳、轴承座、底板、阀体和立柱等
ZG270-500	0.40	0.50	0.90	0.04		270	500	18	25	22	有较高的强度和较好的塑性，铸造性良好，焊接性尚好，可加工性好，用于轧钢机机架、轴承座、连杆、箱体、曲轴和缸体等
ZG310-570	0.50	0.60	0.90	0.04		310	570	15	21	15	强度和可加工性良好，塑性、韧性较低，用于载荷较高的零件，如大齿轮、缸体、制动轮和辊子等
ZG340-640	0.60	0.60	0.90	0.04		340	640	10	18	10	有高的强度、硬度和耐磨性，可加工性良好，焊接性较差，流动性好，裂纹敏感性较大，用于齿轮和棘轮等

注：1. 牌号、成分和力学性能摘自GB/T 11352—2009《一般工程用铸造碳钢件》。

2. 表中所列性能适用于厚度为100mm以下的铸件。

生产中采用热处理的方法来改善铸造碳钢的组织和性能。

5.4　合金钢

碳素钢冶炼方便，不消耗贵重的合金元素，价格低廉，加工容易，通过不同的热处理工艺可以满足一定的力学性能要求，因此碳素钢在机器制造业中得到广泛应用。但是，碳素钢

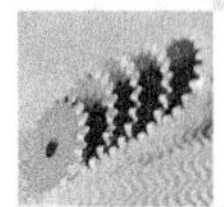

淬透性差、热硬性低，不能用于大尺寸、承受重载荷的零件，也不能用于耐热、耐磨、耐蚀等方面的零件，因而受到了一定的限制。为了满足现代科学技术发展的要求，在碳素钢的基础上特意加入了一些合金元素，形成合金钢。常用的合金元素有硅（Si）、锰（Mn）、铬（Cr）、镍（Ni）、钼（Mo）、钨（W）、钒（V）、钛（Ti）、硼（B）、铝（Al）、铜（Cu）、铌（Nb）、锆（Zr）和稀土（RE）等。

5.4.1 合金钢的分类及牌号

合金钢的分类方法很多，通常按合金钢的质量（S、P 的质量分数）可分为优质钢、高级优质钢和特级优质钢；按用途可分为合金结构钢、合金工具钢及特殊性能钢三种。

我国合金钢的牌号是以钢中碳的质量分数（$w_C \times 100$）以及合金元素的种类和质量分数（$w_{Me} \times 100$）来表示的。当钢中合金元素的质量分数 $w_{Me} < 1.50\%$ 时，钢中只标出元素符号，不标明合金元素的质量分数；当 w_{Me} 为 1.50% ~2.49%、2.50% ~3.49%、3.50% ~4.49%、…时，在该元素后面相应地标出 2、3、4、…。

1. 合金结构钢

合金结构钢的牌号用“两位数字 + 元素符号 + 数字”表示，前面两位数字为以平均万分数表示的碳的质量分数，元素符号表示钢中所含的合金元素，元素符号后面的数字为以名义百分数表示的该元素的质量分数。如 60Si2Mn 钢，其碳的质量分数为 0.60%，Si 的质量分数为 1.50% ~2.49%，Mn 的质量分数小于 1.5%。

2. 滚动轴承钢

滚动轴承钢的牌号表示方法与合金结构钢不同，在牌号前面加滚字的汉语拼音字首“G”，其碳的质量分数不标出，合金元素铬（Cr）后面的数字为以平均千分数表示的质量分数，例如 GCr15 钢中铬的平均质量分数为 1.5%。

3. 合金工具钢

合金工具钢的牌号表示方法与合金结构钢相似，不过当钢中碳的质量分数 $w_C < 1\%$ 时，牌号前面用一位数字以名义千分数表示碳的质量分数；当 $w_C \geq 1.00\%$ 时，则不标出碳的质量分数。如 9Mn2V 钢表示碳的质量分数为 0.9%，锰的质量分数为 1.5% ~2.49%，钒的质量分数小于 1.5%；又如 CrWMn 钢牌号前面没有数字，即表示钢中碳的质量分数 $w_C \geq 1.00\%$，Cr、W、Mn 的质量分数均小于 1.50%。

4. 高速工具钢

高速工具钢的牌号表示方法与合金工具钢略有不同，主要区别是钢中碳的质量分数 $w_C < 1.00\%$ 时也不标出数字。如 W18Cr4V，钢中碳的质量分数只有 0.7% ~0.8%，但也不标出。

5. 特殊性能钢

特殊性能钢的牌号表示方法与合金工具钢基本相同。如不锈钢 40Cr13，表示钢中碳的质量分数为 0.4%，铬的质量分数为 12.5% ~13.5%；当 $w_C \leq 0.03\%$ 时，取三位小数表示碳的质量分数，如 022Cr17Ni12Mo2 钢。

5.4.2 合金结构钢

合金结构钢是在碳素结构钢的基础上加入一种或几种合金元素，以满足各种使用性能要求。合金结构钢是应用最广、用量最大的金属材料。

合金结构钢又分为低合金高强度结构钢、合金渗碳钢、合金调质钢、弹簧钢、滚动轴承钢、易切削钢和超高强度钢等几种。

1. 低合金高强度结构钢

低合金高强度结构钢又称为低合金钢，主要用于桥梁、船舶、车辆、管道、起重运输机械等。这类钢材一般具有较高的强度和屈强比、较好的塑性和韧性、良好的焊接性和较好的耐蚀性等。

（1）成分特点　低合金高强度结构钢含合金元素比较少，其碳的质量分数较低，多数为0.1%～0.2%，以保证其具有较高的韧性和良好的焊接性及冷、热加工性。低合金钢中加入了Mn、V、Ti、Nb、Al、Cr、Ni等合金元素（$w_{Me}<3\%$），其中Mn元素有强化铁素体、增加并细化珠光体的作用，V、Ti、Nb等元素主要起细化晶粒的作用，Cr和Ni元素可提高钢的冲击韧度，改善钢的热处理性能和提高钢的强度。

（2）性能要求　根据工作条件，低合金高强度结构钢应具有以下性能：具有较高的强度和屈强比，屈服强度比普通低碳钢高25%～50%以上，屈强比明显高于普通低碳钢；较好的塑性和韧性；良好的焊接性和冷、热加工性；较低的缺口敏感性和冷弯后较低的失效敏感性；较好的耐蚀性。

（3）牌号及热处理　低合金高强度结构钢的牌号由代表屈服强度的字母（Q）、屈服强度数值和质量等级符号（A、B、C、D、E）三部分组成，如Q420A。

低合金高强度结构钢一般是在正火或热轧状态下使用的，其组织为铁素体加珠光体。常用低合金高强度结构钢的牌号、力学性能和用途见表5-5。

表5-5　常用低合金高强度结构钢的牌号、力学性能和用途

牌号	质量等级	R_{eL}/MPa≥ 厚度＞16～40mm	R_m/MPa 厚度≤40mm	A（%）厚度≤40mm	KV_2(20℃)/J 厚度为12～150mm	用途举例
				≥		
Q345	A	335	470～630	20	34	船舶、铁路车辆、桥梁、管道、锅炉、压力容器、石油储罐、起重及矿山机械和电站设备厂房钢架等
	B					
	C			21		
	D					
	E					
Q390	A	370	490～650	20	34	中高压锅炉汽包、中高压石油化工容器、大型船舶、桥梁、车辆、起重机械及其他承受较高载荷的焊接结构件等
	B					
	C					
	D					
	E					
Q420	A	400	520～680	19	34	大型船舶、桥梁、电站设备、起重机械、机车车辆、中高压锅炉和容器及其大型焊接结构件等
	B					
	C					
	D					
	E					

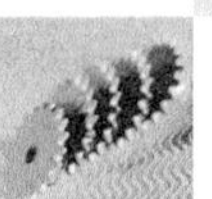

（续）

牌号	质量等级	R_{eL}/MPa≥ 厚度＞16～40mm	R_m/MPa 厚度≤40mm	A（%）厚度≤40mm	KV_2（20℃）/J 厚度为12～150mm	用途举例
				≥		
Q460	C	440	550～720	17		淬火加回火后可用于大型挖掘机、起重运输机械和钻井平台等
	D					
	E					

2. 合金渗碳钢

渗碳钢通常是指制造渗碳零件的钢，一般分为低碳的优质碳素结构钢和低碳的合金结构钢。

（1）渗碳钢的性能及用途　渗碳钢主要用于承受强烈冲击和摩擦的零件，如变速器齿轮、齿轮轴和活塞销等，这些零件要求表面具有高硬度和高耐磨性，而心部要求具有高的韧性和足够的强度。渗碳钢中碳的质量分数为0.1%～0.25%，碳素钢中常用的有15钢和20钢。低碳优质碳素结构钢经渗碳淬火后，因淬透性差，导致心部的强度和韧性不足，因此只能用来制造承受载荷较小、形状简单、不太重要，但要求耐磨的小型零件。

（2）化学成分　合金渗碳钢在优质碳素结构钢的基础上加入了Cr、Mn、Ni、B 、Ti、V、Mo、W等元素，其中Cr、Mn、Ni、B等元素的作用主要是提高材料的淬透性，而W、Mo、V、Ti则可形成细小、难溶的碳化物，以细化晶粒，防止渗碳层剥离并提高心部性能。

（3）热处理工艺　合金渗碳钢的最终热处理工艺是淬火＋低温回火。低温回火后，合金渗碳钢零件的表层和碳素钢相似，是高碳回火马氏体和渗碳体或碳化物，而心部淬火后得到低碳回火马氏体或珠光体加铁素体，因此其表层具有高硬度、高强度和耐磨性，而心部具有足够的强度和韧性。

（4）常用的合金渗碳钢　按合金元素含量的不同，可将合金渗碳钢分为低淬透性合金渗碳钢、中淬透性合金渗碳钢和高淬透性合金渗碳钢三类。

1）低淬透性合金渗碳钢。这类钢用于制造受力不太大，不需要强度很高的耐磨零件，如20Cr和20MnV等。

2）中淬透性合金渗碳钢。这类钢用来制造承受中等载荷的耐磨零件，属于此类的合金渗碳钢有20CrMnTi、12CrNi3和20MnVB等。

3）高淬透性合金渗碳钢。这类钢即使空冷也能获得马氏体组织，用来制造承受重载荷及强烈磨损的重要大型零件，属于此类的合金渗碳钢有12Cr2Ni14、20Cr2Ni4和18Cr2Ni4WA等。由于合金渗碳钢中合金元素的含量高，渗碳层中将存在大量的残留奥氏体，会降低其强度和硬度，影响其寿命，因此合金渗碳钢淬火后要进行冷处理。常见合金渗碳钢的牌号、热处理工艺、力学性能和用途见表5-6。

3. 合金调质钢

调质钢通常指经调质处理的结构钢，一般为中碳的优质碳素结构钢和合金结构钢，主要用于制造承受大的循环载荷及冲击载荷的零件。这些零件要求具有高强度和良好的塑性与韧性相配合的综合力学性能，如连杆、轴和齿轮等。

表5-6　常见合金渗碳钢的牌号、热处理工艺、力学性能和用途

类别	牌号	热处理工艺			力学性能				用途举例
		第一次淬火温度/℃	第二次淬火温度/℃	回火温度/℃	R_m/MPa	R_{eL}/MPa	A(%)	KU_2/J	
					不小于				
低淬透性钢	15Cr	880（水，油）	780~820（水，油）	200（水，空气）	735	490	11	55	截面尺寸不大、心部要求较高的强度和韧性、表面承受磨损的零件，如齿轮、凸轮、活塞环、联轴器和轴等
低淬透性钢	20Cr	880（水，油）	780~820（水，油）	200（水，空气）	835	540	10	47	截面尺寸在30mm以下、形状复杂、心部要求较高强度、工作表面承受磨损的零件，如机床变速箱齿轮、凸轮、蜗杆和活塞销等
低淬透性钢	20MnV	880（水，油）	—	200（水，空气）	785	590	10	55	锅炉、高压容器、大型高压管道等承受较高载荷的焊接结构件，使用温度上限为450~475℃，也可用于冷拉和冲压零件，如活塞销和齿轮等
中淬透性钢	20Mn2	850（水，油）	—	200（水，空气）	785	590	11	47	代替20Cr钢制造渗碳的小齿轮和小轴，低要求的活塞销、气门推杆和变速器操纵杆等
中淬透性钢	20CrNi3	830（水，油）	—	480（水，油）	930	735	10	78	在高载荷条件下工作的齿轮、蜗杆、轴、螺杆、双头螺柱和销钉等
中淬透性钢	20CrMnTi	880（油）	870（油）	200（水，空气）	735	835	10	55	在汽车、拖拉机工业中用于截面尺寸在30mm以下、承受高速、中或重载荷以及受冲击、摩擦的重要渗碳件，如齿轮、轴、齿轮轴、爪形离合器和蜗杆等

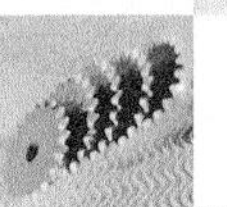

（续）

类别	牌号	热处理工艺			力学性能				用途举例
		第一次淬火温度/℃	第二次淬火温度/℃	回火温度/℃	R_m /MPa	R_{eL} /MPa	A (%)	KU_2/J	
					不小于				
高淬透性钢	20Cr2Ni4	880（油）	780（油）	200（水，空气）	1175	1080	10	63	大截面渗碳件，如大型齿轮和轴等
	18Cr2Ni4WA	950（空气）	850（空气）	200（水，空气）	1175	835	10	78	大截面、高强度、良好韧性以及缺口敏感性较低的重要渗碳件，如大截面的齿轮、传动轴、曲轴、花键轴、活塞销和精密机床上控制进刀的蜗轮等

（1）合金调质钢的成分　这类钢中碳的质量分数为0.25%～0.5%。在合金调质钢中，加入的主要元素有Mn、Si、Cr、Ni、B，其主要目的是增大钢的淬透性，使淬火和高温回火后，获得高且均匀的综合力学性能，特别是高的屈强比；辅助添加元素有W、Mo、Ti、V，其作用是细化晶粒，提高耐回火性。

（2）合金调质钢的用途　合金调质钢中由于加入了合金元素，其淬透性好，综合力学性能高于碳素调质钢。合金调质钢常按淬透性分为以下三类：低淬透性钢，如40Cr、40MnB等，常用于中等截面、要求力学性能比碳素钢高的调质件；中淬透性钢，如30CrMnSi、35CrMo、38CrMoAlA等，常用于截面大、承受较重载荷的机器零件；高淬透性钢，如40CrMnMo、25Cr2Ni4WA等，这类钢调质后强度最高，韧性也很好，可用于大截面、承受更大载荷的重要调质零件。

（3）热处理特点　合金调质钢的最终热处理是淬火＋高温回火，得到回火索氏体组织。回火温度可根据调质件的性能要求确定，一般在500～600℃，上限温度对应的韧性高，下限温度对应的强度高。淬透性高的调质钢，也可采用正火加高温回火的方法以降低其硬度。如要求零件表面有良好的耐磨性，则可进行表面淬火或化学热处理。

常见合金调质钢的牌号、热处理工艺、力学性能和用途见表5-7。

表5-7　常见合金调质钢的牌号、热处理工艺、力学性能和用途

类别	牌　号	淬火		回火		油淬临界直径/mm	力学性能			用途举例
		温度/℃	冷却剂	温度/℃	冷却剂		R_{eL} /MPa	A (%)	a_K /J·cm^{-2}	
低淬透性钢	40Mn2	840	水	540	水	20～30	750	12	70	轴、半轴、活塞和螺栓
	42SiMn	880	水	590	水	30	750	15	60	截面较大的表面淬火件

（续）

类别	牌　号	淬火		回火		油淬临界直径/mm	力学性能			用途举例
		温度/℃	淬火冷却介质	温度/℃	冷却剂		R_{eL}/MPa	A(%)	a_K/J·cm^{-2}	
低淬透性钢	40MnB	850	油	500	水，油	20~30	800	11	70	中小截面零件，如汽车左右转向节、半轴和蜗杆
	40MnVB	850	油	520	水，油	30~40	850	10	70	代替40Cr
	40Cr	850	油	500	水，油	25~30	800	9	60	重要调质件，如齿轮、轴、连杆和螺栓，可表面淬火
中淬透性钢	40MnMoB	870	油	600	水，油	40~70	950	10	80	重型汽车后桥半轴和万向节轴
	30CrMo	880	水，油	540	水，油	15~30	800	12	80	截面较大的轴、主轴，螺栓和齿轮
	40CrMn	840	油	520	水，油	60	850	9	60	高速高载荷下的齿轮轴、齿轮、离合器和小轴
	30CrMnSi	880	油	520	水，油	40~50	900	10	50	飞机机构容器和高速高载荷砂轮轴
	40CrNi	820	油	500	水，油	40~60	800	10	70	截面较大、载荷较重的零件，如轴、连杆和齿轮轴
高淬透性钢	40CrNiMo	850	油	600	水，油	60~100	850	12	80	塑性好、强度高、较大截面的零件，如中间轴和曲轴
	30CrNi3	820	油	500	水，油	200	800	9	80	重要齿轮和轴
	40CrMnMo	850	油	600	水，油	100	800	10	80	重载荷的轴、齿轮轴、齿轮和连杆等
	25Cr2Ni4WA	850	油	550	水，油	200	950	11	90	截面尺寸在200mm以下、要求淬透的零件

4. 弹簧钢

用来制造弹簧和弹性元件的钢称为弹簧钢。弹簧钢要求具有较高的弹性极限和屈强比、高的疲劳强度及好的塑性和韧性。

（1）弹簧钢的成分　这类材料为中碳钢，其碳的质量分数为0.6%~0.9%，以保证得到高的疲劳强度和屈服强度。加入合金元素后，其碳的质量分数降低为0.45%~0.70%。弹簧钢中常加入的合金元素有Mn、Si、Cr、V等，主要目的是提高钢的淬透性，提高弹性

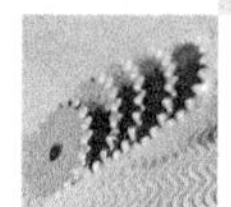

极限和弹簧的疲劳强度；加入的辅加元素如 Mo、W 等，其作用是降低脱碳和过热倾向，同时进一步提高弹性极限、屈强比和耐热性。这些合金元素都能提高奥氏体的稳定性，使大截面弹簧可在油中淬火，降低其变形与开裂倾向，V 还能细化晶粒，提高强韧性。

（2）热处理特点　弹簧钢的热处理方法一般是淬火加中温回火，以得到回火托氏体组织，使弹性极限和屈服强度提高。截面尺寸大于 8mm 的大型弹簧常在热态下成形，即把钢加热到比淬火温度高 50～80℃时热卷成形，利用成形后的余热立即淬火和中温回火；截面尺寸小于 8mm 的弹簧采用冷拉钢丝冷卷成形，通常也进行淬火加中温回火或去应力退火处理。常用弹簧钢的牌号、热处理工艺、力学性能和用途见表 5-8。

表 5-8　常用弹簧钢的牌号、热处理工艺、力学性能和用途

牌　　号	热处理工艺		力学性能			用途举例
	淬火温度 /℃	回火温度 /℃	R_{eL} /MPa	$A_{11.3}$ (%)	Z (%)	
65	840	500	785	9	35	截面尺寸小于 15mm 的小弹簧
65Mn	830	540	785	8	30	截面尺寸小于 20mm 的冷卷弹簧
60Si2Mn	870	480	1180	5	25	机车板簧、测力弹簧
50CrVA	850	500	1080 ($R_{p0.2}$)	10	40	大轿车、载货汽车的板簧，低于 210℃的耐热弹簧
60Si2CrVA	850	410	1665	6	20	重型板簧
55SiMnVB	860	460	1225	5	30	重型、中小型汽车的板簧
65Si2MnWA	850	500～550	1700	5	30	高强度、大截面弹簧
55SiMnMoVNb	880	520～650	1300	7	30	载货汽车、越野汽车的板簧
55SiMnMoV	860～900	550～650	1350	7	30	载货汽车、越野汽车的板簧
30W4Cr2VA	1050～1100	600	1325	7	40	锅炉用弹簧

5. 滚动轴承钢

滚动轴承钢是用来制造滚动轴承的内、外套圈和滚动体的专用钢种。滚动轴承工作时，承受很大的交变载荷，因套圈与滚动体之间是点接触或线接触，产生的接触压力很大，从而导致轴承的疲劳破坏。在轴承转动过程中，滚动体与套圈及保持架之间还有相对滑动，会产生相对摩擦。因此，要求滚动轴承的材料具有很高的接触疲劳强度和足够的弹性极限以及耐磨性和耐蚀性。

（1）滚动轴承钢的成分　为了保证轴承具有高的强度和耐磨性，一般滚动轴承钢中碳的质量分数较高，为 0.95%～1.10%。滚动轴承钢中的主要合金元素为铬（Cr），通常铬的质量分数为 0.5%～1.50%，其作用是提高淬透性，形成细小的合金渗碳体，其硬度可达 65HRC。铬还能提高耐蚀性，但铬的质量分数太高，淬火后会产生大量残留奥氏体，降低轴承的硬度和尺寸稳定性，还会增大碳化物的不均匀性。

（2）热处理工艺　滚动轴承钢的热处理是通过预备热处理（球化退火）和最终热处理（淬火加低温回火）完成的，其组织为极细的回火马氏体、均匀分布的细球状碳化物和微量残留奥氏体。对于精密的轴承零件，为了保证其在长期的工作过程中不发生变形，淬火后应进行一次冷处理，以尽量减少组织中残留奥氏体的量，然后再进行低温回火，在磨削加工后，再进行一次人工时效处理（加热到120～130℃，保温10～20h）。

常用滚动轴承钢的牌号、成分、热处理工艺和用途见表5-9。

表5-9 常用滚动轴承钢的牌号、成分、热处理工艺和用途

牌号	主要化学成分（%）						热处理工艺			用途举例
	w_{C}	w_{Cr}	w_{Si}	w_{Mn}	w_{V}	w_{Mo}	淬火温度/℃	回火温度/℃	回火后硬度HRC	
GCr6	1.05～1.15	0.40～0.70	0.15～0.35	0.20～0.40	—	—	800～820	150～170	62～66	直径<10mm的滚珠、滚柱和滚针
GCr9	1.00～1.10	0.90～1.20	0.15～0.35	0.20～0.40	—	—	800～820	150～160	62～66	直径<20mm的各种滚动轴承
GCr9SiMn	1.00～1.10	0.90～1.20	0.40～0.70	0.90～1.20	—	—	810～830	150～200	61～65	壁厚<14mm、外径<250mm的轴承套，直径为25～50mm的钢球，直径约为25mm的滚柱等
GCr15	0.95～1.05	1.30～1.65	0.15～0.35	0.20～0.40	—	—	820～840	150～160	62～66	与GCr9SiMn同
GCr15SiMn	0.95～1.05	1.30～1.65	0.40～0.65	0.90～1.20	—	—	820～840	170～200	>62	壁厚≥14mm、外径>250mm的套圈，直径为20～200mm的钢球，其他同GCr15
GMnMoVRE	0.95～1.05	—	0.15～0.40	1.10～1.40	0.15～0.25	0.40～0.60	770～810	170±5	≥62	代替GCr15用于军工和民用方面的轴承
GSiMoMnV	0.95～1.10	—	0.45～0.65	0.75～1.05	0.20～0.30	0.20～0.40	780～820	175～200	≥62	与GMnMoVRE同

目前我国最常用的滚动轴承钢是GCr15、GGr15SiMn等铬轴承钢，GCr15主要用于制造中小型轴承以及精密量具、冲模和机床丝杠等，而GGr15SiMn主要用于制造大型和特大型轴承。

5.4.3 合金工具钢

合金工具钢是在碳素工具钢的基础上加入适量合金元素而获得的工具钢。按用途不同，合金工具钢可分为合金刃具钢、合金量具钢和合金模具钢。合金模具钢在这里只作简单介绍。

1. 合金刃具钢

合金刃具钢主要是指用来制造车刀、铣刀、钻头等金属切削刃具的钢。刃具在切削过程中，其刃部与被切削件之间产生强烈摩擦，使刃具磨损并发热，因此刃部的温度会升高、硬

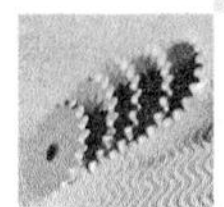

度会下降、切削能力会降低。同时，刃具还承受一定的冲击和振动。因此，对刃具有如下性能要求：高硬度与耐磨性，好的热硬性，足够的塑性和韧性。刃具切削时，刃部温度很高，所以热硬性是刃具钢最主要的性能要求。根据合金刃具钢中合金元素含量的不同，合金刃具钢可分为低合金刃具钢和高合金刃具钢。

（1）低合金刃具钢

1）成分特点。低合金刃具钢中碳的质量分数为0.75%～1.50%，高的碳的质量分数用来保证高硬度和耐磨性。低合金刃具钢中常加入的合金元素有Cr、Mn、Si、V、W等，主要目的是提高淬透性和耐回火性，改善钢的热硬性，形成细小均匀的碳化物，用以提高耐磨性。

2）热处理工艺及组织。低合金刃具钢的预备热处理为球化退火，最终热处理采用淬火+低温回火，最后组织为回火马氏体+粒状合金碳化物+少量残留奥氏体，其硬度为60～65HRC。常用低合金刃具钢的牌号、成分、热处理工艺和用途见表5-10。

表5-10　常用低合金刃具钢的牌号、成分、热处理工艺和用途

牌号	主要化学成分（%）						热处理工艺		用途举例
	w_C	w_{Si}	w_{Mn}	w_{Cr}	w_P	w_S	淬火温度/℃	淬火后硬度HRC	
					不大于			不小于	
9SiCr	0.85～0.95	1.20～1.60	0.30～0.60	0.95～1.25	0.03	0.03	820～860（油）	62	用于要求耐磨性高、切削不剧烈的刃具，如板牙、丝钻头、铰刀和拉刀等，还可用于冲模和冷轧模等
Cr06	1.30～1.45	≤0.40	≤0.40	0.50～0.70	0.03	0.03	780～810（水）	64	用于剃刀、刀片、外科医疗刀具以及刮刀和刻刀等
Cr2	0.95～1.10	≤0.40	≤0.40	1.30～1.65	0.03	0.03	830～860（油）	62	用于低速、进给量小且加工材料不很硬的切削刀具，还可用于样板、量规和冷轧辊等
9Cr2	0.80～0.95	≤0.40	≤0.40	1.30～1.70	0.03	0.03	820～850（油）	62	主要用于冷轧辊、钢印、冲孔錾、冲模、冲头及木工工具等

（2）高速工具钢

1）成分特点。高速工具钢属于高合金刃具钢，主要用来制造高速切削的刃具，其突出的性能特点是具有高硬度、高耐磨性及好的热硬性。高速工具钢的成分特点是含有大量的钨（W）、钒（V）、钼（Mo）、铬（Cr）等元素，其中铬的作用是提高淬透性，钨、钼、钒的作用是提高耐磨性及热硬性，钼的作用与钨相似并可以代替钨，质量分数为1%的钼可代替质量分数为2%的钨。

高速工具钢碳的质量分数为0.7%～1.65%，高碳可以保证其形成足够的合金碳化物，淬火加热时，部分碳化物溶于奥氏体，保证了马氏体的高硬度，未溶碳化物则可阻碍奥氏体晶粒的长大。

2）热处理工艺及组织。高速工具钢的热处理工艺为高温淬火（1200～1300℃）后进行三次回火（回火温度为560℃）。采用高的淬火温度目的是使难溶的特殊碳化物充分溶于奥氏体中，使马氏体中W、Mo、V、Ti等合金元素的含量足够高，形成大量细小的金属碳化物，保证高硬度、高耐磨性及高的热硬性。回火次数多，主要是为了减少钢中的残留奥氏体量，另外，下一次回火对上一次回火产生的组织应力（马氏体转变时产生的）还有消除作用。

高速工具钢属于莱氏体钢，其中含有大量的碳化物形成元素。在高速工具钢的铸态组织中，含有大量呈鱼骨状分布的粗大共晶碳化物，它们使钢的性能大大降低，因此必须通过反复锻打，将鱼骨状合金碳化物击碎，使其呈均匀细小的颗粒分布。

高速工具钢正常淬火、回火后，组织为极细的回火马氏体，还有较多的粒状碳化物及少量的残留奥氏体。

3）高速工具钢的分类。高速工具钢的分类如下：钨系高速工具钢，常用的是W18Cr4V；钨钼系高速工具钢，常用的是W6Mo5Cr4V2。常用高速工具钢的牌号、成分、热处理工艺、硬度和用途见表5-11。W18Cr4V的热处理工艺如图5-8所示。

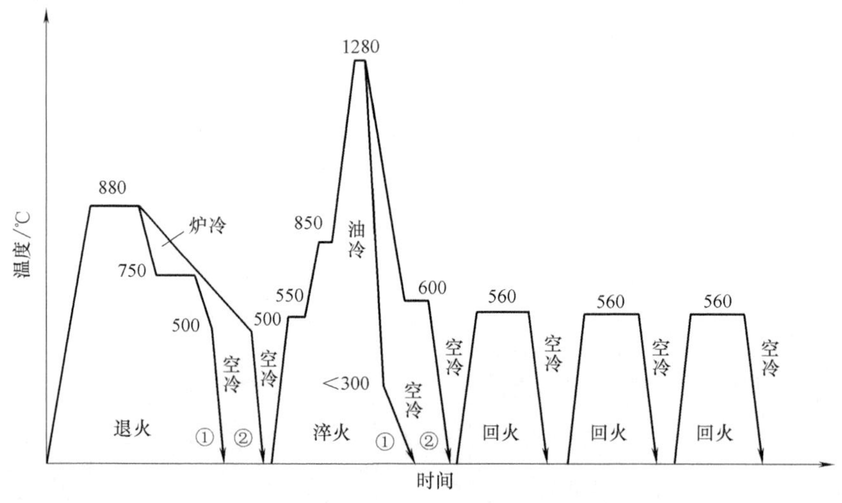

图5-8 W18Cr4V的热处理工艺

表5-11 常用高速工具钢的牌号、成分、热处理工艺、硬度和用途

牌号	主要化学成分（%）						热处理工艺			硬度		用途举例
	w_C	w_{Cr}	w_W	w_{Mo}	w_V	$w_{其他}$	预热温度/℃	淬火温度（箱式炉）/℃	回火温度/℃	退火HBW ≤	回火HRC ≥	
W18Cr4V	0.73～0.83	3.80～4.50	17.20～18.70	—	1.00～1.20	—	800～900	1260～1280	550～570	255	63	制造一般高速切削用车刀、刨刀、钻头和铣刀等
W6Mo5Cr4V2	0.80～0.90	3.80～4.40	5.50～6.75	4.50～5.50	1.75～2.20	—		1210～1230	540～560	255	64	制造要求耐磨性和韧性好的高速切削刃具，如丝锥和钻头等

（续）

牌　号	化学成分（%）						热处理			硬度		用途举例
	w_C	w_{Cr}	w_W	w_{Mo}	w_V	$w_{其他}$	预热温度/℃	淬火温度（箱式炉）/℃	回火温度/℃	退火HBW ≤	回火HRC ≥	
W6Mo5Cr4V2Al	1.05 ~ 1.15	3.80 ~ 4.40	5.50 ~ 6.75	4.50 ~ 5.50	1.75 ~ 2.20	w_{Al} 0.80 ~ 1.20	800 ~ 900	1230 ~ 1240	550 ~ 570	269	65	加工一般材料时刃具使用寿命为W18Cr4V 的 1 ~ 2倍，也可用于冷、热模具零件

W18Cr4V 钢的热硬性较高，过热敏感性较小，磨削性能好，但热塑性较差，故适合于制造一般的切削刃具。W6Mo5Cr4V2 钢中碳化物细小均匀，热塑性好，便于压力加工，并且热处理后韧性与耐磨性较高，但热硬性稍差，加热时易脱碳和过热，故适合于制造耐磨性与韧性相配合的刃具，更适宜制造通过扭制、轧制等热加工成形的薄刃刃具，如齿轮铣刀和插齿刀等。在高速工具钢的基础上加入钴（质量分数为5% ~10%），形成的含钴高速工具钢，硬度可达 68 ~70HRC，但其脆性大、价格高，一般用于特殊刃具。

2. 合金量具钢

合金量具钢主要用来制造各种测量工具，如卡尺、量块和千分尺等。由于量具在使用过程中主要因磨损而失效，几乎不承受任何载荷的作用，因而对量具的性能要求主要是要有高的耐磨性和硬度，同时还必须具有高的尺寸稳定性，精密量具还要求热处理变形小。

合金量具钢一般碳的质量分数为 0.9% ~1.50%，常加入 Cr、W、Mn 等合金元素以提高钢的淬硬性，减少热处理变形，提高尺寸稳定性，保证钢的硬度和耐磨性。

简单的量具一般用高碳钢如 T10A、T12A 制造；要求精度高、形状又复杂的量具可采用 GCr15、CrWMn、9SiCr 等钢制造；要求耐蚀性的量具可选用不锈钢如 68Cr17、30Cr13 等来制造。

5.4.4　特殊性能钢

特殊性能钢是指具有某些特殊性能（如物理性能、化学性能）和力学性能的钢，如不锈钢、耐热钢和耐磨钢。

1. 不锈钢

通常将具有抵抗空气、蒸汽、酸、碱或其他介质腐蚀能力的钢称为不锈钢。

不锈钢主要的合金元素是铬（Cr）。铬能提高钢的耐蚀性，主要是由于钢中的铬元素可在钢表面形成一层致密的 Cr_2O_3 氧化膜，使钢与外界隔离，避免进一步氧化。另外，铬元素使钢的基体组织的电极电位提高，从而提高了其抵抗电化学腐蚀的能力。除要求耐蚀性外，不锈钢还应具有适当的力学性能，良好的冷、热加工性能和焊接性。

不锈钢按其化学成分不同，可分为铬不锈钢和铬镍不锈钢；按其使用状态不同，可分为马氏体型不锈钢、铁素体型不锈钢、奥氏体型不锈钢和沉淀硬化型不锈钢等。

（1）马氏体型不锈钢　这类不锈钢属于铬不锈钢。马氏体型不锈钢的碳的质量分数较高，淬火后得到马氏体组织，随着钢中碳的质量分数的增加，钢的强度、硬度和耐磨性提高，但耐蚀性下降，具有代表性的是 Cr13 型不锈钢，其碳的质量分数为 0.1% ~0.4%，铬的质量分数为 13%。

马氏体型不锈钢因具有很好的力学性能、热加工性能和可加工性而得到广泛应用。一般来说，碳的质量分数较低的12Cr13和20Cr13钢，用来制造力学性能要求较高，又有一定耐蚀性的零件，如汽轮机叶片等，为获得良好的综合力学性能，其热处理通常为淬火加高温回火（600～700℃），以获得回火索氏体。30Cr13和40Cr13钢由于碳的质量分数高，耐蚀性下降，但其强度高，这两种钢一般通过淬火加低温回火（200～300℃）获得回火马氏体组织，硬度可达50HRC，可用于制造医疗机械、刃具、热油泵轴等不锈钢器件。

（2）铁素体型不锈钢　当 $w_{Cr}>15\%$ 时，铬不锈钢的组织为单相铁素体，如10Cr17、10Cr17Mo钢，其碳的质量分数较低（$w_C<0.12\%$），但铬的质量分数高，因此其耐蚀性优于马氏体型不锈钢，是目前应用较多的不锈钢。Cr17型钢中加入Ti元素能细化晶粒，改善韧性和焊接性。

Cr17型钢都是在退火及正火状态下使用的，因此不能利用马氏体相变来强化。另外，这类钢的强度较低，塑性和焊接性较好。因此，Cr17型钢主要用于制造对力学性能要求不高而对耐蚀性要求较高的构件及零件。

（3）奥氏体型不锈钢　这类不锈钢属于铬镍不锈钢，是在铬不锈钢的基础上加入镍元素和少量的其他元素（如Mn、Ti、Mo）形成的。奥氏体型不锈钢的碳的质量分数较低，耐蚀性较好，其平均铬的质量分数为18%～20%，镍的质量分数为8%～12%，因此这类不锈钢又称为18-8型钢。奥氏体型不锈钢的特点是塑性和韧性好，可拉深至40%，随着变形量的增加，其强度大大提高，但仍有一定的塑性。这类钢不能淬成马氏体，只能用加工硬化的方法来提高强度，同时这类钢的可加工性较差，但焊接性较好。奥氏体型不锈钢能耐硝酸及其他很多有机酸、盐或碱的溶液腐蚀。

常用不锈钢的牌号、成分、热处理工艺、力学性能和用途见表5-12。

表5-12　常用不锈钢的牌号、成分、热处理工艺、力学性能和用途

类别	牌号	主要化学成分（%）			热处理工艺	力学性能					用途举例
		w_C	w_{Cr}	w_{Ni}		R_m/MPa	$R_{p0.2}$/MPa	A(%)	Z(%)	硬度HBW	
马氏体型钢	12Cr13	0.08～0.15	12～14	≤0.06	1000～1050℃（油或水淬火）700～790℃（回火）	≥600	≥420	≥20	≥60	159	制作能耐弱腐蚀介质、能承受冲击载荷的零件，如汽轮机叶片、水压机阀、机构架、螺栓和螺母等
	20Cr13	0.16～0.24	12～14	≤0.06	1000～1050℃（油或水淬火）700～790℃（回火）	≥660	≥450	≥16	≥55	192	
	30Cr13	0.25～0.34	12～14	≤0.06	1000～1050℃（油淬）200～300℃（回火）	≥735	≥540	≥12	≥40	48HRC	制作具有高硬度和耐磨性的医疗工具、量具和滚珠轴承等
	40Cr13	0.35～0.45	12～14	≤0.06	1000～1050℃（油淬）200～300℃（回火）	≥980	≥785	≥9	≥45	50HRC	

（续）

类别	牌　号	主要化学成分（%）			热处理工艺	力学性能					用途举例
		w_C	w_{Cr}	w_{Ni}		R_m/MPa	$R_{p0.2}$/MPa	A(%)	Z(%)	硬度HBW	
马氏体型钢	95Cr18	0.90～1.00	17～19	≤0.06	900～1050℃（油淬）200～300℃（回火）	—	—	—	—	55HRC	制作不锈切片、机械刀具、剪切刀具、手术刀片和高耐磨、耐蚀件
铁素体型钢	10Cr17	≤0.12	16～18	—	700～800℃（空冷）	≥400	≥250	≥20	≥50	183	制作硝酸工厂设备，如吸收塔和热交换器等
奥氏体型钢	06Cr19Ni10	≤0.08	17～19	8～12	1000～1100℃（水淬）（固溶处理）	≥500	≥180	≥40	≥60	187	具有良好的耐蚀性及抗晶间腐蚀性，用于化学工业用的良好耐蚀零件
奥氏体型钢	12Cr18Ni9	≤0.14	17～19	8～12	1000～1100℃（水淬）（固溶处理）	≥560	≥200	≥45	≥50	187	制作耐冷磷酸、有机酸及盐、碱溶液腐蚀的零件

2. 耐热钢

耐热钢是指在高温下具有较好的抗氧化性并兼有高温强度的钢。耐热钢主要用于制造动力机械（如内燃机、汽轮机、燃气轮机）、锅炉、石油及化工设备中某些在高温下工作的零件。按使用状态不同，耐热钢可分为铁素体型、奥氏体型、珠光体型和马氏体型；按性能不同，耐热钢可分为抗氧化钢和热强钢。

（1）抗氧化钢　抗氧化钢有铁素体型钢和奥氏体型钢两种。这类钢在高温下有较好的抗氧化能力。抗氧化能力是指金属材料在高温下对氧化作用的抗力。一般抗氧化钢都是低碳钢，因为碳的质量分数增加，会降低钢的抗氧化性。抗氧化钢中加入了合金元素 Cr、Si、Al 等，可形成致密的、高熔点的氧化膜，并覆盖在钢表面，避免钢进一步被氧化。

常用抗氧化钢的牌号、成分、热处理工艺和用途见表 5-13。

表 5-13　常用抗氧化钢的牌号、成分、热处理工艺和用途

类别	牌　号	主要化学成分（%）						热处理工艺	用途举例
		w_C	w_{Mn}	w_{Si}	w_{Ni}	w_{Cr}	$w_{其他}$		
铁素体型钢	16Cr25N	≤0.20	≤1.50	≤1.00	≤0.60	23.00～27.00	w_N≤0.25	退火 780～880℃（快冷）	抗高温腐蚀性强，1082℃以下不产生易剥落的氧化皮，制作1050℃以下的炉用构件
铁素体型钢	06Cr13Al	≤0.08	≤1.00	≤1.00	≤0.60	11.50～24.50	w_{Al} 0.10～0.30	退火 780～830℃（空冷）	最高使用温度为900℃，制作各种受力不大的炉用构件，如喷嘴、退火炉罩和吊挂等

（续）

类别	牌 号	主要化学成分（%）						热处理工艺	用途举例
		w_C	w_{Mn}	w_{Si}	w_{Ni}	w_{Cr}	$w_{其他}$		
奥氏体型钢	06Cr25Ni20	≤0.08	≤2.00	≤1.50	19.00~22.00	24.00~26.00	—	固溶处理 1030~1180℃（快冷）	可用作1035℃以下的炉用材料

（2）热强钢 热强钢是指在高温下具有良好抗氧化能力并具有较高的高温强度的钢。热强钢有珠光体型钢、马氏体型钢和奥氏体型钢等几种。有些零件（如汽轮机转子、内燃机气阀等）长期在高温下承受载荷工作，即使金属所受应力不超过其室温的屈服强度，也会发生塑性变形，且变形量随时间的延长而增大，直至最后破坏，这种现象称为蠕变。为了提高钢的高温强度，可向钢中加入提高再结晶温度的合金元素（如 W、Mo 等），或向钢中加入 Ti、Nb、V、W、Mo、Cr 等以形成稳定而又弥散分布的碳化物，利用析出的碳化物产生强化作用来提高高温强度。

马氏体型耐热钢中含有较多的铬，故抗氧化性和热强性好。如 12Cr13、14Cr11MoV 钢，多用于制造在600℃以下工作、承受较大载荷的零件，如汽轮机叶片和转子等；另一类马氏体型耐热钢，如 42Cr9Si2、40Cr10Si2Mo 钢，属于中碳钢范畴，主要提高了其耐磨性，常用于制造内燃机的气阀。

奥氏体型耐热钢如45Cr14Ni14W2Mo适合制造工作温度高于650℃的大功率发动机排气门。

3. 耐磨钢

耐磨钢是指在巨大的压力和强烈的冲击载荷作用下才能发生硬化而且有高耐磨性的钢。挖掘机铲齿、坦克履带、铁道道岔和防弹板等，都是在强烈冲击和严重磨损条件下工作的，因此要求良好的韧性和耐磨性。最常用的耐磨钢为高锰钢，其牌号为 ZGMn13，其中“ZG”为“铸钢”二字的汉语拼音字首，其后为化学元素符号 Mn，最后的数字为锰的平均质量分数。高锰钢的成分特点是高碳（平均 $w_C=1.0\%\sim1.3\%$）、高锰（平均 $w_{Mn}=11\%\sim14\%$），由于碳的质量分数高，因此硬度和耐磨性提高，但碳的质量分数过高会使冲击韧度下降，增大开裂倾向；高锰可保证热处理后得到单相奥氏体组织。由于高锰钢极易产生加工硬化，很难进行切削加工，因此大多数高锰钢是采用铸造方法成形的。这种钢的铸态组织中存在许多碳化物，故性能硬而脆。当将铸件加热到1060~1100℃时，碳化物全部溶入奥氏体中，然后迅速在水中淬火，室温下可得到单相奥氏体组织，这种处理称为水韧处理。高锰钢经水韧处理后，其强度和硬度不高，塑性和韧性良好，但在工作时如受到强烈的冲击、巨大的压力和摩擦的情况下，其表面会因塑性变形而产生明显的加工硬化，同时还会发生奥氏体向马氏体的转变，因而表面硬度大大提高（52~56HRC），从而使表层金属具有高的耐磨性，而心部仍保持原来奥氏体所具有的高韧性和塑性。因此，这类钢不但具有高耐磨性，而且还有很高的抗冲击能力，但其耐磨性只有在强烈冲击和摩擦的情况下才能表现出来。

5.5 案例

案例1 下列刃具应选用哪种材料制造？

1）手锯条、锉刀、錾子。

2）丝锥、板牙。

3）中速切削的车刀、铣刀、钻头。

4）高速切削的车刀、铣刀。

刃具材料选择如下：

1）手锯条、锉刀、錾子属于形状简单、精度低的低速切削刃具，选用碳素工具钢。

2）丝锥、板牙属于精度较高的低速切削刃具，为避免淬火变形，选用淬透性较高的低合金刃具钢。

3）中速切削的车刀、铣刀、钻头切削温度较高，选用热硬性较高的高速工具钢。

4）高速切削的车刀、铣刀切削温度很高，选用硬质合金。

案例 2 试从淬透性、硬度、耐磨性、热硬性几方面比较碳素工具钢、低合金刃具钢、高速工具钢的性能。

三种钢性能的比较见表 5-14。

表 5-14 三种钢性能的比较

钢种	淬透性	硬度	耐磨性	热硬性
碳素工具钢	低	高（60～65HRC）	较高	低（<200℃）
低合金刃具钢	中	高（60～65HRC）	高	较低（<250℃）
高速工具钢	高	很高（62～67HRC）	很高	高（<600℃）

思考题

1. 何谓合金钢？它与碳素钢相比有哪些优点？

2. 钢中常存杂质元素对钢的性能有什么影响？

3. 合金元素对淬火钢的回火转变有哪些影响？

4. 低合金结构钢中的合金元素主要通过哪些途径起强化作用？这类钢经常用于哪些场合？

5. 碳素结构钢、优质碳素结构钢、碳素工具钢的性能各有何优点及不足？

6. 解释下列现象并分析其产生的原因：二次硬化、回火脆性、莱氏体钢、铁素体钢。

7. 在 20Cr、40Cr、GCr15、50CrVA 等钢中都含有元素铬，这些钢在铬的存在形式、性能、热处理方法和用途上有什么区别？

8. 为什么高速工具钢的淬火温度特别高？为什么淬火后要在 560℃进行三次高温回火？

9. 为了提高量具的使用寿命，应采用哪些热处理方法？

10. 为什么汽车变速器齿轮常采用 20CrMnTi 钢制造，而机床上同样的变速器齿轮却用 45 钢或 40Cr 钢制造？

11. 奥氏体不锈钢能否通过热处理来强化？为什么？生产中常用什么方法来强化它？

12. 如果要用 Cr13 型不锈钢制作机械零件、外科医用工具和弹簧等，分别选用什么牌号？

13. 耐磨钢的热处理与一般钢的淬火处理有什么不同？

第6章 铸 铁

根据 Fe-Fe_3C 相图，碳的质量分数大于2.11%的铁碳合金称为铸铁。它以 Fe、C、Si 为主要元素，并比钢含有更多的S和P等杂质。碳在铸铁中主要以石墨的形式存在。由于铸铁成本低，生产工艺简单，且具有优良的铸造性能、良好的耐磨性和减振性及切削加工性能，因此铸铁是工业上广泛应用的一种铸造金属材料。常用的铸铁有灰铸铁、球墨铸铁、可锻铸铁和蠕墨铸铁。

影响铸铁的组织和性能的关键是碳在铸铁中的存在形式及形态，铸铁中的碳主要以渗碳体和游离态的石墨形式存在。

6.1 铸铁的石墨化

铸铁中的碳以石墨的形式析出的过程称为石墨化，常用G表示石墨。铸铁在冷却过程中，可以从液相和奥氏体中析出 Fe_3C 或石墨，还可以在一定条件下由 Fe_3C 分解出铁素体和石墨。由于铸铁中的碳能以石墨或 Fe_3C 两种独立相的形式存在，因而使得铁碳合金系统存在着 Fe-Fe_3C 和 Fe-G 双重相图，如图6-1所示。

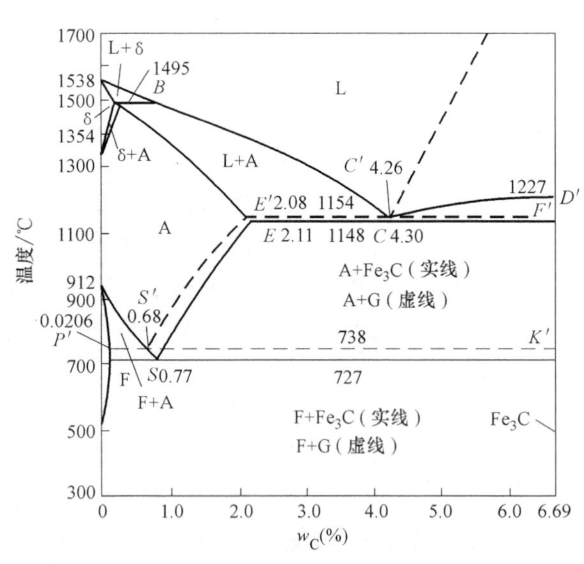

图6-1 铁-碳合金双重相图

按照 Fe-G 相图，铸铁的石墨化过程分为三个阶段：第一阶段的石墨化是铸铁液相冷至 $C'D'$ 线时，结晶出的一次石墨（对于过共晶成分合金而言）和在1154℃（$E'C'F'$线）通过共晶反应形成的共晶石墨；第二阶段的石墨化是在1154~738℃奥氏体沿 $E'S'$ 线析出的二次石墨；第三阶段的石墨化是在738℃（$P'S'K'$线）通过共析转变共析的石墨。

1. 影响石墨化的主要因素

（1）温度和冷却速度　在生产过程中，铸铁的缓慢冷却或在高温下长时间保温均有利于石墨化。一般来说，在其他条件相同时，铸件的冷却速度越慢，越有利于石墨化的进行；反之，冷却速度加快，原子扩散能力减弱，碳元素更容易以碳化物的形式析出，不利于石墨化的进行。铸铁的冷却速度与铸铁类型、浇注温度、铸件壁厚及铸件尺寸等工艺因素有关。

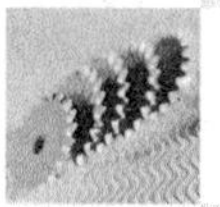

（2）化学成分　铸铁中的元素按对石墨化的作用，可分为促进石墨化的元素（C、Si、Al、Cu、Ni、Co、P 等）和阻碍石墨化的元素（Cr、W、Mo、V、Mn、S 等）两大类。C 和 Si 是强烈促进石墨化的元素；S 是强烈阻碍石墨化的元素，而且还降低铁液的流动性和促进高温铸件开裂；Cu、Ni 有利于得到珠光体基体的铸铁；适量的 Mn 既有利于珠光体基体形成，又能消除 S 的有害作用；P 是一种不太强的促进石墨化的元素，能提高铁液的流动性，但当其质量分数超过奥氏体或铁素体的溶解度时，会形成硬而脆的磷共晶，使铸铁强度降低，脆性增大。生产中，C、Si、Mn 为调节组织元素，P 是控制使用元素，S 属于限制元素。

2. 铸铁的性能

铸铁基体组织的类型和石墨的数量、形态、大小和分布状态决定了铸铁的性能。

（1）石墨对铸铁性能的影响　石墨是碳的一种结晶形态，其硬度为 3～5HBW，抗拉强度约为 20MPa，塑性和韧性极低，伸长率接近于零，石墨的存在导致铸铁的力学性能如抗拉强度、塑性和韧性等均不如钢。石墨数量越多，尺寸越大，分布越不均匀，对铸铁力学性能的削弱就越严重，其中片状石墨对基体的削弱作用和引起应力集中的程度最大，球状石墨对基体的割裂作用最小，团絮状石墨的作用居于两者之间。但石墨的存在也使铸铁具有优异的切削加工性能、良好的铸造性能和自润滑性能以及很好的耐磨性和减振性，大量石墨的割裂作用使铸铁对缺口不敏感。

（2）基体组织对铸铁性能的影响　对同一类铸铁来说，在其他条件相同的情况下，铁素体相的数量越多，其塑性越好；珠光体的数量越多，其抗拉强度和硬度越高。由于片状石墨对基体有强烈的割裂作用，所以只有当石墨为团絮状、蠕虫状或球状时，改变铸铁基体组织才能显示出其对性能的影响。

6.2　常用铸铁

6.2.1　灰铸铁

灰铸铁是价格便宜、应用最广的铸铁材料，其中的碳大部分以片状石墨的形式存在，断口呈暗灰色，常用来制造机器的底座、支架、工作台、减速器箱体和阀体等。

1. 灰铸铁的成分、组织和性能

灰铸铁的成分为：$w_C=2.5\%\sim4.0\%$，$w_{Si}=1.1\%\sim2.5\%$，$w_{Mn}=0.6\%\sim1.2\%$，$w_P\leqslant0.5\%$，$w_S\leqslant0.15\%$。灰铸铁中的碳大部分或全部以片状石墨的形式存在，并分布在基体组织上。按基体组织的不同，灰铸铁可分为铁素体灰铸铁、铁素体-珠光体灰铸铁和珠光体灰铸铁，其显微组织如图 6-2 所示。

灰铸铁的性能主要取决于基体组织和石墨的数量、形状、大小和分布状况。由于灰铸铁的组织相当于在钢的基体中加上片状的石墨，而石墨的强度、塑性和韧性几乎为零，因此，灰铸铁中片状石墨的存在相当于钢的基体上分布着许多小裂缝，破坏了基体组织的连续性，减小了基体承受载荷的有效面积，并且石墨尖角处易产生应力集中现象，当铸铁件受拉力或冲击力作用时，容易在裂纹尖端引起破裂。因此，灰铸铁的抗拉强度、疲劳强度都很差，塑性和韧性几乎为零，而且其中的石墨越多，石墨片越粗大，分布越

a)

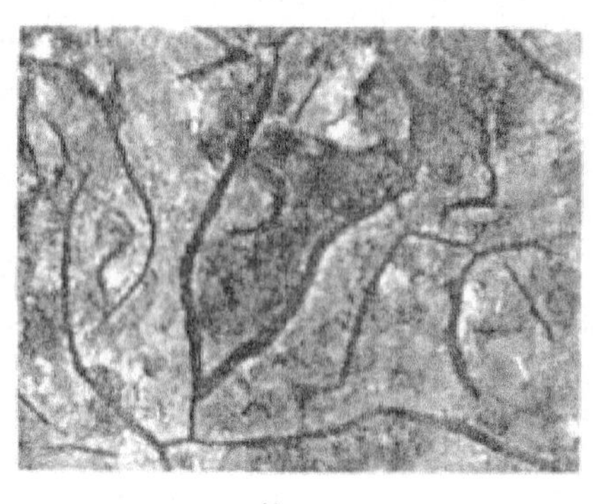

b)

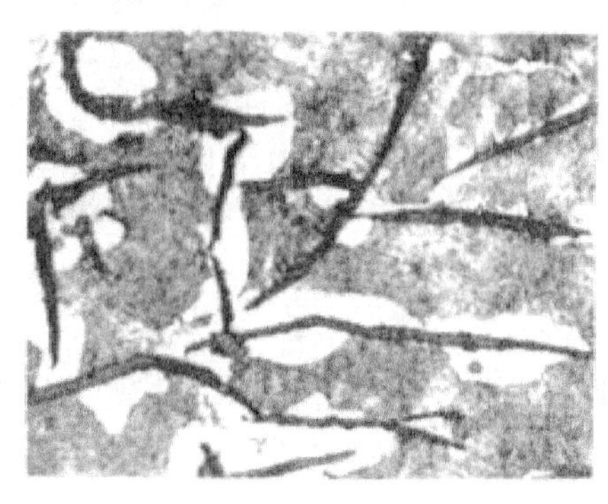

c)

图6-2 灰铸铁的显微组织

a）铁素体基体 b）铁素体-珠光体基体 c）珠光体基体

不均匀，其力学性能越差。但是，由于灰铸铁的熔点低，流动性好，凝固和冷却时析出比体积较大的石墨，使铸铁的收缩率小，故其铸造性能好。同时，低强度的石墨具有自润滑作用，能减少零件之间的摩擦和磨损，从而使灰铸铁的耐磨性好；石墨的吸振作用还使灰铸铁具有较好的减振性。

2. 灰铸铁的牌号和用途

灰铸铁的牌号用“HT＋数字”表示，其中“HT”表示灰铸铁，数字表示其最低抗拉强度的数值，如HT200表示最低抗拉强度为200MPa的灰铸铁。

灰铸铁的牌号、力学性能和用途见表6-1。

表6-1 灰铸铁的牌号、力学性能和用途

灰铸铁类别	牌号	铸件壁厚/mm	力学性能		用途举例
			R_m/MPa≥	硬度HBW	
铁素体灰铸铁	HT100	2.5～10	130	110～166	适用于载荷小、对摩擦和磨损无特殊要求的不重要的零件，如防护罩、盖、油盘、手轮、支架和底板等
		10～20	100	93～140	
		20～30	90	87～131	
		30～50	80	82～122	

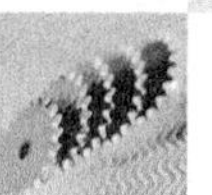

（续）

灰铸铁类别	牌号	铸件壁厚/mm	力学性能		用途举例
			R_m/MPa≥	硬度HBW	
铁素体-珠光体灰铸铁	HT150	2.5～10	175	137～205	承受中等载荷的零件，如机座、支架、箱体、床身、轴承座、工作台、法兰、泵体、阀体、飞轮和电动机等
		10～20	145	119～179	
		20～30	130	110～166	
		30～50	120	105～157	
珠光体灰铸铁	HT200	2.5～10	220	157～236	承受较大载荷和要求一定的气密性或耐蚀性等较重要的零件，如气缸、齿轮、机座、飞轮、床身、气缸体、活塞、齿轮箱、制动车轮、联轴器座、泵体和液压阀门等
		10～20	195	148～222	
		20～30	170	134～200	
		30～50	160	129～192	
	HT250	4.0～10	270	175～262	
		10～20	240	164～247	
		20～30	220	157～236	
		30～50	200	150～225	
孕育铸铁	HT300	10～20	290	182～272	承受高载荷、耐磨和高气密性的重要零件，如重型机床、剪床、压力机、自动机床的床身、机座、机架、高压液压件、活塞环、齿轮、车床卡盘、大型发动机的气缸体和气缸盖等
		20～30	250	168～251	
		30～50	230	161～241	
	HT350	10～20	340	199～298	
		20～30	290	182～272	
		30～50	260	171～257	

3. 灰铸铁的孕育处理

浇注时向铁液中加入孕育剂（如硅铁、硅钙合金等），改变铁液的结晶条件，以得到细小、均匀分布的片状石墨和细小的珠光体组织的方法，称为孕育处理。

孕育处理时，孕育剂及它们的氧化物使石墨片均匀细化，并使铸铁的结晶过程几乎在全部铁液中同时进行，避免了铸件边缘及薄壁处出现白口组织，使铸件各个部位截面上的组织与性能均匀一致，提高了灰铸铁的强度、塑性和韧性，同时也降低了其断面的敏感性。经孕育处理的铸铁称为孕育铸铁，常用于制造力学性能要求较高、截面尺寸变化较大的大型铸件，如气缸、曲轴、凸轮和机床床身等。

4. 灰铸铁的热处理

由于热处理仅能改变灰铸铁的基体组织，无法改变石墨的形态，因此用热处理来提高灰铸铁的力学性能效果不大。灰铸铁的热处理常用于消除内应力、稳定尺寸、消除铸件的白口组织和提高铸件表面的硬度及耐磨性。

6.2.2 球墨铸铁

球墨铸铁的基体组织上分布着球状石墨，它是在一定成分的铁液中加入少量的球化剂（如镁、稀土镁等）进行球化处理，使石墨球化而得到的。因球状石墨对基体组织的割裂作用小，所以球墨铸铁的力学性能远比灰铸铁的要好。

1. 球墨铸铁的成分、组织和性能

球墨铸铁的成分为：$w_C=3.8\%\sim4.0\%$，$w_{Si}=2.0\%\sim2.5\%$，$w_{Mn}=0.6\%\sim0.8\%$，$w_P<0.1\%$，$w_S<0.04\%$，$w_{Mg}=0.03\%\sim0.08\%$。球墨铸铁的组织由球状石墨和基体组织组成。球墨铸铁是力学性能最好的铸铁，具有较高的抗拉强度和弯曲疲劳强度，也具有相当良好的塑性、韧性及耐磨性。球墨铸铁中的石墨对基体组织的削弱作用较小，使得基体比较连续，且拉深时引起应力集中的效应明显减弱，从而使基体强度利用率从灰铸铁的30%～50%提高到了70%～90%。另外，球墨铸铁也具有较好的铸造性能以及良好的切削加工性能、耐磨性和减振性。

2. 球墨铸铁的牌号和用途

球墨铸铁的牌号用“QT＋两组数字”表示，其中“QT”为球墨铸铁代号，第一组数字表示抗拉强度（MPa），第二组数字表示伸长率（%）。常用的球墨铸铁有QT400-18和QT500-7等，主要用于制造承受冲击、振动的零件，如汽车和拖拉机的轮毂、减速器壳以及农机具零件、中低压阀门、上下水及输气管道、压缩机高低压气缸、电动机机壳、齿轮箱和飞轮等。

3. 球墨铸铁的热处理

球墨铸铁中的基体是决定球墨铸铁力学性能的主要因素，所以像钢一样，球墨铸铁可通过合金化和热处理强化的方法进一步提高力学性能。球墨铸铁的热处理方法主要有退火、正火、调质淬火和表面热处理，不同的热处理方法可使球墨铸铁得到不同的基体组织。生产中常见的球墨铸铁有铁素体球墨铸铁、珠光体-铁素体球墨铸铁、珠光体球墨铸铁和贝氏体球墨铸铁。

常用球墨铸铁的牌号、组织、性能和用途见表6-2。

表6-2　常用球墨铸铁的牌号、组织、性能和用途

牌号	力学性能				基体组织类型	用途举例
	R_m/MPa	$R_{p0.2}$/MPa	A（%）	硬度 HBW		
	不小于					
QT400-18	400	250	18	120～175	铁素体	承受冲击、振动的零件，如汽车和拖拉机的轮毂、差速器壳、拨叉以及农机具零件、中低压阀门、上下水及输气管道、压缩机高低压气缸、电动机壳、齿轮箱和飞轮壳等
QT400-15	400	250	15	120～180		
QT450-10	450	310	10	160～210		
QT500-7	500	320	7	170～230	铁素体＋珠光体	机器座架、传动轴、飞轮、电动机架、内燃机的机油泵齿轮和铁路机车轴瓦等
QT600-3	600	370	3	190～270	珠光体＋铁素体	承受载荷大、受力复杂的零件，如汽车和拖拉机的曲轴与连杆
QT700-2	700	420	2	225～305	珠光体	凸轮轴，部分磨床、铣床、车床的主轴，机床蜗轮，轧钢机轧辊，大齿轮，汽缸体，桥式起重机大小滚轮等
QT800-2	800	480	2	245～335	珠光体或索氏体	
QT900-2	900	600	2	280～360	回火马氏体或托氏体＋索氏体	高强度齿轮，如汽车后桥弧齿锥齿轮、大减速器齿轮、内燃机曲轴和凸轮轴等

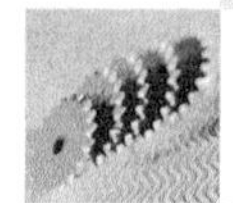

6.2.3 蠕墨铸铁

蠕墨铸铁是近几十年来迅速发展起来的新型铸铁材料，在一定成分的铁液中加入适量的使石墨形成蠕虫状组织的蠕化剂（稀土镁钛合金、稀土硅钙合金等）和孕育剂（硅铁），凝固结晶后使铸铁中的石墨形态介于片状与球状之间，具有这种石墨组织的铸铁称为蠕墨铸铁。

1. 蠕墨铸铁的成分、组织和性能

蠕墨铸铁的化学成分与球墨铸铁相似，即 $w_C = 3.5\% \sim 3.9\%$，$w_{Si} = 2.1\% \sim 2.8\%$，$w_{Mn} = 0.4\% \sim 0.8\%$，$w_P < 0.1\%$，$w_S < 0.1\%$。蠕化剂一般为稀土镁钛合金、稀土硅铁合金和稀土硅钙合金等。

蠕墨铸铁的基体有铁素体和珠光体-铁素体两种。铁素体蠕墨铸铁的力学性能介于相同基体组织的灰铸铁和球墨铸铁之间，其强度、耐磨性、韧性及抗热疲劳性都比灰铸铁高，缺口敏感性比灰铸铁小，力学性能比球墨铸铁略差，但其铸造性能、减振性和导热性好于球墨铸铁。

2. 蠕墨铸铁的牌号和用途

蠕墨铸铁的牌号用“RuT + 数字”表示，其中“RuT”表示蠕墨铸铁，数字表示抗拉强度（MPa）。蠕墨铸铁的应用日益广泛，主要用于制造大功率柴油机的气缸盖和气缸套、电动机外壳、机座、机床床身、阀体和钢锭模等。

6.2.4 可锻铸铁

可锻铸铁是指由白口铸铁通过石墨化退火而获得的具有团絮状石墨的铸铁。它的生产过程是先浇注成白口铸铁，然后通过高温石墨化退火（也称为可锻退火），使渗碳体分解得到团絮状石墨。

1. 可锻铸铁的成分、组织和性能

可锻铸铁的成分为：$w_C = 2.2\% \sim 2.8\%$，$w_{Si} = 1.0\% \sim 1.8\%$，$w_{Mn} = 0.5\% \sim 0.8\%$，$w_P < 0.2\%$，$w_S < 0.1\%$。可锻铸铁分为黑心可锻铸铁（铁素体可锻铸铁）、珠光体可锻铸铁和白心可锻铸铁。

由于可锻铸铁中石墨为团絮状，因此与灰铸铁相比，可锻铸铁有较好的强度和塑性，特别是低温冲击性能较好；与球墨铸铁相比，它具有成本低、质量稳定、铁液处理简便和利于组织生产的特点。可锻铸铁的耐磨性和减振性优于普通碳素钢，切削性能与灰铸铁相近，适于制造形状复杂的薄壁中小型零件和工作中受到振动而强韧性要求又较高的零件。

可锻铸铁因具有较高的强度、塑性和冲击韧度而得名，实际上并不能进行锻造。

2. 可锻铸铁的牌号和用途

可锻铸铁的牌号分别用“KTH”、“KTZ”和“KTB”加两组数字表示，其中“KTH”、“KTZ”和“KTB”分别表示黑心（铁素体）可锻铸铁、珠光体可锻铸铁和白心可锻铸铁，第一组数字表示铸铁的抗拉强度（MPa），第二组数字表示其断后伸长率。如 KTZ550-04 表示珠光体可锻铸铁，其抗拉强度为 550MPa，伸长率为 4%。

在实际生产中，黑心可锻铸铁因具有较高的塑性和韧性且铸造性能好，常用于制造如汽车和拖拉机的后桥壳、轮壳、转向机构，农具及管接头等形状复杂，承受冲击、振动和扭转载荷的零件；珠光体可锻铸铁的强度、硬度和耐磨性较好，可用于制造曲轴、连杆、凸轮、活塞和摇臂等强度和耐磨性要求较高的零件。

6.3 案例

案例1 灰铸铁能够通过整体淬火来强化吗？为什么？

灰铸铁中的片状石墨对基体组织具有强烈的割裂和削弱作用，对灰铸铁进行整体淬火并不能消除片状石墨及其负面作用，所以强化效果不明显。但可以进行表面淬火，提高表面硬度和耐磨性。

案例2 下列铸件各选用什么铸铁来制造？

1）机床床身、内燃机气缸体、支架、操纵手轮。

2）薄壁壳体、管接头、小铸件。

3）强度较高的曲轴、连杆。

铸件材料选择如下：

1）机床床身、内燃机气缸体、支架、操纵手轮选用灰铸铁。

2）薄壁壳体、管接头、小铸件选用可锻铸铁。

3）强度较高的曲轴、连杆选用球墨铸铁。

思考题

1. 化学成分和冷却速度对铸铁石墨化有何影响？

2. 为什么机床的床身、箱体都采用灰铸铁铸造？可否用钢板焊接？为什么？

3. 为什么可锻铸铁适宜制造壁厚较薄的零件？球墨铸铁却不适宜制造壁厚较薄的零件？

4. 灰铸铁薄壁处常有一高硬度层，切削加工困难，说明它产生的原因及消除方法。

5. 为什么力学性能要求较高的曲轴常用球墨铸铁制造？若曲轴的基体要求为珠光体组织，轴颈表层的硬度要求为50~55HRC，试确定其热处理的工艺方法。

6. 已知机床床身、机床导轨、汽车后桥外壳、柴油机曲轴等零件均采用铸铁制造，试根据零件的工作条件和性能要求，选择铸铁类型及相应的热处理工艺方法。

第7章　模具材料概述

各种模具材料的硬度、耐磨性、耐蚀性、塑性变形抗力、断裂抗力、冷热疲劳抗力等性能均有所不同，材料的性能必须满足模具的具体使用要求，否则将导致模具的早期失效。如模具工作在循环载荷下时，使用疲劳抗力低的材料将会产生疲劳裂纹，裂纹的不断扩展将引起模具的断裂失效。

模具寿命的高低是衡量模具质量的重要指标之一，模具的寿命受众多因素影响，通过对模具进行失效分析，找出模具失效的主要原因，采取相应的改进措施，可以达到提高模具寿命的目的。

7.1　模具及模具材料的分类

7.1.1　模具的分类

模具的分类方法很多，根据其工作温度、成形材料和用途可以进行以下几种分类。

1. 按模具加工坯料的工作温度分类

按模具加工坯料的工作温度，模具可分为以下三种。

（1）冷作模具　冷作模具是指在常温下进行加工的模具。

（2）热作模具　热作模具是指在高温下进行加工的模具，其工作温度高于成形材料的再结晶温度。

（3）温作模具　温作模具的工作温度介于以上两者之间。

2. 按模具成形的材料分类

按模具成形的材料，模具分为金属成形用模具和非金属成形用模具。

3. 按模具的用途分类

按用途不同，模具可分为锻造模具、冲压模具、挤压模具、拉拔模具、压铸模具、塑料模具、橡胶模具、陶瓷模具、玻璃模具和粉末冶金模具等。

将以上分类综合起来，可按工作条件将模具分为以下三大类。

（1）冷作模具　它包括冷冲裁模、冷镦模、冷挤压模、冷拉深模、冷拉丝模和冷压印模等。

（2）热作模具　它包括热锻模、热精锻模、热挤压模、压铸型和热冲裁模等。

（3）成形模具　它包括塑料模、橡皮模、陶瓷模、玻璃模和粉末冶金模等。

本书主要介绍冷作模具、热作模具和成形模具中的塑料模具的选材及热处理。

7.1.2　模具材料的分类

由于各种模具的工作条件差别很大，所以制造模具的材料范围很广，从一般的碳素结构钢、碳素工具钢、合金结构钢、合金工具钢、弹簧钢、高速工具钢和不锈钢，直到适应特殊模具需要的硬质合金、钢结硬质合金、高温合金、难熔合金、马氏体时效钢、粉末冶金高速工具钢、粉末冶金高合金模具钢以及铜合金、铝合金、锌合金和增强塑料等。

国内外一般根据用途将模具材料分为三大类：冷作模具材料、热作模具材料和塑料模具材料。塑料模具材料应属于热作模具材料的一种，但因其应用相当广泛而单独列出。

7.2　模具材料的主要指标

模具材料的主要指标包括使用性能和工艺性能。对于一副模具，如果单纯从材料的使用性能考虑，可能多种模具材料都能符合要求，只有综合考虑模具的使用寿命、制造工艺过程的难易程度、模具成本等众多因素，才能选择出符合实际应用情况的模具材料。

7.2.1　模具材料的使用性能

进行模具选材时，首先必须考虑模具材料的使用性能。在众多使用性能中，材料的耐磨性、韧性、硬度和热硬性是最主要的。当然，对于一副模具来说，可能其中的一种或两种性能是主要的，而另外的性能是次要的。

1. 耐磨性

模具工作时，其表面往往要与工件产生多次强烈的摩擦，在此情况下模具必须仍能保持其尺寸精度和表面粗糙度，即要求模具材料具有足够的耐磨性。模具材料的耐磨性往往是决定模具使用寿命的重要因素。

2. 韧性

对于承受强烈冲击载荷的模具，如冷作模具的冲头、锤锻用热锻模具、冷镦模具、热镦锻模具等，模具材料的韧性是十分重要的考虑因素。对于在高温下工作的模具，必须考虑其在工作温度下的高温韧性；对于受多向冲击载荷的模具，还必须考虑其等向性。

影响韧性的主要因素有钢的化学成分、组织和冶金质量。碳的质量分数越低，杂质越少，钢的韧性越高；细晶粒组织、板条马氏体、下贝氏体和高温回火组织都具有高的韧性。

3. 硬度和热硬性

硬度是模具材料的主要技术性能指标，模具在工作时必须具有高的硬度，才能保持原来的形状和尺寸。一般冷作模具钢要求硬度为60HRC左右，热作模具钢为45~50HRC，并且要求热作模具材料在其工作温度下仍保持一定的硬度。

热硬性是指模具材料在一定温度下保持其组织和硬度稳定的能力。对于热作模具材料和部分重载荷冷作模具材料，热硬性是重要的性能指标。

除上述性能外，还要根据不同模具的实际工作条件，分别考虑其实际要求的性能，如对于热作模具钢要考虑其抗冷热疲劳的性能；对于压铸模具应考虑其耐融熔金属冲蚀的性能；对于重载荷型腔模具应注意其等向性；对于高温工作的热作模具应考虑其在工作温度下的抗氧化性能；对于在腐蚀介质中工作的模具，应注意其耐蚀性；对于在重载荷下工作的模具，应考虑其抗压强度、抗拉强度、抗弯强度、疲劳强度及断裂韧度等。

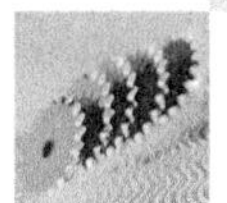

7.2.2 模具材料的工艺性能

在模具总的制造成本中，特别是对于小型精密复杂模具，模具材料的费用往往只占其总成本的10%～20%，有时甚至低于10%，而机械加工、热处理、表面处理、装配和管理等费用要占成本的80%以上。所以，模具材料的工艺性能是影响模具成本的一个重要因素。改善模具的工艺性能，不仅可以使模具的生产工艺简单、易于制造，而且可以有效地降低模具的制造费用。经常要考虑的模具材料的工艺性能有以下几种。

1. 可加工性

模具材料的可加工性包括冷加工性能和热加工性能，如切削、磨削、抛光、冷挤压、热塑性、热加工温度范围等。模具钢主要为过共析钢和莱氏体钢，冷加工和热加工性能一般都不太好，因此在生产过程中，必须严格地控制冷加工和热加工的工艺参数，以避免产生缺陷和废品；同时通过提高钢的纯净度，可减少有害杂质，改善钢的工艺性能，降低模具的制造费用。

2. 淬火温度和淬火变形

为了便于生产，希望模具材料的淬火温度范围要宽一些，特别是有些模具要求采用火焰淬火时，难以精确地测量和控制其温度，就要求模具钢必须具有较宽的淬火温度范围。模具在进行热处理时，要求其变形程度要小，特别是对于一些形状复杂的精密模具，淬硬以后难以修整，这就对淬火的变形程度要求更为严格。

3. 淬透性和淬硬性

淬透性主要取决于钢的化学成分、合金元素含量和淬火前的组织状态，淬硬性主要取决于钢的含碳量。大部分要求高硬度的冷作模具，对淬硬性要求较高；大部分热作模具和塑料模具，对硬度的要求不太高，往往更多地考虑其淬透性；一些大截面深型腔模具，为了使模具的心部也能得到良好的组织和均匀的硬度，要求选用淬透性好的模具钢。另外，对于形状复杂、要求精度高又容易产生热处理变形的模具，为了减少其热处理变形，往往尽可能采用冷却能力弱的淬火冷却介质，如油冷、空冷、加压淬火或盐浴淬火，这就需要采用淬透性较好的模具材料，以得到满意的淬火硬度和淬硬层深度。

4. 氧化、脱碳敏感性

模具在加热过程中，如果产生氧化、脱碳现象，就会改变模具的形状和性能，影响模具的硬度、耐磨性和使用寿命，导致模具早期失效。采用特种热处理工艺，如真空热处理、可控气氛热处理、盐浴热处理等，能够避免氧化和脱碳。

另外，模具钢的冶金质量对模具的使用寿命也有很大影响，所以生产精密、复杂、要求寿命长的模具时，必须选用冶金质量好的材料。

7.2.3 模具选材的一般原则

模具的选材跟其他零件选材一样，都要符合选材的一般原则，即使用性能足够、工艺性能良好、能保证供应、经济性合理。

在进行模具选材时，根据模具的使用条件和要求，除了必须考虑模具材料的主要性能与模具的使用条件要求相适应外，还需要考虑选用的模具材料的价格和通用性。

一般情况下，当生产的工件批量很大、模具的尺寸较小时，模具材料在模具制造费用中所占的份额很小，材料的价格可不作为主要考虑的指标，可以尽量选择比较高级的适用的模具材料。而对于大型或特大型形状较简单的模具，由于模具材料的费用将在总的制造成本中占较大的份额，所以可以根据生产工件的批量，选用价格较低的模具材料，或者模具本体选用价格低的材料，而在模具的关键工作部位如型腔或刃口处，采用镶块或堆焊的方法将高级的模具材料镶上去或堆焊上去，这样既能提高模具的使用寿命，又能降低材料的费用。

模具材料的通用性也是选用模具材料时必须考虑的因素。模具材料一般用量不大，且品种和规格很多，为了便于在市场上采购和备料，应该考虑材料的通用性。除了特殊要求以外，应尽可能采用大量生产的通用型模具材料。因为通用型模具钢技术比较成熟，积累的生产工艺和使用经验较多，性能数据也比较完整，便于在设计和制造过程中参考。另外，选用通用型模具材料也便于采购、备料和材料管理。

7.3　模具材料

模具材料对模具寿命的影响是模具材料的种类、化学成分、组织结构、硬度和冶金质量的综合反映，其中材料种类和硬度的影响最为显著。

7.3.1　模具材料的种类

不同模具材料的使用性能差异很大，不同模具和使用工况对模具材料的性能要求差别也很大。如冲裁模、拉深模等，对模具材料的强度和耐磨性要求高，且选用的模具材料强度越高、硬度越高、耐磨性越好，模具的使用寿命越长；冷镦模、冷挤压模等，选用的模具材料除具有高的强度和耐磨性外，还应具有较好的韧性；热锻模等选用的模具材料除具有高的高温强度、高温耐磨性、耐冷热疲劳性、热硬性及热疲劳性外，还应具有适当的韧性；锤锻模、高速锤锻模等，选用的模具材料除具有高的高温韧性外，还应具有适当的高温强度、热硬性及热疲劳性。

根据模具的工作状况，合理选择模具材料和热处理工艺有利于模具寿命的提高。选用模具材料及热处理工艺时，应考虑强度和韧性的最佳匹配，以使模具基体具有高的韧性，而表面具有高的硬度和耐磨性。

7.3.2　模具材料的硬度

模具材料的硬度对模具寿命影响很大，但并不是硬度越高，寿命越长。如采用T10钢制作硅钢片冲裁模，硬度为53~56HRC时，只冲几千次，模具便产生磨损，冲裁件毛刺就很大；若将硬度提高到60~63HRC，寿命可达2万~3万次；但如果继续提高硬度，则会使模具出现早期断裂。模具材料的硬度应根据其具体的工作状况及主要的失效形式进行合理选择。

7.3.3　模具材料的冶金质量

模具材料的冶金质量主要出现在大中型截面模具及高碳高合金模具钢中，其具体表现形式有非金属夹杂物、碳化物偏析、中心疏松和白点等缺陷。

非金属夹杂物强度低、脆性大，与钢基体的性能差异很大，可视为钢中的裂纹缺陷，它

会使钢的疲劳强度和韧性降低，导致钢早期断裂失效。

碳化物偏析若通过锻压加工及热处理得不到消除或改善，则会明显降低钢的塑性、韧性和断裂抗力等力学性能。另外，碳化物偏析使钢的工艺性能恶化，如增大热处理过热、过烧倾向，产生热处理变形及各向变形不均，易引起淬裂和磨裂等现象。

中心疏松和白点易造成模具毛坯的锻造开裂、淬火开裂以及在使用过程中发生脆断。中心疏松出现在模具工作面时，还容易使工作面凹陷。

冶金缺陷对模具材料的性能影响严重，因此必须按照技术标准对原材料进行严格的检查验收。

7.4 模具的制造工艺

模具的制造工艺包括锻造、热处理、切削加工、磨削加工和电加工等，每一种工艺的加工质量均不同程度地影响模具的损伤过程、失效形式和寿命。这里主要讨论锻造和热处理工艺对模具的影响。

7.4.1 锻造工艺

锻造的目的不仅是将坯料塑造成所需的形状，更重要的是改善模具钢的性能，如使大块碳化物破碎、分布均匀，改变流线方向、使流线合理分布，提高钢的致密度。

7.4.2 热处理工艺

热处理可使模具获得所需的组织和性能，保证其在正常服役条件下有一定的使用寿命。但如果热处理工艺不合理或操作不当，将会产生明显的热处理缺陷，使模具出现早期失效。

预备热处理的主要目的是为模具的机械加工和最终热处理做好组织准备，其最关键的因素是加热温度、冷却速度和保温温度的选择。

最终热处理的关键是淬火工艺的制订，其中包括淬火加热温度和淬火冷却速度的合理选择。若淬火温度过高，则会引起钢的过热甚至过烧，引起晶粒长大甚至晶界熔化，使模具的韧性下降，发生崩刃或早期断裂。淬火冷却速度过快或油温过低，都会出现淬火裂纹，导致早期断裂。淬火加热时的保护也很重要，如果保护不当，将引起模具表面脱碳，从而降低模具的耐磨性和疲劳强度。回火工艺也是最终热处理中的重要工序，回火一定要充分。对于用高合金钢制造的高精度模具，为提高模具的硬度和尺寸稳定性，淬火后可采用 -80 ~ -40℃ 的冷处理。冷处理后，立即进行回火。

7.5 模具的使用与维护

模具在工作过程中，必须注意正确使用和维护，否则将严重影响模具的使用寿命。

模具使用时应严格遵守操作规范，如要对模具进行正确的安装和调整，保证其良好的导向和刚性。

热作模具在工作前，应进行适当的预热，以提高模具材料的韧性，减小模具表面和心部的温差，以减小热应力。对模具进行预热时，应注意避免型腔表面因温度过高而软化，因此应注意预热方法。用红铁预热时，应避免其与型腔直接接触，以免使型腔表面温度过高而软化。图7-1所示为红铁预热法示意图，其中图7-1a所示的预热方法是正确的，而图7-1b所示的方法是错误的。

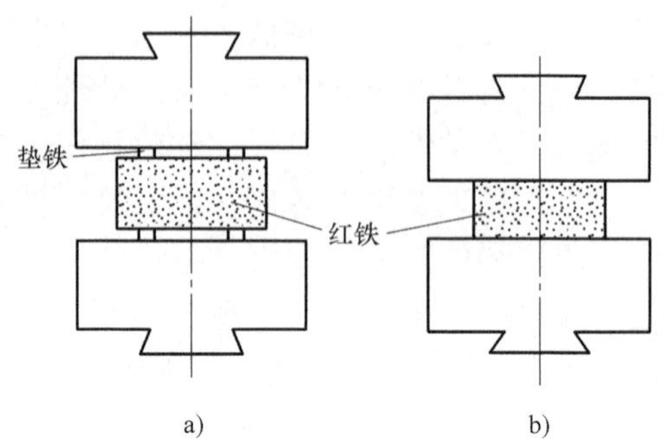

图7-1 红铁预热法示意图
a）正确的方法 b）错误的方法

热作模具在工作时必须进行强制冷却，否则模具型腔将由于受热而很快软化。在强制冷却时，应选择适当的冷却速度和冷却后的下限温度。因为过于激烈的冷却方法或过低的下限温度易引起冷热疲劳。冷却时，既要降低其上限温度，又要有一个不太低的下限温度，尽量减小温度的波动幅度。其具体要求是：模具的上限温度最好低于其回火温度，而模具的下限温度可保持在200～300℃（相当于预热温度）。这样既可保证模具的工作面不会很快软化，又可使模具保持较好的韧性和较小的温度波动，避免发生早期冷热疲劳。中途停工时，不应使模具冷却到室温。因为模具冷却到室温，很容易发生开裂（沿冷热疲劳裂纹开裂），所以应采取适当的措施对模具进行保温，使其温度不低于工作时的下限温度，以避免产生过高的内应力。

大型热作模具或冷作模具在工作过程中由于受热不均匀或局部发生组织转变，会在模具内积累内应力，并逐渐增大。许多模具的开裂就是由内应力引起的。为了避免在模具内积累过大的内应力，可在模具使用一段时间后，将模具卸下，进行去应力回火。由于这是在使用期内进行的，因此又称为中间去应力回火。根据多方面的经验，对模具进行中间去应力回火可延长其使用寿命，避免早期断裂。

模具工作时的润滑条件对其寿命及失效形式也有很大的影响。正确的润滑可减轻模具承受的载荷，防止在型腔表面出现咬合磨损或粘附坯料金属。但是若润滑不当，则会加速模具的失效。例如对热作模具过多地使用易燃性润滑剂，则有可能由于润滑剂燃烧汽化，产生大量的气体，冲刷模具的工作面，形成气蚀沟，使模具很快失效。

此外，模具入库后的缓蚀处理和及时修模，也可以延长模具的使用寿命。

7.6 案例

模具制造工艺对模具性能主要有哪些影响？

影响因素如下：

1）机械加工工艺的影响。切削加工时若没有彻底去除材料表面的脱碳层，则会降低模具的表面硬度，增大模具磨裂及淬裂的倾向。若切削的表面粗糙、尺寸连接处不光滑或留有尖角和加工刀痕，则将产生疲劳裂纹，造成模具疲劳失效。磨削加工时若进给量过大、冷却不足，则容易产生磨削裂纹和磨削烧伤，减低模具的疲劳强度和断裂抗力。电火花成形及线切割加工，会使模具表面产生拉应力和显微裂纹，导致表面剥落和早期开裂。若材料淬火后的内应力很高，则电火花加工时应力会重新分布，引起模具变形或开裂。

2）锻造工艺的影响。锻造工艺不合理，会降低钢材的性能，造成锻造缺陷，形成导致

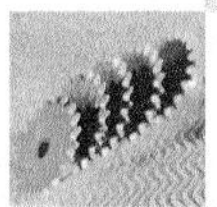

模具早期失效的隐患。常见的锻件表面缺陷有裂纹、折叠、凹坑等，内部缺陷有组织偏析、流线分布不合理、疏松、过热、过烧等。

3）热处理工艺的影响。模具淬火加热时若温度过高，则容易造成模具过热、过烧，冲击韧度下降，导致早期断裂。若淬火温度过低，则降低模具的硬度、耐磨性及疲劳强度，容易造成模具的塑性变形、磨损失效。淬火加热时不注意采取保护措施，会使模具表面氧化和脱碳，脱碳将造成淬火软点或软区，降低模具的耐磨性、疲劳强度和抗咬合性能，影响其使用寿命。淬火冷却速度过快或油温过低，模具容易产生淬火裂纹。如果回火温度太低，而且不够充分，将无法消除淬火过程中的残余应力而使模具的韧性降低，容易发生早期断裂。

思考题

1. 模具及模具材料一般可分为哪几类?
2. 选用模具材料时主要考虑哪些因素?
3. 试说明模具材料对模具使用性能和寿命的影响。
4. 磨损的主要类型有哪些?在各类磨损过程中，耐磨性的主要影响因素是什么?
5. 模具失效主要有哪些形式?
6. 模具失效分析的意义是什么?
7. 影响模具使用寿命的因素主要有哪些?
8. 正确使用和维护模具应注意哪些方面的问题?

第8章　热作模具材料及其热处理

热作模具长时间在反复急冷急热的条件下使用，工作温度在300～700℃，因此要求模具材料能稳定地保持各种力学性能，特别是热强性、热疲劳性和韧性。一般选用热导率较高、碳的质量分数为0.3%～0.6%的合金钢制造热作模具。

8.1　热作模具的工作条件及失效形式

热作模具在工作中除承受机械负荷外，还承受热负荷，其失效形式比冷作模具复杂。不同的热作模具由于工作条件不同，其失效形式和影响因素也各不相同。

8.1.1　锤锻模

1. 锤锻模的工作条件

锤锻模是在模锻锤上使用的热成形模具。图8-1所示为锤锻模的工作示意图，锤锻模上模与锤头固定，下模与工作台的模座固定，工作时上模随锤头向下运动，与下模合模的过程中成形模锻件。锤锻模工作过程中承受的机械负荷主要是冲击力和摩擦力，热负荷主要是交替进行的加热和冷却。

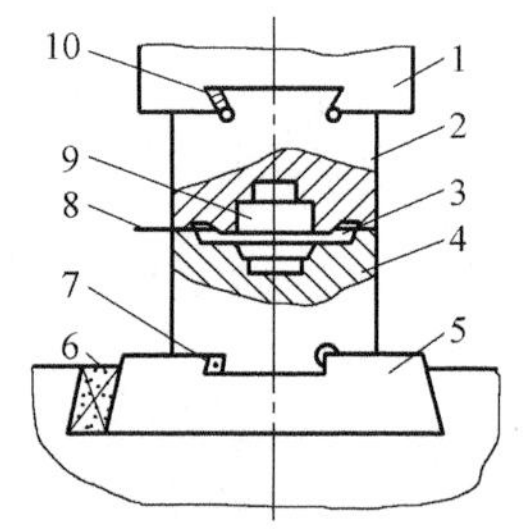

图8-1　锤锻模的工作示意图
1—锤头　2—上模　3—飞边槽　4—下模　5—模座　6、7、10—紧固楔铁　8—分型面　9—模膛

锤锻模在工作时除了承受巨大的冲击载荷外，还受到很大的压应力、拉应力和弯曲应力，其型腔表面因与1000～1200℃的炽热金属坯料接触而被加热，锻压时，模具被快速加热，升到很高温度，锻压结束时，又用水、油或空气冷却，如此反复加热和冷却，会使模具表面产生较大的冷热应力。同时，加工坯料和锻模模膛之间还有强烈的摩擦。

2. 锤锻模的失效形式

锤锻模在复杂的工作条件下使用，其失效形式也复杂多样。锤锻模的基本失效形式有模膛部分的模壁断裂、模膛表面热疲劳、塑性变形、磨损及锤锻模燕尾开裂等。

8.1.2　热挤压模

热挤压模包括热镦模、精锻模和高速锻模。

1. 热挤压模的工作条件

热挤压模是指使炽热金属直接被挤压成各种型材、异型材或管材的模具。热挤压模承受巨大的压力，但冲击力不太大，其所承受的冲击载荷小于锤锻模。热挤压模工作时，与炽热金属接触的时间比锤锻模长，受热严重（工作温度高达600～800℃），其温升与挤压金属、

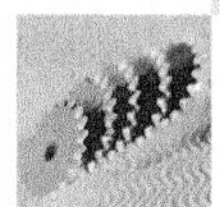

挤压工艺和毛坯尺寸有关。热挤压模急冷急热的冷热应力变化幅度大于锤锻模，同时，坯料与型壁之间的摩擦也较大。

2. 热挤压模的失效形式

热挤压模的失效形式有脆断、冷热疲劳（裂纹或断裂）、塑性变形（型面塌陷和堆塌）、磨损及表面氧化腐蚀。

8.1.3 压铸型

1. 压铸型的工作条件

压铸型是指在高压下使液态金属压铸成形的一类模具。如图 8-2 所示，压铸型工作时与高温的液态金属接触，不仅受热时间长，而且受热的温度比热锻模要高（压铸非铁金属时为 400～800℃，压铸钢铁材料时达 1000℃以上），同时承受很高的压力（20～120MPa）。此外，反复加热和冷却以及金属液流的高速冲刷也使压铸型产生磨损和腐蚀。

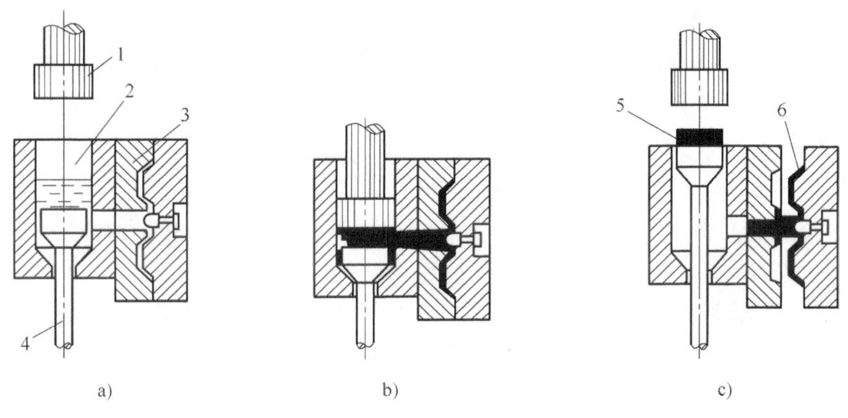

图 8-2　压铸型的工作示意图

a）合型并注入金属液　b）加压凝固成形　c）开型取出铸件

1—工作活塞　2—压缩室　3—压铸型　4—下活塞　5—剩余金属　6—铸件

2. 压铸型的失效形式

压铸型的失效形式有热疲劳开裂（出现网状裂纹）、热磨损和热熔蚀。

8.1.4 热冲裁模

热冲裁模包括切边模和冲孔模。

1. 热冲裁模的工作条件

热冲裁模是指利用锻造余热对锻件进行切边、冲孔、修整的一类模具。在切边时，凸模无刃口，只起传力作用，由凹模刃口切去飞边、连皮。切边凹模要完成剪切过程，因而凹模刃口与毛坯相摩擦，同时承受一定的冲击载荷，刃口还要受热升温，所以工作条件苛刻。凸模在工作中承受冲击及摩擦。

2. 热冲裁模的失效形式

热冲裁模的失效形式有凹模刃口磨损、崩刃、卷边，凸模断裂和磨损。

8.2 热作模具材料的性能要求

8.2.1 热作模具材料的使用性能要求

热作模具在工作条件下表面与心部温差较大。这是由于根据模具类型和型腔结构的不同，其表面温度在550～750℃范围内波动；而开始工作时，如果模具不经预热或预热不当，心部温度则较低，往往与室温相当。热作模具型腔早期塑性变形失效或开裂失效与材料的高温屈服强度或塑性不够有很大的关系，因此对热作模具材料提出以下使用性能要求。

1. 高温强度

要求热作模具材料在其使用温度下仍保持一定的强度，并且具有良好的热稳定性，以防止模具发生变形。

2. 韧性

很多热作模具特别是锤锻用模具，在工作过程中经常要承受较大的冲击载荷，为了防止模具开裂，要求热作模具材料具有较高的冲击韧度和断裂韧度。

3. 热疲劳抗力

大部分热作模具都是在周期性的温度急剧变化的情况下工作的，这会在模具表面产生应力。为防止模具表面产生热疲劳裂纹，要求热作模具材料具有良好的热疲劳抗力。

4. 化学稳定性

热作模具往往在较高的温度下工作，模具工作面与空气、液态金属或其他介质接触，因此要求热作模具材料具有在工作温度下的抗氧化性能或抗液态金属冲蚀的性能。

5. 耐磨性

由于热作模具工作时除受到毛坯变形时产生的摩擦磨损作用外，还受到高温氧化腐蚀和氧化铁屑的研磨，这就要求热作模具材料具有较高的硬度和耐磨性。

6. 导热性

为了使热作模具不致因积热过多而导致力学性能下降，要尽可能降低型腔表面温度，减小与模具内部的温差，这要求热作模具材料具有良好的导热性。

8.2.2 热作模具材料的工艺性能要求

热作模具从原材料到制成模具要经过各种冷热加工，模具材料工艺性能的好坏将直接影响热作模具材料的推广和应用，因此，对热作模具材料提出以下工艺性能要求。

1. 锻造成形性

各种热作模具材料在相同的热加工工艺参数下，材料的高温强度越低、伸长率越大，则该材料的锻造变形抗力越小，成形性也就越好。

2. 淬火工艺性

热作模具一般尺寸比较大，热锻模尤其如此。所以，为了使整个模具截面的力学性能均匀，要求热作模具材料具有较高的淬透性。

3. 切削工艺性

在热作模具的加工费用中，切削加工费用约占总加工费用的90%，所以热作模具材料切

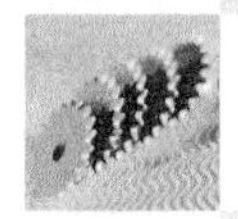

削加工工艺性的好坏将直接影响其推广和应用。

8.3 热作模具材料的选材及热处理

热作模具材料主要包括热作模具钢、高温合金、硬质合金、难熔合金及压铸型用铜合金等，其中热作模具钢占有首要位置。本节将重点介绍热作模具钢的特点、热处理规范及应用范围。

8.3.1 热作模具钢

热作模具钢一般碳的质量分数不高（0.3%～0.6%），是含有 Cr、Ni、Mn、Si、Mo、W 等合金元素的亚共析钢。热作模具钢中的碳的质量分数不能太低，否则不能保证一定的硬度，而碳的质量分数太高又会使韧性和导热性降低。合金元素 Ni 能提高钢的强度和韧性，对于同时含有 Cr、Ni 的钢来说，Ni 还能大大提高钢的淬透性和耐回火性；Cr 主要用于提高钢的淬透性、耐磨性和耐回火性，Cr 的质量分数在 1% 左右时，能较明显地提高钢的冲击韧度，但 Cr 有增大回火脆性的倾向；Mn 主要用来代替 Ni，它对提高钢的强度和韧性的作用比 Ni 差，但对淬透性的有利影响不亚于 Ni，Mn 会增大钢的过热敏感性并易引起回火脆性；W 和 Mo 也是提高钢的淬透性和耐回火性的元素，同时可以细化晶粒，提高韧性，加 W 和 Mo 的重要作用是减少或抑制回火脆性；Cr、Ni、W 又能起到提高热疲劳性能的作用。

热作模具钢的分类见表 8-1。

表 8-1 热作模具钢的分类

按用途分类	按性能分类	按合金元素分类	牌号
锤锻模用钢	高韧性热作模具钢	低合金热作模具钢	5CrNiMo、5CrMnMo、4CrMnSiMoV、5Cr2NiMoVSi
热挤压模用钢、压铸型用钢	高热强热作模具钢	钨系热作模具钢、铬系热作模具钢、铬钼系及铬钨钼系热作模具钢	3Cr2W8V、4Cr5MoSiV（H11）、4Cr5MoSiV1（H13）、4Cr3Mo3SiV（H10）、3Cr3Mo3VNb（HM3）、3Cr3Mo3W2V（HM1）、5Cr4W5Mo2V（RM2）、4Cr3Mo3W4VNb（GR）、5Cr4Mo3SiMnVAl（012Al）
热冲裁模用钢	高热强热作模具钢 高耐磨热作模具钢	钨系热作模具钢 铬系热作模具钢	3Cr2W8V、3Cr3Mo3W2V 8Cr3

下面将分别介绍各类热作模具钢的典型钢种及热处理工艺。

1. 锤锻模用钢

锤锻模用钢的典型钢种有 5CrNiMo、5CrMnMo、4CrMnSiMoV 和 5Cr2NiMoVSi 等。

5CrNiMo 钢具有良好的韧性、强度和高的耐磨性，由于其含有钼，可逆回火脆性不敏感，还具有良好的淬透性，可制作大中型锤锻模，但易形成白点，需要严格控制冶炼工艺及锻后冷却方式。

5CrMnMo钢相对5CrNiMo钢而言，其韧性、热疲劳性能和淬透性稍差，并且过热倾向较大，可制作中小型锤锻模。

5Cr2NiMoVSi钢加热时奥氏体晶粒长大倾向小，热处理加热温度范围宽，具有好的高温强度、热疲劳性能和韧性及高的淬透性，可制作大截面锤锻模。

此类钢在空气中冷却既易淬硬又易形成白点，所以锻造后应缓慢冷却。大型锻件在600℃炉中保温至内外温度一致后，随炉冷却到150～200℃后再进行空冷。

对这类钢进行退火的目的是消除锻造应力，降低硬度，细化晶粒，改善机械加工性能。一般的锤锻模采用不完全退火即可，对于纤维组织严重的大型模坯，应采用完全退火，退火后硬度为197～241HBW。

锤锻模的淬火加回火工艺为：加热至840～860℃，油冷淬火，450～500℃回火两次，硬度为51～53HRC，每次回火后均需采用油冷，以防回火脆性的产生。

特别应指出的是，这类钢尤其是5CrNiMo和5CrMnMo两种钢，无论是淬火还是回火，都不能在油中冷却到室温，否则容易开裂。

2. 热挤压模用钢

热挤压模常用的是钨系热作模具钢和铬系热作模具钢，还有新型的铬钼系、钨钼系、铬钼钨系及基体钢等。钨系热作模具钢中的3Cr2W8V钢是我国热作模具的传统用钢，要求高承载能力、高热强性和高耐回火性的压铸型、热挤压模、压型模等常选用此种钢。铬系热作模具钢（中耐热、中碳中铬钢）中的典型钢种是4Cr5MoSiV和4Cr5MoSiV1。

（1）铬系热作模具钢 铬系热作模具钢的共同特性有：高的淬透性；热疲劳性能较好；耐回火性高；过热敏感性小；较高的韧性，但高温强度不足，耐热性稍差，工作温度低于650℃；热塑性较高，变形抗力小，锻造开裂倾向较小，但锻造温度范围窄，应严格控制锻打温度。

1）4Cr5MoSiV钢。此钢是一种空冷硬化型热作模具钢，铬的质量分数为5%，淬透性很高，厚度在150mm以下的材料空冷即可淬硬。该钢在中温时具有较好的热强度、韧性和耐磨性，在工作温度下具有较好的热疲劳性能。此外，其抗氧化性能好，热处理变形小。

与5CrNiMo钢相比，4Cr5MoSiV钢的热强度和耐磨性都较高，韧性相近，淬透性较高，是制作锻模的好材料。它韧性较高，甚至在淬火状态也具有一定的韧性。由于它热疲劳性能特别好，因此用它制作高速锤锻模是非常理想的，有时也用于制作压铸型和热挤压模等。

4Cr5MoSiV钢的碳的质量分数不高，热塑性较好，易于锻造和轧制。锻后应采用炉冷或在缓冷坑中冷却，并及时进行退火处理，其淬火加热温度为1000～1020℃，采用油冷淬火或分级淬火均可，淬火硬度为55～57HRC。4Cr5MoSiV钢的冲击韧度随回火温度的升高而升高，在200℃回火时达到最大值，如继续升高回火温度，则冲击韧度开始下降，在500℃时，冲击韧度降到最低。因此，用此钢制作的模具应避免在500℃左右进行回火，也应避免在此温度范围进行化学热处理。

2）4Cr5MoSiV1钢。此钢是国际上广泛应用的一种空冷硬化热作模具钢。它具有较高的韧性和耐冷热疲劳性能，不容易产生热疲劳裂纹，即使出现热疲劳裂纹也细而短，不容易扩展。4Cr5MoSiV1钢同时具有较高的热强度，是一种强韧兼备的质优价廉的钢种，既可用作热锻模材料，也可用作型腔温升低于600℃的压铸型材料。与4Cr5MoSiV钢相比，此钢中钒的质量分数较高，因此4Cr5MoSiV1钢的热强性和热稳定性高于4Cr5MoSiV钢。

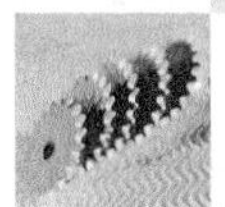

用4Cr5MoSiV1钢制作的模具，应选1050～1080℃加热，油冷淬火后的硬度为54～57HRC；对于要求韧性较好的模具，应选1020～1050℃加热，油冷后硬度为53～56HRC。4Cr5MoSiV1钢的淬火加热应先经过两次预热，冷却可采用空冷、油冷，也可采用分级冷却，但分级冷却的分级温度最好选择得低些，如350～500℃，也有选择在500～560℃分级的。4Cr5MoSiV1钢的回火温度要避开500℃，以高于500℃、低于650℃为宜。

（2）铬钼系及铬钨钼系热作模具钢（高耐热钢） 此类钢的典型钢种有4Cr3Mo3SiV（H10）、3Cr3Mo3VNb（HM3）、3Cr3Mo3W2V（HM1）、5Cr4W5Mo2V（RM2）、4Cr3Mo3W4VNb（GR）和5Cr4Mo3SiMnVAl（012Al）。

3Cr3Mo3W2V（HM1）钢具有较高的热强度、热疲劳性能，良好的耐磨性和耐回火性，而且其冷、热加工性能好，淬火温度范围宽。

5Cr4W5Mo2V（RM2）钢具有较高的热硬性、高温强度以及耐磨性，可进行一般的热处理或化学热处理。

5Cr4Mo3SiMnVAl（012Al）基体钢是冷热两用的新型模具钢。作为冷作模具钢，它和Cr12型钢相比有较高的韧性；作为热作模具钢，它和3Cr2W8V钢相比有较高的高温强度和较好的热疲劳性能。

高耐热钢典型钢种的退火工艺如图8-3和图8-4所示。

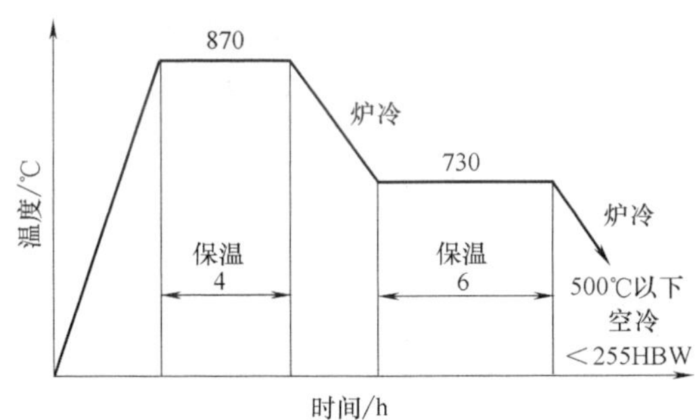

图8-3 3Cr3Mo3W2V钢的锻后等温退火工艺

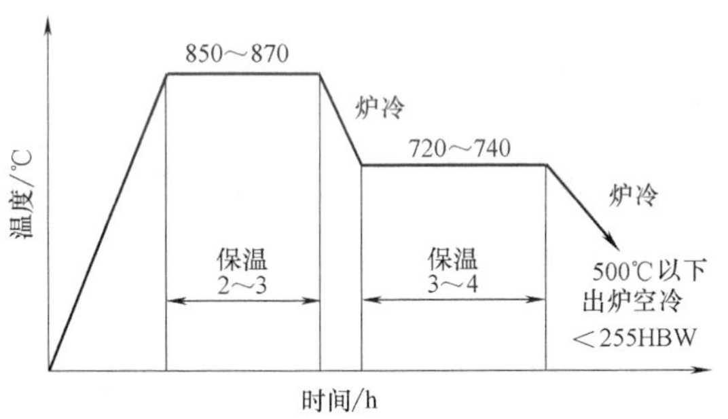

图8-4 5Cr4W5Mo2V钢的锻后等温退火工艺

高耐热钢典型钢种的淬火加回火工艺见表8-2。

表8-2 高耐热钢典型钢种的淬火加回火工艺

牌号	淬火温度/℃	油淬硬度HRC	回火温度/℃	回火硬度HRC
3Cr3Mo3W2V	1060～1130	52～56	640～680	39～54
5Cr4W5Mo2V	1130～1160	56～58	600～630	50～56
5Cr4Mo3SiMnVAl	1090～1120	60～62	620～640	50～60

注：选择回火温度时，提高耐磨性选下限，提高韧性选上限。

3. 热冲裁模用钢

热冲裁模用钢的典型钢种有5CrNiMo、4Cr5MoSiV、4Cr5MoSiV1和8Cr3，这里主要介绍8Cr3钢。

8Cr3钢是在T8中添加一定量的铬。由于铬的存在，该钢具有较高的淬透性和一定的室温强度、高温强度，而且形成了细小、均匀分布的碳化物。

8Cr3钢的锻造加热温度为1150～1180℃，始锻温度为1050～1100℃，终锻温度高于800℃，锻后坑冷或热砂缓冷。

8Cr3 钢的锻后退火工艺如图 8-5 所示。

8Cr3 钢的淬火加回火工艺：淬火温度为 850 ~880℃，油冷，回火温度为 480 ~ 520℃，回火硬度为 41 ~46HRC。为避免淬火开裂及变形，油冷前可在空气中预冷至 780℃后入油，油冷到 150 ~200℃时出油，并立即回火，回火温度不能低于 460℃。

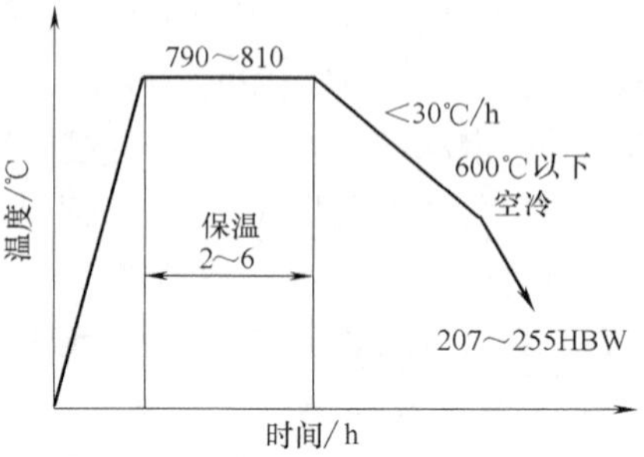

图 8-5 8Cr3 钢的锻后退火工艺

8.3.2 其他热作模具材料

1. 高温合金

当挤压耐热钢管时，模具温度高达 900 ~ 1000℃，这时需采用高温合金来制作模具。高温合金的种类很多，有铁基、镍基、钴基合金等，其中铁基高温合金 A-286 用于制造热挤压黄铜的模具；镍基高温合金用于制造挤压钢零件或挤压钢管的凹模或芯轴等；钴基高温合金的工作温度更高，热疲劳性能更好，使用寿命更长。

2. 硬质合金

硬质合金具有很高的热硬性和耐磨性，还有良好的热稳定性、抗氧化性和耐蚀性，因此可用于制造热作模具。对于工作温度较高的凸模或凹模，可以采用硬质合金镶块模；钨钴类硬质合金（镶块）可用于热切边凹模、压铸型、工作温度较高的热挤压模等；奥氏体不锈钢硬质合金可用于高温热挤压模、热冲孔模、热平锻模；高碳高铬合金钢结硬质合金可用于热挤压模。

3. 难熔合金

钢的熔点为 1450 ~ 1540℃，钢铁材料压铸型型腔的工作温度可高达 1000℃，型腔表面会受到严重氧化、腐蚀及冲刷，使模具寿命很短，因此，希望有熔点较高的金属能满足这方面的性能要求。通常将熔点在 1700℃以上的金属称为难熔金属。难熔金属中钨、钼、铌的熔点在 2600℃以上，其再结晶温度高于 1000℃，可长时间在 1000℃以上工作。在热作模具中，应用较多的是难熔合金，如钼基合金和钨基合金，其中 TZM 合金是钼基合金的代表，AN-VILOY1150 合金是钨基合金的代表。这类材料的特点是熔点很高，高温强度较高，耐热性、耐蚀性好，有优良的导热性、热疲劳性能，不粘附熔融金属，塑性较好，便于成形加工。它主要用于制作在较高温度下工作的模具，如铜合金和钢铁材料的压铸型以及钛合金和耐热钢的热挤压模等。

4. 压铸型用铜合金

钢铁材料压铸时，型腔的工作温度可达 1000℃以上，会在型腔截面形成很大的温度梯度，而铜合金因导热性好，使模具的温升和内部的温度梯度大为降低，从而降低了模具的应变和应力，使其强度足够承受压铸时的压力，同时也减轻了热疲劳作用。同时，铜合金弹性模量小，热膨胀系数小，不会发生相变，性能及尺寸稳定，加工性能良好，制造成本低。

常用的压铸型用铜合金有铍青铜合金、铬锆钒铜合金和铬锆镁铜合金。它们经过固溶处理与时效处理，可用于钢铁件的压铸型，其使用寿命高于各种热作模具钢。

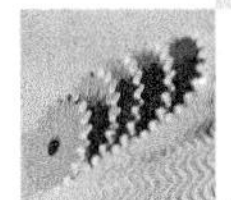

8.3.3 热作模具的选材

选择热作模具的材料时，首先要满足模具的使用性能要求，同时兼顾材料的工艺性和经济性。在确定模具使用性能时，应从模具在工作中的受力、受热和冷却情况、模具的形状与尺寸、压制件的材质、形变方式、变形量、变形速度以及润滑条件等方面加以综合考虑。

1. 锤锻模的选材

锤锻模一般选用低合金高韧性模具钢。对于形状简单的中小型（<3t）锻模，可选用5CrMnMo钢；对于大型（>3t）及形状复杂的锤锻模，可选用5CrNiMo钢和4CrMnSiMoV钢；对于大型、重载锤锻模，可选用5Cr2NiMoVSi钢。

2. 热挤压模的选材

热挤压模材料首先应根据挤压金属的种类及其挤压温度来决定，其次考虑挤压比、挤压速度和润滑条件等因素。热挤压模因工作条件恶劣，一般采用高温性能较好的材料制造，最常用的是3Cr2W8V钢，其次是4Cr5MoSiV、4Cr5MoSiV1和3Cr3Mo3VNb钢。对于形状简单的小型模具，可采用5CrMnMo钢；对于加工某些塑性变形抗力大的铜合金和钢材的模具，也常用基体钢和钢结硬质合金。

热作模具除需要选择适当的材料外，还应注意适当的使用硬度。一般来说，适当提高硬度有利于提高耐磨性及抗塌陷、抗冲蚀能力，而适当降低硬度则有利于减少开裂和改善疲劳性能。

3. 热冲裁模的选材

热冲裁模受高温高冲击载荷作用，所用材料的性能一般较好，常用于各种中小型模具的有5CrNiMo、3Cr2W8V和3Cr3Mo3VNb等钢，另外，也可采用4Cr5MoSiV、4Cr5MoSiV1、W18Cr4V和W6Mo5Cr4V2等钢。

4. 热镦模的选材

热镦锻件包括从小型螺钉到较大截面法兰的各种零部件。加工中小型碳素钢和低合金钢制品用模具时，一般采用5CrMnMo、5CrNiMo和3Cr2W8V等钢；加工较大型工件和不锈钢、耐热钢制品时，则常选用3Cr3Mo3VNb、4Cr5MoSiV、4Cr5MoSiV1、W6Mo5Cr4V2、4Cr3W4Mo2VTiNb等钢及基体钢和钢结硬质合金等。

8.3.4 热作模具的制造工艺路线

1）锤锻模的制造工艺路线一般为：下料→锻造→退火→机械粗加工→无损检测→淬火加回火→钳修→抛光。

对于形状复杂、机械加工量很大的模具，在粗加工后应进行中间去应力退火，以消除机械加工应力。

2）热挤压模的制造工艺路线一般为：下料→锻造→预备热处理→机械加工→淬火加回火→精加工。

8.4 案例

案例1 热挤压模的穿孔冲头。

热穿孔冲头的结构示意图如图 8-6 所示，其工作示意图如图 8-7 所示。

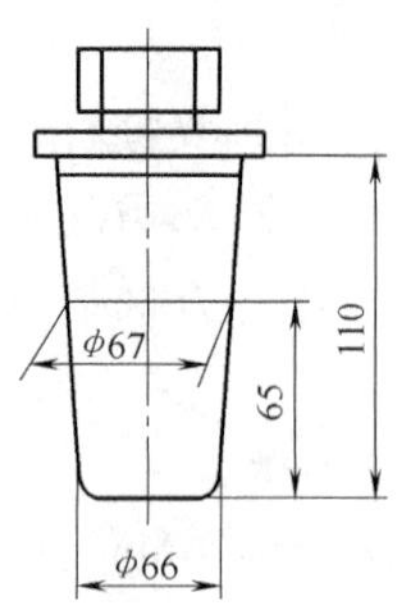

图 8-6 热穿孔冲头的结构示意图

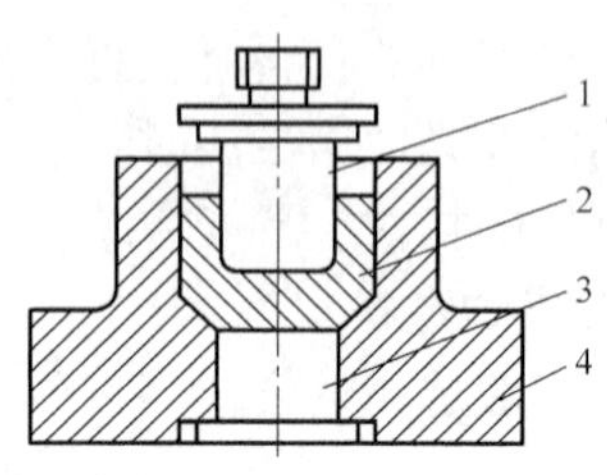

图 8-7 热穿孔冲头的工作示意图

1—冲头 2—坯料 3—底冲 4—凹模

热穿孔冲头用 3Cr2W8V 钢制造，按常规工艺进行淬火加回火，硬度为 50HRC 左右。被挤压毛坯材料为 30CrMnSi 钢，尺寸为 $\phi85\text{mm}\times62\text{mm}$，加热至 1200℃进行反挤压加工。锻压设备为 4000kN 立式水压机，工作频率为 5 ~ 6 次/min，每次脱模后对冲头喷自来水进行冷却。每个冲头的平均寿命为 199 件产品，最高为 324 件，最低为 117 件，其失效形式为冲头头部镦粗变形。通过改变模具的结构，其寿命仍能令人满意。实践证明，当模具工作温度达到 700℃以上时，采用马氏体型热作模具钢制造模具，无法获得高的寿命，而改用高锰奥氏体高热强无磁模具钢 7Mn15Cr2Al3V2WMo 制造模具，经高温固溶处理和 700℃时效处理，可具有更高的热强性，从而能进一步提高热作模具的寿命。

案例 2 气门热锻模。

气门热锻模的结构如图 8-8 所示，下模由模芯、模座和模套组成。模座和模套用 45 钢制造，模芯用 3Cr2W8V 钢制成。

模具工作时，热锻工件（见图 8-9）的温度高达 1100 ~ 1200℃，模具表面温度可达到 600 ~ 700℃，在工作过程中被软化到 30HRC，容易发生塑性变形。一些要求极高的气门，既要求圆弧部位保留锻造热加工流线而不允许机械加工切削，又要求有较高的外观质量。精密锻造的气门在圆弧部位表面有细微瑕疵时即为不合格，而模具在采用氮碳共渗处理时，渗氮层在圆弧部位附近易产生微观开裂和微观折叠，从而影响精密锻造气门圆弧部位的外观质量。将 4Cr3Mo2NiVNb 钢用于制造气门热锻模时，可获得良好的效果，其淬火温度为 1130 ~ 1180℃，油淬至 150℃后进行空冷，淬火硬度为 54HRC；在 570 ~ 590℃时回火 2h，油冷到

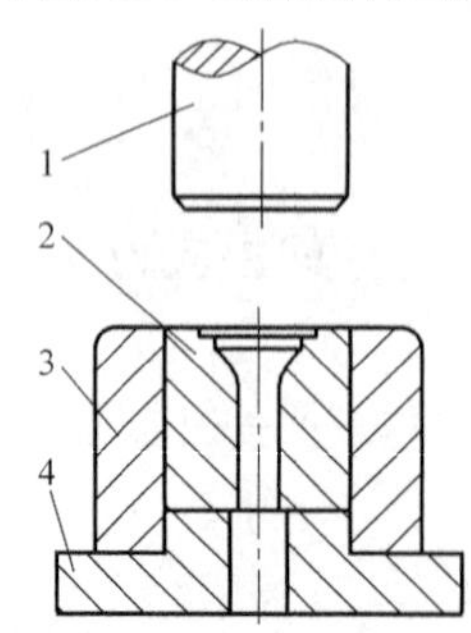

图 8-8 气门热锻模的结构

1—上模 2—下模芯

3—下模套 4—下模座

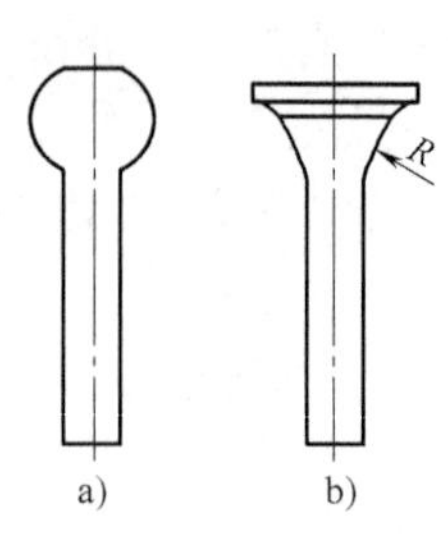

图 8-9 气门

a）热镦后气门毛坯上端呈蒜头状

b）热锻后的气门毛坯

150℃后进行空冷，硬度为51.5HRC，在570℃再进行氮碳共渗。经氮碳共渗的热锻模在精密锻造21－4N奥氏体耐热钢制气门时，寿命均高于500支，而3Cr2W8V钢制模具只有230支。

思考题

1. 归纳热作模具的工作条件及失效形式。

2. 简述热作模具的性能要求。

3. 热作模具钢的化学成分有什么特点？

4. 常用锤锻模用钢有哪些？5CrNiMo钢的性能特点和应用范围是什么？

5. 5CrNiMo、5CrMnMo钢制锤锻模淬火、回火时应注意哪些问题？锤锻模的燕尾可采用哪些方法处理？

6. 常用热挤压模具钢有哪些系列？举出各系列的典型钢种，并比较铬钢、铬钼钢和铬钨钼钢的成分、性能和应用上的区别。

7. 有哪些基体钢可用于制作热作模具？其性能特点是什么？

8. 热挤压模的预备热处理方法有哪些？各用于什么场合？

9. 热挤压模对材料性能有哪些要求？其淬火、回火工艺的制订应注意什么问题？

10. 热作模具材料的选用应考虑哪些主要因素？

11. 分析3Cr2W8V钢制压铸型的热处理工艺特点。

第9章 塑料模具材料及其热处理

塑料模具在塑料成型加工中不可缺少。随着塑料制品需求量的不断增加，塑料模具所占模具总产量的比例越来越大。塑料模具形状复杂，表面粗糙度值要求低，制造难度大。综合分析塑料模具的工作条件及失效形式，合理选用塑料模具材料，对保证质量、提高寿命、降低成本非常重要。

9.1 塑料模具的工作条件及失效形式

塑料模具根据其成型方法的不同，可分为注射模、压缩模、压注模、挤出模和气动成型模等；根据其成型材料的不同，可分为热固性塑料模和热塑性塑料模，其中热固性塑料模主要包括压缩模和压注模，热塑性塑料模主要包括注射模、挤出模和气动成型模等。不同的塑料模具，其工作条件及失效形式各不相同，对模具材料的性能要求也不同。

9.1.1 塑料模具的工作条件

1. 热固性塑料模的工作条件

热固性塑料主要有酚醛塑料（即胶木）、氨基聚酯、环氧树脂、聚邻苯二甲酸二烯丙酯（PDAP）、有机硅塑料和硅酮塑料等。热固性塑料是在固态下加热、加压，在模具型腔内被压缩或压注而成型的。图9-1所示为热固性塑料压缩成型工作示意图，热固性塑料在模具型腔内成型时，模具型腔将直接与塑料接触，承受压力、温度、摩擦和腐蚀等作用。

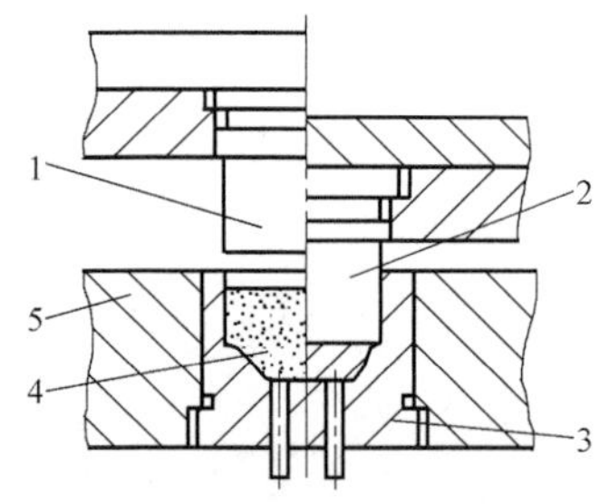

图9-1 热固性塑料压缩成型工作示意图
1—压制前的凸模位置 2—压制后的凸模位置 3—凹模 4—塑料 5—凹模模套

热固性塑料模的工作温度一般为160～250℃，工作压力一般为160～200MPa，个别的要达到600MPa，工作中型腔面易磨损，并承受一定的冲击载荷和腐蚀作用。

2. 热塑性塑料模的工作条件

热塑性塑料主要有聚酰胺、聚甲醛、聚乙烯、聚丙烯和聚碳酸酯等。热塑性塑料是在黏流状态下，被注射或挤压进入模具型腔内而成型的。图9-2所示为热塑性塑料注射成型工作示意图，当热塑性塑料进入模具型腔时，模具型腔同

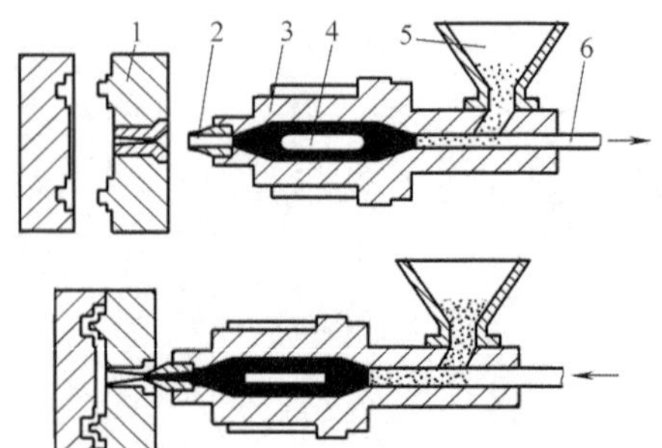

图9-2 热塑性塑料注射成型工作示意图
1—模具 2—喷嘴 3—机筒 4—分流锥 5—加料斗 6—注射活塞

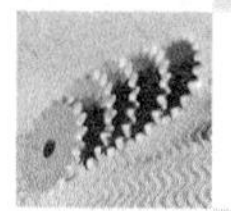

样承受压力、温度、摩擦和腐蚀等作用。

热塑性塑料模的工作温度在150℃以下，工作压力和磨损在一般情况下均小于热固性塑料模，若加入固体填充料（如玻璃纤维、石英粉），则其磨损大大增加。部分热塑性塑料在加热状态下分解出的氯化氢或氟化氢对模具型腔面有较大的腐蚀作用。

9.1.2 塑料模具的失效形式

塑料模具的失效形式有磨损、腐蚀、塑性变形和断裂等。

1. 磨损

塑料模具的磨损主要表现为尺寸磨损超差、表面粗糙度值因拉毛而增大、表面质量恶化。随着模压次数的增加，磨损量加大，型腔表面因拉毛、划痕造成表面粗糙度值变大，致使塑料制件表面质量不合格，此时模具暂时失效，及时抛光则可继续使用。

2. 腐蚀

含有氯或氟元素的塑料，加热至熔融状态后会分解出 HCl 或 HF 等腐蚀性气体，使模具型腔表面受腐蚀，造成模具表面粗糙度值变大，导致其失效。

3. 塑性变形

塑料模型腔表面在持续受热、受压条件下会发生局部塑性变形而失效。塑性变形多发生在受力较大的棱角处，表现为棱角堆塌。另外，分型面由于变形间隙扩大也会导致飞边增大使塑料制件报废。小型模具在大吨位压力机上超载使用时，更容易出现这种塑性变形而失效。

4. 断裂

当塑料模型腔结构比较复杂，同时承受较大压力时，局部可能出现复杂的应力状态，再加上结构因素引起的应力集中，会使模具产生断裂失效。塑料模长时间受力和热的交变作用，还有可能萌生疲劳裂纹而导致疲劳断裂。

9.2 塑料模具材料的性能要求

塑料模具材料的使用性能与冷作模具和热作模具材料相比，要求并不太高，但塑料模具一般结构复杂，表面粗糙度值要求低，精度要求高，故塑料模具材料应保证优良的工艺性能。

9.2.1 塑料模具材料的使用性能要求

塑料模具材料的使用性能主要有下列要求。

1. 硬度和耐磨性

塑料模型腔表面应具有足够的耐磨性。通常塑料模的硬度在38～55HRC，形状简单、抛光性能要求高的模具，硬度可取高些；反之，硬度可取低些。

2. 强度和韧性

塑料模具材料的强度和韧性应保证塑料模在开模力、熔体压力、锁模力的作用下不发生变形或开裂。

3. 耐蚀性

耐蚀性是指塑料模具材料应能抵抗含有氯或氟元素的塑料加热至熔融状态时分解出的

HCl 或 HF 等腐蚀性气体的侵蚀。

4. 耐热性和尺寸稳定性

塑料模具材料应有稳定的组织和低的热膨胀系数，以保证在160～250℃下长期工作时不氧化、不变形。

5. 导热性

导热性是指塑料模具材料应能使塑料制件尽快地在型腔内冷却成型。

9.2.2　塑料模具材料的工艺性能要求

塑料模具材料的工艺性能主要有机械加工性能、镜面抛光性能、饰纹加工性能、热处理工艺性、焊接性及电加工性等。

塑料模具的型腔大多比较复杂，型腔表面质量要求高，因此模具材料应具有优良的切削加工性能和磨削加工性能。随着对透明塑料制品透明度要求的提高，对模具成型面的镜面抛光性能的要求也越来越高。很多塑料制品还要求设置花纹、图案，因此要求模具材料具有良好的饰纹加工性能。

塑料模具材料还应具有足够的淬透性和淬硬性，热处理变形和开裂倾向要小，热处理质量要稳定。

电火花加工和线切割是塑料模具加工中常用的电加工方法，可用来制造各种几何形状的模具型腔，但电加工时产生的硬化层、沟纹和开裂，均对模具造成不良影响，所以塑料模具材料应具有良好的电加工性。

9.3　塑料模具材料的分类及热处理

塑料模具材料主要包括塑料模具钢、铜合金、铝合金和锌合金等，其中塑料模具钢用量最大，发达国家已形成了塑料模具用钢系列，我国目前尚未形成塑料模具用钢系列。我国用于制造塑料模具的钢材多采用传统的常用钢种、自主产权的新型塑料模具钢及引进国外通用的钢种。本节主要介绍塑料模具钢及其热处理规范。

9.3.1　塑料模具钢及其热处理

塑料模具钢按钢材特性和使用时的热处理状态可分为渗碳型、调质型、淬硬型、预硬型、耐蚀型和时效硬化型等。

1. 渗碳型塑料模具钢

渗碳型塑料模具钢主要用于冷挤压成形的塑料模具。此类钢要求低的或超低的碳的质量分数，同时添加能提高淬透性而固溶强化铁素体效果又小的合金元素，且硅的质量分数应尽量低。为提高模具的耐磨性，渗碳型塑料模具钢冷挤压成形后一般都进行渗碳和淬火加回火处理，表面硬度可达58～62HRC。

碳素渗碳钢中如10钢和20钢，价格便宜，但淬透性差，热处理后心部强度低，只适宜制造一些承受载荷较小的塑料模具。

合金渗碳钢中如20Cr、12CrNi3A、12Cr2Ni4A、20Cr2Ni4和0Cr4NiMoV（LJ）钢等，其淬透性较高，适合于制造截面大、承载重的塑料模具。下面介绍渗碳型塑料模具钢的两个典

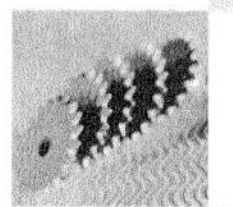

型钢种。

（1）0Cr4NiMoV（LJ）钢　0Cr4NiMoV 钢为国内新研制的冷成形专用钢，代号为 LJ 钢，该钢的化学成分见表 9-1，其碳的质量分数低于 0.1%，具有高的塑性和低的抗力，主加合金元素为铬，辅加合金元素为镍、钼、钒等。合金元素的作用是提高淬透性和渗碳能力，提高渗碳层的硬度和耐磨性以及心部的强韧性。该钢的冷成形性与工业纯铁相近，成形的模具型腔轮廓清晰、光洁、精度高。

表 9-1　LJ 钢的化学成分

元素	C	Mn	Si	Cr	Ni	Mo	V
质量分数（%）	≤0.08	<0.3	<0.2	3.6～4.2	0.3～0.7	0.2～0.6	0.08～0.15

LJ 钢可锻性好，冷成形性良好，主要用来替代工业纯铁、10 钢和 20 钢制作冷成形的精密、复杂的塑料模具。由于 LJ 钢的渗碳淬硬层较深，基体硬度高，表面塌陷和内壁咬伤现象不会出现，所以使用效果良好。

（2）12CrNi3A 钢　12CrNi3A 钢的化学成分见表 9-2，其较低的碳的质量分数保证了冷成形性，铬、镍合金元素的作用是提高淬透性和渗碳层的强韧性，在提高塑性和韧性方面，镍的作用更为突出。该钢淬火及低温回火或高温回火后都有良好的综合力学性能，低温韧性好，缺口敏感性小，退火后冷成形性中等，正火后切削加工性能良好，但该钢有回火脆性倾向和形成白点的倾向。

表 9-2　12CrNi3A 钢的化学成分

元素	C	Mn	Si	Cr	Ni	P、S
质量分数（%）	0.09～0.16	0.30～0.60	0.17～0.37	0.60～0.90	2.75～3.25	≤0.025

12CrNi3A 钢主要用来制作冷挤压成形的形状复杂的浅型腔塑料模具或大中型切削加工成形的塑料模具。

2. 淬硬型塑料模具钢

淬硬型塑料模具钢是对模具整体淬硬、在高硬度下使用的塑料模具用钢。热固性塑料和复合强化塑料（如尼龙型强化或玻璃纤维强化塑料）产品的模具以及生产批量很大、要求模具使用寿命很长的塑料模具，除了型腔表面应有高耐磨性之外，基体还应具有较高的强度、硬度和韧性，一般选用高淬透性的淬硬型塑料模具钢。淬硬型塑料模具钢的常用钢种有碳素工具钢（T7A、T10A）、冷作模具钢（9SiCr、9Mn2V、CrWMn、GCr15、7CrSiMnMoV、Cr12 型、高速工具钢及基体钢等）和热作模具钢（5CrNiMo、5CrMnMo、4Cr5MoSiV、4Cr5MoSiV1、5CrW2Si 等）。

碳素工具钢用于制造尺寸不大、承载较小、形状简单、变形要求不高的塑料模具，特别是利用淬透性低的特点制作表面耐磨而心部有一定韧性的凹模十分适宜。

低合金冷作模具钢用于制造尺寸较大、形状较复杂、精度较高的塑料模具，如 Cr12MoV 钢用于制造高耐磨性的大型、复杂、精密的塑料模具；W6Mo5Cr4V2 钢用于制造强度高、耐磨性好的塑料模具；6CrNiSiMnMoV（GD）钢用于制造强韧性高、淬透性和耐磨性好、淬火变形小的塑料模具，取代 Cr12 型或基体钢制造大型、高耐磨、高精度塑料模具，不仅降低了成本，而且提高了寿命。

热作模具钢与冷作模具钢相比，韧性好、淬透性及耐回火性高，加上可以通过渗氮提高其耐磨性，因而常用于制造复杂、精密、强韧性及耐磨性高的高温固化塑料的塑料模具。

碳素工具钢和冷作模具钢的最终热处理为淬火加低温回火，回火温度高于模具的工作温度；热作模具钢的最终热处理为淬火加高温回火，使基体获得回火托氏体或回火索氏体组织，以保证钢材具有较高的韧性。

3. 时效硬化型塑料模具钢

时效硬化型塑料模具钢碳的质量分数低，合金度较高，经高温固溶处理后，组织为单一的过饱和固溶体，钢处于软化状态（一般为28～34HRC），可进行切削加工，待冷加工成形后进行时效处理，经时效处理后，固溶体中析出细小弥散的第二相（金属化合物），使钢的强度和硬度大幅度提高，时效过程引起的形状和尺寸变化极小。用它制造的塑料模具既保证了性能，又保证了精度。另外，该钢的焊接性及表面处理性能好，可焊接修补，通过镀铬、渗氮、离子束增强沉积等表面处理可提高其耐磨性和耐蚀性。

常用的时效硬化型塑料模具钢有18Ni类钢、06Ni6CrMoVTiAl（06Ni）钢、1Ni3Mn2CuAlMo（PMS）钢、25CrNi3MoAl钢和Y20CrNi3AlMnMo（SM2）钢等。

18Ni类塑料模具钢主要用于制造高精度、超镜面、型腔复杂、大截面、大批量生产的塑料模具，其成本较高。

06Ni钢属于低镍马氏体时效钢，价格比18Ni类钢低很多。它具有良好的综合性能和一定的耐蚀性。06Ni钢固溶处理的冷却方式对固溶及时效硬度的影响很大，其冷却速度越快，固溶硬度越低、时效硬度越高。06Ni钢的突出优点是热处理变形小，还可进行渗氮和镀铬等表面处理，使用寿命长，其寿命比40Cr钢、T10钢塑料模具提高两倍以上。06Ni钢主要用于制造精度高又必须淬硬的精密塑料模具，如制造磁带盒、照相机、电传打字机等零件的塑料模具，制造的磁带盒塑料模具使用寿命可达200万次以上，产品质量可与进口模具生产的产品相媲美。

1Ni3Mn2CuAlMo（PMS）钢属于马氏体时效硬化型镜面塑料模具钢。PMS钢具有良好的可锻性，钢中含有一定量的Al，特别适宜进行渗氮或氮碳共渗处理，处理后的硬度可达1000HV以上。由于其时效温度与渗氮温度相近，故时效处理与渗氮可同时进行。PMS钢还具有良好的焊接性，同时具有可逆回火时效特性，650℃时回火可使硬度降低、塑性提高，便于挤压成形，这对于形状复杂的模具显得特别重要。PMS钢表面耐蚀性高，在盐酸溶液中加热沸腾时，有极好的耐蚀性，腐蚀率只有20Cr13钢的1/8～1/6。PMS钢主要用于制造要求高镜面、高透明、高精度的热塑性塑料模具，是理想的光学透明塑料制品的成型模具材料，如电话机、石英钟、车辆灯具等塑料壳体模具。

Y20CrNi3AlMnMo（SM2）钢属于含硫系中合金时效硬化易切削预硬钢。SM2钢中加入Al，在时效处理时可以析出硬化相Ni_3Al；加入Cr的主要作用是提高钢的淬透性，SM2钢比PMS钢的淬透性稍高；加入S和Mn，可以形成易切削相MnS。SM2钢的切削加工性能优于PMS钢。SM2钢的锻造工艺与PMS钢相同，锻后不必退火。它还具有良好的渗氮、氮碳共渗、离子渗氮、氧氮共渗工艺性能。SM2钢主要用于制造各种高精度热塑性塑料模具，如在纱管模、三角尺模、牙刷模、相机模、玩具模、电路板模等方面得到了广泛应用，甚至完全可以取代进口材料。

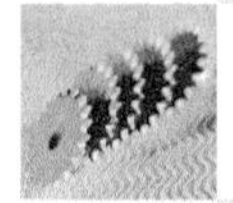

4. 耐蚀型塑料模具钢

在生产以聚氯乙烯、聚苯乙烯及加阻燃剂为原料的塑料制品时，模具材料必须具有一定的耐蚀性。常用的耐蚀钢有40Cr13、95Cr18、102Cr17Mo、Cr14Mo4V、14Cr17Ni2和05Cr17Ni4Cu4Nb等，其中95Cr18、102Cr17Mo和Cr14Mo4V为高碳高铬型马氏体不锈钢，40Cr13为中碳高铬型马氏体不锈钢，14Cr17Ni2为低碳铬镍型马氏体不锈耐酸钢，05Cr17Ni4Cu4Nb为马氏体沉淀硬化型不锈钢。

9.3.2 其他塑料模具材料

泡沫塑料模具和吹塑成型模具等要求具有良好的导热性能，而在力学性能要求不高的条件下，可采用铜合金、铝合金及锌合金等材料制造模具。

1. 铜合金

用作塑料模具材料的铜合金主要是铍青铜，如ZCuBe2和ZCuBe2.4等。铜合金一般采用铸造制模，成本低，周期短，可制造复杂的模具型腔。通过固溶处理，铜合金处于软化状态，便于机加工，时效处理后，其抗拉强度可达1100～1300MPa，硬度可达40～42HRC，主要用于制造吹塑模、注射模以及高导热性、高强度和高耐蚀性的塑料模，还可用于复制不规则成型面。

2. 铝合金

变形铝合金和铸造铝合金均可用于塑料模具制造。铸造铝合金ZL101适于制造高热导率、形状复杂、制造周期短的塑料模具。变形铝合金7A09的强度高于ZL101，适于制造要求较高强度及良好导热性的塑料模具。

3. 锌合金

用于塑料模具材料的锌合金主要是Zn-4Al-3Cu共晶型合金、铍锌合金和镍钛锌合金等。Zn-4Al-3Cu共晶型合金可铸造出光洁复杂的模具型腔，不足之处是高温强度差，易老化，长期使用后易出现变形甚至开裂，适于制造注射模和吹塑模。铍锌合金硬度高、耐热性好，制作的注射模使用寿命可达几万至几十万件。镍钛锌合金的强度、硬度更高，寿命更长。

9.4 塑料模具的选材及热处理实例

一般塑料模具的结构、形状复杂，造价高，在使用中要保证模具有较长的寿命，更要防止意外的断裂失效。因此，合理选用塑料模具材料及相应的热处理工艺极为重要。

9.4.1 塑料模具的选材原则

塑料模具选材的基本原则如下：既要满足使用性能的需要，又要兼顾材料的工艺性和经济性。在选材时，应对塑料制品的种类、质量要求、生产批量、尺寸大小、精度和复杂程度等方面加以综合考虑。

9.4.2 塑料模具的选材方法

塑料模具的组成包括成型件及结构零件，成型件对模具寿命的影响更为重要。下面以成型件的材料选用作为重点进行介绍。

1. 塑料模具成型件的材料选用

（1）根据塑料制品的种类和质量要求选用材料　形状并不很复杂的塑料注射模，一般选用20、20Cr、DT1、DT2等材料；大中型且型腔较复杂的塑料模具成型件，选用LJ、12CrNi3A、12Cr2Ni4A等材料；含氟、氯的塑料及阻燃的ABS塑料用模具，一般选用PCR、AFC－77、18Ni及40Cr13等材料；含固性添加剂的热塑性注射模及热固性塑料模，要求高硬度、高耐磨性、高抗压强度及较高韧性，常选用淬硬型模具钢，如T8A、T10A、Cr12MoV、9Mn2V、9SiCr、CrWMn和GCr15等；透明塑料模，要求良好的镜面抛光性能、高耐磨性及缓蚀性，常选用时效硬化型钢，如18Ni和PMS等。

（2）根据塑料制品的生产批量选用材料　模具材料的选用与塑料制品的生产批量大小有关。塑料制品生产批量小，则对模具的耐磨性及使用寿命要求不高，此时为了降低模具造价，不必选用高级优质模具钢，而选用普通模具钢即可满足使用要求。模具成型件选用的钢材与塑料制品生产批量的关系见表9-3。

表9-3　模具成型件选用的钢材与塑料制品生产批量的关系

塑料制品生产批量/万件	选用钢材
10～20	45、55、40Cr
30	P20、5CrNiMnMoVSCa（5NiSCa）、8Cr2MnWMoVS（8CrMn）
60	P20、5NiSCa、SM1
80	8CrMn、P20
120	SM2、PMS
150	PCR、7Cr7Mo3V2Si（LD－2）、65Nb
200以上	65Nb、06Ni6Ti2Cr、06Ni、012Al渗氮、25CrNi3MoAl渗氮

（3）根据塑料制品尺寸大小及精度要求选用材料　大型高精度的注射模，要求淬透性高、变形小，应选用预硬型钢，既有较高的耐磨性，又有高的强度和韧性，如3Cr2Mo、8Cr2MnWMoVS（8CrMn）、4Cr5MoSiV、P4410、SM1和PMS等。

（4）根据塑料制品形状的复杂程度选用材料　复杂型腔的塑料注射模，应选用加工性能好、热处理变形小的模具材料，如40Cr、3Cr2Mo、SM1和4Cr5MoSiV等。如果塑料制品的生产批量较小，可选用碳素结构钢经调质处理，使用效果也很好。

2. 塑料模具结构零件的材料选用

塑料模具上的结构零件，其抛光性、耐蚀性等要求较低，所以可选用常用的模具钢材，经过合理的热处理后，其使用性能完全能达到要求。塑料模具结构零件常用钢材及热处理要求见表9-4。

表9-4　塑料模具结构零件常用钢材及热处理要求

模具零件种类	主要性能要求	选用钢材及热处理要求		
导柱、导套等	表面耐磨，心部有较好的韧性	20、20Cr、20CrMnTi	渗碳、淬火加回火	54～58HRC
		T8A、T10A	淬火加回火	54～58HRC

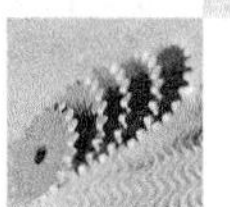

（续）

模具零件种类	主要性能要求	选用钢材及热处理要求		
型芯、型腔件等	较高的强度、好的耐磨性和一定程度的耐蚀性，淬火后变形小	9Mn2V、CrWMn、9SiCr、Cr12	淬火加低（中）温回火	56HRC 以上
		3Cr2W8V、35CrMo	淬火加高温回火渗氮	42～44HRC 1000～1100HV
		T7A、T8A、T10A	淬火加低温回火	55HRC 以上
		45、40Cr、40B、40MnB	调质	240～320HBW
		球墨铸铁	正火	55HRC 以上
主流道衬套	表面耐磨，有时还要耐腐蚀并有一定程度的热硬性	20	渗碳淬火	55HRC 以上
		T8A、T10A	淬火加回火	55HRC 以上
		9Mn2V、CrWMn、9SiCr、Cr12	淬火加低（中）温回火	55HRC 以上
		3Cr2W8V、35CrMo	淬火加高温回火并渗氮	42～44HRC
推杆、拉料杆 复位杆	有一定的强度，比较耐磨	T7A 、T8A	淬火加回火	52～55HRC
		45	端部淬火、杆部调质	端部 40HRC 以上、 杆部 225HBW 以上
各种模板、推板、固定板支架等	较好的综合力学性能	45、40MnB、40MnVB	调质处理	225～240HBW
		Q235、Q275		
		球墨铸铁	正火	205HBW 以上
		HT200	退火	

9.5 塑料模具的热处理特点

塑料模具热处理的基本要求包括适合的工作硬度和足够的韧性、确保淬火微小变形、表面无缺陷、易于抛光及有足够的变形抗力等。不同塑料模具有其各自的热处理特点。

9.5.1 淬硬钢塑料模的热处理

淬硬钢塑料模的淬火加热应在保护气氛炉中或在严格脱氧后的盐浴中进行，并在型腔上涂保护剂，以减小热应力，同时应控制加热温度。

淬硬钢塑料模淬火冷却时，在淬硬的前提下应尽量缓冷，以减少冷却变形，如合金工具钢一般采用热浴等温淬火或冷淬火；淬火后应及时回火，回火温度必须高于模具的工作温度，以避免出现回火脆性；同时，回火时间要充足，以免出现堆塌变形，回火时间在40~60min以上，且应根据材料及断面尺寸不同而定。另外，对于形状复杂的模具，粗加工后进行热处理时，需保证热处理变形量最小（精密模应小于0.05%），并注意型腔面的光洁，保证内部组织均匀。

9.5.2 渗碳钢塑料模的热处理

为使塑料模中的各成型件及其他摩擦件具有高的韧性、硬度及耐磨性，一般选用渗碳钢制造，并对其进行渗碳、淬火和低温回火。

渗碳钢塑料模的渗碳层厚度为1.3~1.5mm，压制软性塑料时，渗碳层厚度应为0.8~1.2mm；对于有尖角、薄边的模具，渗碳层厚度为0.2~0.6mm。渗碳层碳的质量分数以0.7%~1.0%为最好。

常采用分级渗碳工艺，即高温段一般加热至900~920℃，保温1~1.5h进行高温快速渗碳；中温段为820~840℃，保温2~3h以增加渗碳层厚度。由于进行分级渗碳，因此渗碳后需要重新加热淬火。渗碳后的淬火因材料不同而不同，如用工业纯铁或低碳钢冷挤压成形的精密模具，采用中温碳氮共渗后直接淬火；用合金渗碳钢时则采用重新加热淬火，分级渗碳后直接淬火；对于高合金渗碳钢制造的大中型模具，常采用渗碳后空冷淬火。

9.5.3 时效硬化钢塑料模的热处理

时效硬化钢热处理工艺的基本工序分为两步：第一步进行固溶处理，即把钢加热至高温，使各种合金元素溶入奥氏体中，完成奥氏体化后淬火获得马氏体组织；第二步进行时效处理，利用时效强化达到所要求的力学性能。

固溶处理加热一般在盐浴炉或箱式电阻炉中进行，其加热时间分别为1min/mm和2~2.5min/mm，淬火采用油冷，淬透性好的钢种也可空冷。如果锻造模坯时能准确控制终锻温度，则锻造后可直接进行固溶淬火。时效处理最好在真空炉中进行，若在箱式电阻炉中进行，为防止型腔表面氧化，炉内需通入保护气体，或者用氧化铝粉、石墨粉或铸铁屑，在装箱保护条件下进行时效。装箱保护加热要适当延长保温时间，否则难以达到时效效果。

此外，为了提高塑料模具的表面耐磨性和耐蚀性等，常对其进行适当的表面处理。塑料模具镀铬是一种应用最多的表面处理方法，镀铬层在大气中具有强烈的钝化能力，能长久保持金属光泽，在多种酸性介质中均不发生化学反应。镀层硬度达1000HV，因而具有优良的耐磨性。镀铬层还具有较高的耐热性，在空气中加热到500℃时，其外观和硬度仍无明显变

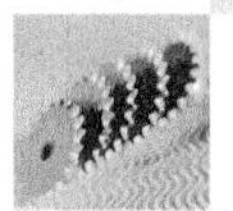

化。渗氮因具有处理温度低、模具变形很小和渗层硬度高（可达1000～1200HV）等优点，也非常适合塑料模具的表面处理。含有铬、钼、铝、钒和钛等合金元素的钢种比碳素钢具有更好的渗氮性能，用来制作塑料模具时，进行渗氮处理可大大提高耐磨性。适于塑料模具的表面处理方法还有氮碳共渗，化学镀镍，离子镀氮化钛、碳化钛或碳氮化钛，PVD和CVD法沉积硬质膜或超硬膜等。

9.6 案例

案例1 选用25CrNi3MoAl时效硬化型钢制造胶木模

用黑色胶木粉压制的AR-300电焊机的手轮（见图9-3）采用T10A钢制的压模时，热处理时难以控制型腔尺寸，有胀有缩，影响压制件质量，且压模型腔在压制200件后就发生拉毛和压伤现象。改用25CrNi3MoAl钢制造后，具有无变形、使用中不易被拉毛和压伤、可显著提高模具寿命等优点。

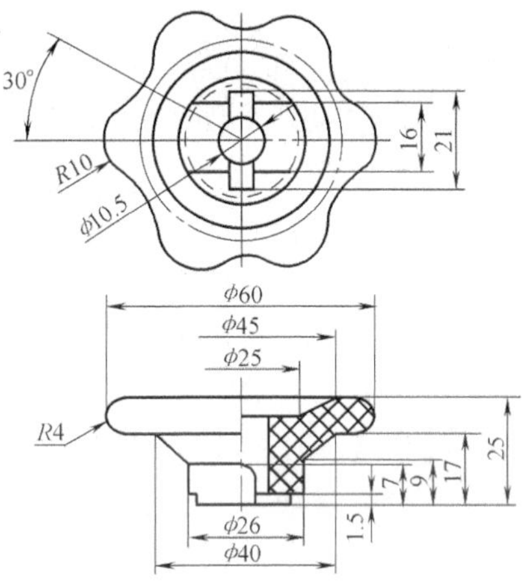

图9-3 胶木粉压制的电焊机手轮

案例2 选用5CrNiMnMoVSCa（5NiSCa）钢制造精密热塑性塑料模

精密热塑性塑料模对加工性能及使用寿命有较高的要求，即热处理变形小，能保持精度；型腔表面粗糙度值低；有优良的花纹蚀刻性能和焊补性能；有高的硬度和强韧性，以防止薄壁部位断裂并有利于减小模具壁厚。

目前，国内大部分精密热塑性塑料模一般都用45钢、40Cr钢和T8A钢等制造，并已开始使用P20钢，但由于所制造的模具硬度低，表面粗糙，故寿命不高。而选用5CrNiMnMoVSCa钢制造透明的和一般的热塑性塑料模，则可显著提高性能和寿命，甚至可与进口的同类模具媲美。此钢采用球化退火工艺，加热至760～780℃保温2h，660℃等温6h，退火硬度不高于230HBW；预硬工艺为880℃盐浴加热，加热系数为1min/mm（箱式炉为2min/mm）；可根据模具尺寸大小采用油淬或空冷，硬度为61～63HRC；回火温度根据预硬硬度要求确定，见表9-5所列，回火时间为2h。

表9-5 5CrNiMnMoVSCa钢塑料模回火温度与硬度的关系

回火温度/℃	575	600	625	650
回火后硬度HRC	45～46	43～44	39～40	34～35

5CrNiMnMoVSCa钢制成的精密热塑性塑料模在预硬硬度为38～42HRC时，可顺利进行车削、铣削、刨削和磨削，其可加工性在硬度低于40HRC时，与硬度为35HRC的P20钢相当，可按通常的抛光工艺进行抛光，表面粗糙度值易达到0.1μm以下，镜面加工性好；采用转移漆膜法制作蚀刻花纹时，清晰、逼真；可采用不锈钢焊条进行局部焊补，热影响区最高硬度为50HRC，仍可加工；此类模具表面粗糙度值低，可与进口模具媲美，模具质量和

寿命可接近进口模具的先进水平。

思　考　题

1. 试简述塑料成型模具的工作条件和主要失效形式。
2. 哪些塑料模具材料具有较好的镜面加工性能?
3. 请介绍现有塑料模具材料的主要类型，并列出其代表性材料的牌号。
4. 简述 P20 钢的性能特点和应用场合。
5. 简述 PCR 钢的性能特点和应用场合。
6. 生产透明塑料制品的模具应选择什么样的材料?
7. 时效硬化型塑料模具钢有哪些性能特点?
8. 举例说明渗碳型塑料模具钢的性能特点。
9. 试比较 06Ni 钢和 18Ni 钢的异同点。
10. 简述 PMS 钢的性能特点和应用场合。
11. 选择塑料模具材料的依据有哪些?请为下列工作条件下的塑料模具选用材料:

1）形状简单、精度要求低、批量不大的塑料模具。

2）高耐磨、高精度、型腔复杂的塑料模具。

3）大型、复杂、产品批量大的塑料模具。

4）耐蚀、高精度塑料模具。

12. 简述用低碳合金渗碳钢制造的塑料膜具型腔件的制造工艺路线。
13. 对塑料模具进行表面处理的目的是什么?表面处理的方法有哪些?

第 10 章　冷作模具材料及其热处理

冷作模具在机械、轻工、电器、仪表等行业使用极其广泛，其寿命的高低将直接影响产品的生产率和成本。合理地选材及实施正确的热处理工艺是保证模具寿命的关键。要做到这一点，首先必须了解模具的工作条件、失效形式以及对模具材料的性能要求，其次要掌握各类冷作模具材料所具有的特性。

10.1　冷作模具的工作条件及失效形式

不同种类的冷作模具在不同的技术要求下具有不同的工作条件及不同的失效形式。

10.1.1　冲裁模

1. 冲裁模的工作条件

冲裁模用于冲压加工的分离工序，主要是使各种板料冲切成形。图 10-1 所示为简单冲裁模的工作示意图，其主要工作部位是凸模（或冲头）刃口和凹模刃口，在冲压力的作用下，凸模引入凹模时，对板料施加一定的压力，通过锋利的刃口使板料产生弹性变形和塑性变形，直至被剪断。

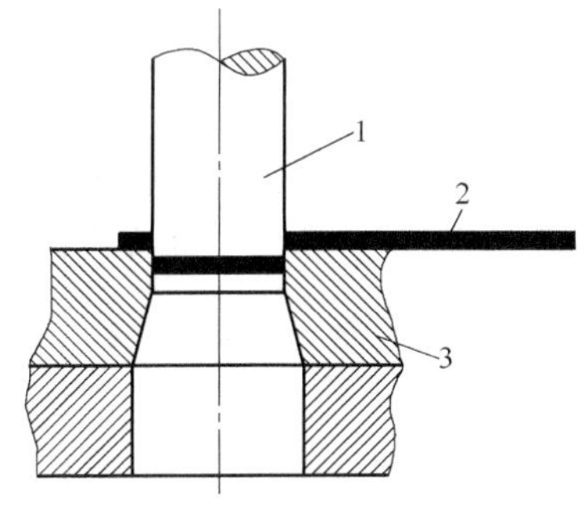

图 10-1　简单冲裁模的工作示意图
1—冲头凸模　2—板料　3—凹模

2. 冲裁模的失效形式

冲裁模刃口在压力和摩擦力的作用下，最常见的失效形式是磨损。尤其是冲头受力较大，而且在一次冲裁过程中经受两次摩擦（冲入和退出各一次），因而冲头的磨损较快。

10.1.2　拉深模

1. 拉深模的工作条件

拉深模主要用于板材的拉深成形。图 10-2 所示为拉深模的工作示意图，其主要工作零件也是凸模刃口和凹模刃口。与冲裁模不同的是，拉深模刃口圆钝不锋利，凸、凹模之间的工作间隙较大。在冲压力的作用下，凸模将板料引入凹模成形时，板料只产生弹性变形和塑性变形。

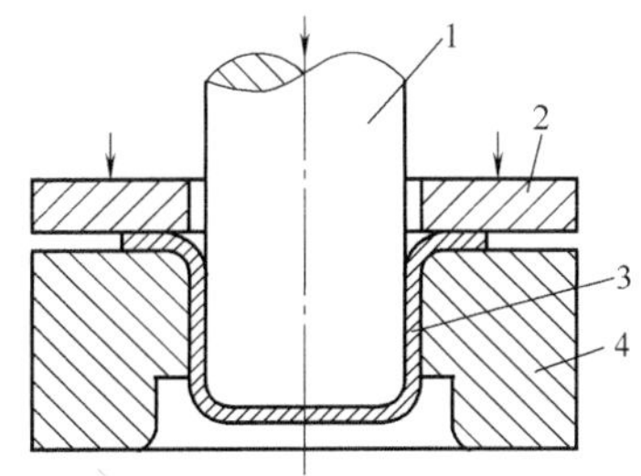

图 10-2　拉深模的工作示意图
1—凸模　2—压边圈　3—工件　4—凹模

拉深模在工作时不易产生偏载，较少出现应力集中，一般凸模主要承受压力和摩擦力，凹模主要承受径向张力和摩擦力。

2. 拉深模的失效形式

由于拉深模在工作中受到较大的摩擦力，因而这种模具的失效形式主要是黏着磨损和磨粒磨损。

10.1.3　冷镦模

1. 冷镦模的工作条件

冷镦模是指在冲击力的作用下，凸模使金属棒料在凹模型腔内镦粗成形的冷作模具，主要用来加工各种形状的螺钉、铆钉、螺栓和螺母等毛坯。图 10-3 所示为冷镦模的工作示意图。

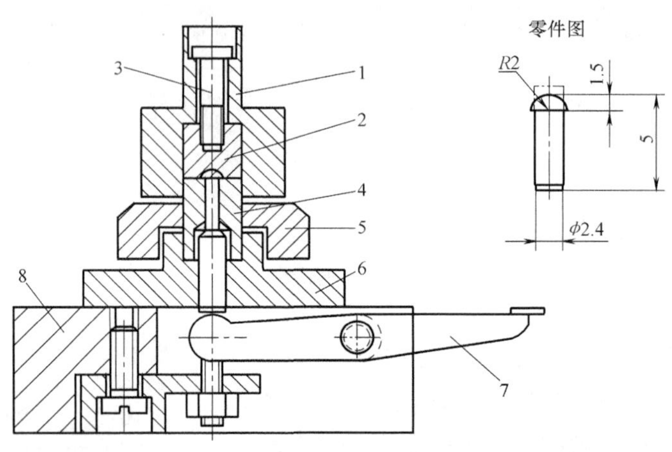

图 10-3　冷镦模的工作示意图

1—模柄　2—凸模　3—螺钉　4—凹模　5—固定套
6—凹模固定板　7—杠杆　8—底座

2. 冷镦模的失效形式

冷镦模最常见的失效形式是磨损失效和疲劳断裂失效。其中磨损失效可能有磨粒磨损、表面损伤、冲击磨损等多种失效形式，特别是凸模在冲击力的作用下，表面会产生剥落而出现麻坑，而由磨损所造成的表面损伤、麻坑、擦伤痕等，均可能成为疲劳裂纹源，导致模具的疲劳断裂。

10.1.4　冷挤压模

1. 冷挤压模的工作条件

冷挤压模是指使金属坯料在强大而均匀的近似于静挤压力的作用下产生塑性变形流动而形成产品的模具，其工作零件为凸模和凹模。图 10-4 所示为冷挤压模的工作示意图。

根据金属坯料的流动方向与凸模运动方向之间的关系，可将冷挤压分为如下四种类型：① 正挤压，即金属坯料的流动方向与凸模运动方向相同的挤压（见图 10-4a）；② 反

挤压，即金属坯料的流动方向与凸模运动方向相反的挤压（见图10-4b）；③ 复合挤压，即金属坯料的流动方向一部分与凸模运动方向相同，另一部分与凸模运动方向相反的挤压（见图10-4c）；④ 径向挤压，即金属坯料的流动方向垂直于凸模运动方向的挤压（见图10-4d）。

冷挤压时，金属坯料承受强烈的三向压应力。在模具的作用下，金属坯料沿凸、凹模之间的间隙或凹模模口剧烈流动，产生较大的位移变形，从而获得薄壁空心件或横截面较小的挤压件。金属坯料对模具的反作用力和摩擦作用，使模具承受强大的挤压力和很大的摩擦力。

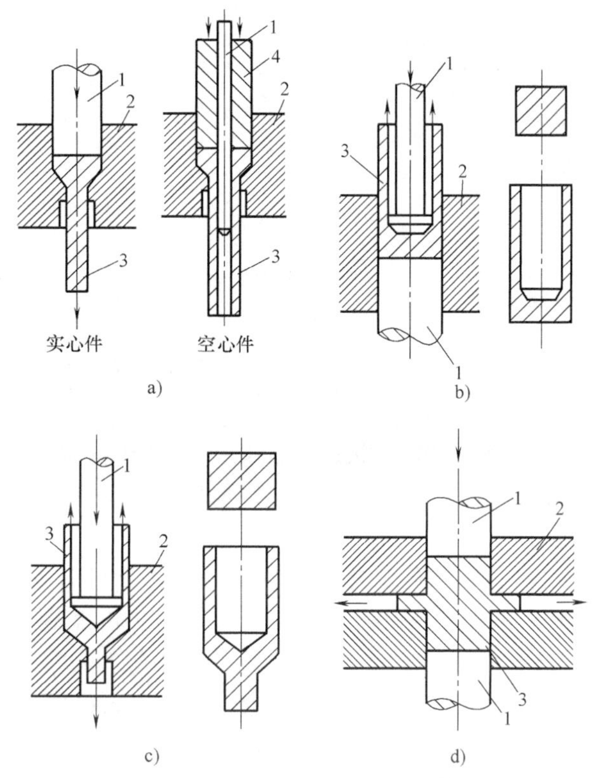

图10-4 冷挤压模的工作示意图

a）正挤压 b）反挤压 c）复合挤压 d）径向挤压

1—凸模 2—凹模 3—金属坯料 4—凸凹模

2. 冷挤压模的失效形式

冷挤压模的失效形式主要有塑性变形失效、磨损失效、凸模折断失效、疲劳断裂失效和纵向开裂失效等，冷挤压凹模有时还会产生胀裂失效。

10.2 冷作模具材料的性能要求

10.2.1 冷作模具材料的使用性能要求

冷作模具在工作中由于承受拉伸、压缩、弯曲、冲击、疲劳等机械力的作用，从而发生脆断、堆塌、磨损、咬合、啃伤、软化等现象。因此，冷作模具材料应具有高的耐磨性、断裂抗力、疲劳抗力和抗咬合能力等。

1. 耐磨性

冷作模具在工作时，在凸、凹模中间虽然只发生被加工坯料的塑性变形，但由于坯料沿着模具表面既滑动又流动，因此使模具与坯料间有很大的摩擦力。如果在凸、凹模之间夹有细而硬的夹杂物如氧化物等，则将导致模具磨损加剧，以至于使模具和坯料表面刮伤或黏着。常发生的磨损形式有磨料磨损、黏着磨损、腐蚀磨损和疲劳磨损等。因此，耐磨性是冷作模具材料的最基本性能之一。

2. 变形抗力

衡量冷作模具材料变形抗力的指标主要有硬度、抗压强度、抗弯强度和抗拉强度。

（1）硬度 硬度是衡量冷作模具材料抵抗变形能力的主要指标。在室温条件下，冷作模具材料的硬度一般保持在60HRC左右，冷作模具钢的工作硬度见表10-1。

表10-1　冷作模具钢的工作硬度

工作硬度 HRC	特性及应用范围	工作硬度 HRC	特性及应用范围
61 ~ 63	高抗压强度及耐磨性，用于冷挤压模和拉拔模等	56 ~ 58	高的冲击疲劳抗力，用于形状复杂的易损模具
60 ~ 62	用于各种预应力凹模、精冲模等	52 ~ 56	抗事故性与疲劳抗力均优，用于各种重载冲裁模
59 ~ 61	耐磨性与疲劳抗力均优，用于搓丝板、滚丝模等	48 ~ 52	具有最高的抗事故性，用于型材厚板的冲裁模
58 ~ 60	具有良好的综合失效抗力，为一般冷作模具常用硬度		

（2）抗压强度　抗压强度是衡量冷作模具材料变形抗力的主要指标。压缩试验方法最接近于凸模的实际工作条件，因而所测得的性能数据与凸模在工作时所表现出的变形抗力较为吻合。

（3）抗弯强度　弯曲试验的优点是测试方便，应变量的绝对值大，能灵敏地反映出不同钢种之间在不同热处理状态下变形抗力的差别。

3. 断裂抗力

（1）一次性脆断抗力　能表征一次性脆断抗力的指标为一次冲击吸收能量、抗压强度和抗弯强度，这些指标可反映凸模在过载时的断裂抗力。

（2）疲劳断裂抗力　模具在不同工作条件下的疲劳断裂抗力，可由在一定的循环载荷下所表现出的断裂循环次数或在规定的循环次数下能导致试样断裂的载荷值来表征。

10.2.2　冷作模具材料的工艺性能要求

冷作模具材料的工艺性能要求可概括为易锻造、易切削、易淬硬、易淬透、抗变形、抗淬裂、抗过热、抗脱碳和抗磨裂等。

1. 可锻性

对冷作模具材料可锻性的要求是：热锻变形抗力低，塑性好，锻造温度范围宽，锻裂、冷裂及析出网状碳化物的倾向小。

2. 脱碳和侵蚀敏感性

对冷作模具材料脱碳和侵蚀敏感性的要求是：高温加热时脱碳速度慢，抗氧化性能好，对淬火加热介质不敏感，生成麻点的倾向小。

3. 淬硬性

对冷作模具材料淬硬性的要求是：淬火后易获得高而均匀的表面硬度（58 ~ 60HRC）。

4. 淬透性

对冷作模具材料淬透性的要求是：淬火后易获得较深的硬化层，适于用缓和的淬火剂冷却介质硬化。

5. 过热敏感性

对冷作模具材料过热敏感性的要求是：获得细晶粒、隐晶马氏体的淬火温度范围宽。

6. 淬火变形倾向

对冷作模具材料淬火变形倾向的要求是：常规淬火体积变化小，形状翘曲、畸变轻微，

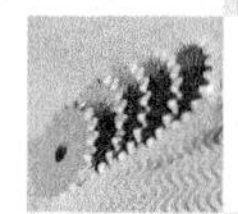

异常变形倾向小。

10.3 冷作模具材料的分类及热处理

目前，用于制造冷作模具的材料有冷作模具钢、硬质合金、铸铁、铜合金、锌合金和陶瓷材料等，其中冷作模具钢及硬质合金的应用最广，本节重点介绍这两类材料的特性、热处理规范及应用范围。

10.3.1 冷作模具钢

冷作模具钢通常在成分上以高的碳的质量分数（$w_C > 0.6\%$）为主，以满足高硬度和高耐磨性的需要。为提高模具的抗冲击能力而需要提高韧性时，则选用中碳钢，也可借用热作模具钢。冷作模具钢的合金化主要是为了提高其淬透性和耐磨性，其中提高淬透性的合金元素有 Mn、Si、Cr、Ni，提高耐回火性、耐磨性及热硬性的合金元素有 Cr、Mo、W、V，提高耐蚀性的合金元素有 Si、Cr、Ni，提高强韧性的合金元素有 Ni，Co 主要可提高高速工具钢的热硬性。

冷作模具钢除用于冷作模具外，还用于制造各种刃具和量具等，其牌号繁多，常用的钢种有碳素工具钢、低合金工具钢、微变形模具钢、高速工具钢、基体钢以及新研制的 LD 钢、GD 钢和 GM 钢等。按化学成分、工艺性能、力学性能及应用场合不同，冷作模具钢可以分为表 10-2 中的几类。

表 10-2 冷作模具钢的分类

冷作模具材料的类型	钢号
碳素工具钢	T7A、T8A、T10A、T12A
低合金冷作模具钢（油淬）	8MnSi、Cr2、9Cr2、CrW5、GCr15、9Mn2、9Mn2V、CrWMn、MnCrWV、9CrWMn、SiMnMo、9SiCr、GD
中合金冷作模具钢（空淬）	Cr5MoV、Cr6WV、Cr4W2MoV、Cr2Mn2SiWMoV、8Cr2MnWMoVS
高合金（高碳高铬）冷作模具钢	Cr12、Cr12Mo、Cr12MoV、Cr12Mo1V1
高强度高耐磨性冷作模具钢	W18Cr4V、W6Mo5Cr4V2、W12Mo3Cr4V3N
抗冲击冷作模具钢	4CrW2Si、5CrW2Si、6CrW2Si、60Si2Mn、5CrMnMo、5CrNiMo、5SiMnMoV、9SiCr
基体钢和低碳高速工具钢	65Nb、LD、012Al、CG-2、LM1、LM2、6W6
高耐磨高强韧性冷作模具钢	9Cr6W3Mo2V2（GM）、Cr8MoWV3Si（ER5）
其他冷作模具钢	7CrSiMnMoV（CH-1）、18Ni（200）、18Ni（250）、18Ni（300）、7Mn15CrAl3VWMo（7Mn15）

下面将分别介绍各类冷作模具钢的典型钢种。

1. 低淬透性冷作模具钢

低淬透性冷作模具钢中，使用最多的是碳素工具钢和 GCr15 轴承钢。

（1）碳素工具钢　碳素工具钢价格便宜，购买方便，经热处理后有较高的硬度和一定的耐磨性，易于锻造成形，切削加工性能好。碳素工具钢的主要缺点是淬透性差，淬火温度范围窄，变形开裂倾向大，寿命短。

碳素工具钢锻造后空冷毛坯的组织一般为珠光体加碳化物。珠光体一般呈粗片状，碳化物呈网状，晶粒粗大，因此它不能作为最终热处理的预备组织。毛坯停锻温度也不能太高，锻后采用风冷或喷雾冷却，以抑制二次碳化物呈网状析出。锻造后需要进行球化退火。碳素工具钢的锻造工艺见表10-3。球化退火的目的是软化毛坯，便于切削加工，提供理想的预备组织。如发现毛坯中有二次碳化物网存在，则在球化退火之前必须用正火方法将其消除，正火的目的是消除网状碳化物。正火温度通常在810～840℃。严重的碳化物网甚至要进行高、低温两次正火才能彻底消除。

表10-3　碳素工具钢的锻造工艺

牌号	始锻温度/℃	终锻温度/℃	冷却方式
T7A、T8A	1130～1160	≥800	单件空冷或堆放空冷
T10A、T12A	1100～1140	800～850	空冷到650～700℃后转入干沙炉坑中缓冷

碳素工具钢的淬火加热温度一般在770～790℃，淬火冷却介质采用自来水、盐水或碱水均可。碳素工具钢回火后的硬度为54～60HRC。降低淬火温度即将正常淬火加热温度降低20～30℃，可获得体积分数为50%以上的板条马氏体的淬火组织，孪晶马氏体也较细，可以提高模具的韧性，但淬硬层太薄。对于较大的高碳钢工件，淬火加热温度可提高20～40℃，以增加淬硬层深度，然后分级淬火以减小变形。淬火温度高时，淬火马氏体粗大，强韧性下降。图10-5所示为T12钢1100℃加热水冷显微组织，由于其淬火温度高，晶粒粗大，得到的马氏体针粗大，容易产生微裂纹。

图10-5　T12钢1100℃加热水冷显微组织（500×）

碳素工具钢的正常淬火组织为均匀分布的粒状碳化物+隐针或细针马氏体+残留奥氏体。碳素工具钢的回火温度应选择在140～200℃，用于制作工具时，回火温度选下限。

碳素工具钢主要适用于尺寸较小、形状简单、载荷较轻、生产批量不大的冷作模具，其中T10A钢是性能较好、应用最广的代表性钢种，常用来制作小型切边模、落料模以及拉深模。

（2）GCr15钢　GCr15钢中碳的质量分数大于1.0%，铬的质量分数为1.5%左右，主要用于提高淬透性和耐回火性。此钢通过适当的热处理可以获得高硬度、高强度和良好的耐磨性，并且淬火变形小。

GCr15钢的锻造加热温度为1050～1100℃，锻后空冷，常采用球化退火，使珠光体组织细小，其加热温度和冷却速度对球化后碳化物的形状、大小和分散度有决定性的影响。

GCr15钢淬透性好（油淬的淬层厚度可达25mm），淬火温度范围宽，过热倾向小，淬

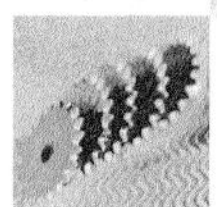

火变形小，容易获得稳定的热处理质量，主要用于制造滚动轴承，是专用的轴承钢之一，也可用作冷作模具，适合制造形状较复杂、截面较大、承受载荷较大、变形要求严格的中小型冷作模具，如落料模、冷挤压模和成形模等。

2. 低变形冷作模具钢

低变形冷作模具钢是在碳素工具钢的基础上加入少量合金元素（Cr、Mn、Si、W、V等）而发展起来的。加入合金元素的目的在于提高淬透性，减小淬火变形开裂倾向，形成特殊碳化物，细化晶粒及提高耐回火性，因而其强韧性、耐磨性、热硬性均高于碳素工具钢。低变形冷作模具钢的典型钢种有 CrWMn 钢和 9Mn2V 钢。

（1）CrWMn 钢　CrWMn 钢中同时含有 Cr 和 Mn，具有高的淬透性，又因含有 W 和 Cr 两种碳化物形成元素，使钢材中有较多的碳化物，因此工件淬火加回火后有较多的剩余碳化物，具有较高的硬度和耐磨性、较好的韧性及小的过热敏感性。但是，CrWMn 钢中碳化物不均匀性也比较严重，尤其是大直径钢材的中心很难避免二次碳化物网、碳化物带状偏析和液析，从而导致钢材脆性增大，易于崩落，降低了模具的寿命。

CrWMn 钢的锻造温度范围为 800～1140℃，锻后空冷到 650～700℃转入热灰中缓冷。为避免形成网状碳化物，需要反复进行镦粗拔长。

CrWMn 钢要求先在 960～980℃加热正火，以消除碳化物网，然后再进行球化退火，从而避免模具在不慎碰撞时发生断裂。对于较大的模坯，即使正火也无法避免碳化物网的形成，此时就应考虑更换钢种。

CrWMn 钢的正常淬火加热温度为 830～850℃，采用热油淬火或硝盐分级淬火。其耐回火性较好，在 260℃以下进行回火，硬度仍可高于 60HRC，在 250～300℃进行回火时，有回火脆性。

CrWMn 钢适合等温淬火处理，以使适量的下贝氏体分布在高强度马氏体的基体上，提高材料的强韧性。等温温度可选择 260～300℃，等温时间不得超过 1h，否则其韧性将明显降低。

CrWMn 钢的硬度、强度、韧性及淬透性均优于碳素工具钢，主要用于轻载冲裁模具（冲裁板厚小于 2mm）、轻载拉深模具和弯曲翻边模具等。但由于它形成网状碳化物的倾向大，因而制作大截面模具时应特别注意。

（2）9Mn2V 钢　9Mn2V 钢是利用我国丰富的 Mn、V 资源研制出来的不含铬的冷作模具钢，其中 Mn 的质量分数高达 1.7%～2.0%，主要用来提高钢的淬透性，同时加入 Si 和 V，以减小锰钢的过热敏感性。

9Mn2V 钢适于制造一般要求的、尺寸较小的冲裁模、冷压模、雕刻模和落料模等。制作板料厚度小于 4mm 的冲裁模时，刃磨寿命可稳定在 2 万～3.5 万次的水平。

3. 高耐磨微变形冷作模具钢

高耐磨微变形冷作模具钢有两类，即中铬微变形模具钢和高铬微变形模具钢。它们都是莱氏体钢，组织中有大量的共晶碳化物，淬火后有大量残留奥氏体，热处理变形小，耐磨性高，承载力大。其中高铬钢共晶碳化物较多，耐磨性好，韧性差；中铬钢共晶碳化物较少，耐磨性相对较差，但韧性较高，价格也较低廉。高耐磨微变形冷作模具钢的典型钢种有 Cr12 钢、Cr12MoV 钢、Cr4W2MoV 钢和 Cr12Mo1V1（D2）钢，其化学成分见表 10-4。

表 10-4 典型高耐磨微变形冷作模具钢的化学成分（质量分数,%）

牌号	C	Mn	Si	Cr	W	Mo	V
Cr12	2.2	—	—	12	—	—	—
Cr12MoV	1.5	—	—	12	—	0.5	0.2
Cr4W2MoV	1.2	—	0.5	3.8	2.2	1.0	1.0
Cr12Mo1V1	1.57	0.31	0.23	12	—	1.02	0.96

（1）Cr12 钢和 Cr12MoV 钢（通称为 Cr12 型钢） Cr12 型钢由于含有较多的 C 和 Cr 以及少量的 Mo、V，具有高硬度和高耐磨性。该钢铸态组织中含有大量的共晶碳化物，轧制后，大尺寸的钢材中仍残留明显的带状和网状碳化物，Cr12 钢尤为突出。带状和网状碳化物会诱发淬火变形开裂，使力学性能恶化，寿命降低。由于碳含量和合金元素含量均高，因此此类钢导热性差，塑性低，变形抗力大，锻造温度范围窄，组织缺陷严重，导致可锻性差，但该钢具有高的淬透性，可以实现微变形淬火。

锻造是提高莱氏体钢内在质量、延长模具使用寿命的关键。大截面钢坯锻造时，既要改善碳化物的不均匀性，又要使其热加工流线分布合理。图 10-6 所示为 Cr12 钢锻造球化退火后的组织，为共晶碳化物加点状及细粒状珠光体，退火硬度为 207～255HBW。

Cr12 型钢的淬透性高，空冷、油冷和硝盐分级淬火均可，淬火组织为马氏体 + 残留奥氏体 + 一次、二次碳化物。图 10-7 所示为 Cr12 钢淬火加回火后的组织：回火隐针马氏体 + 残留奥氏体 + 未溶碳化物。Cr12 型钢应避免在 275～375℃进行回火，因为该温度范围会产生回火脆性。

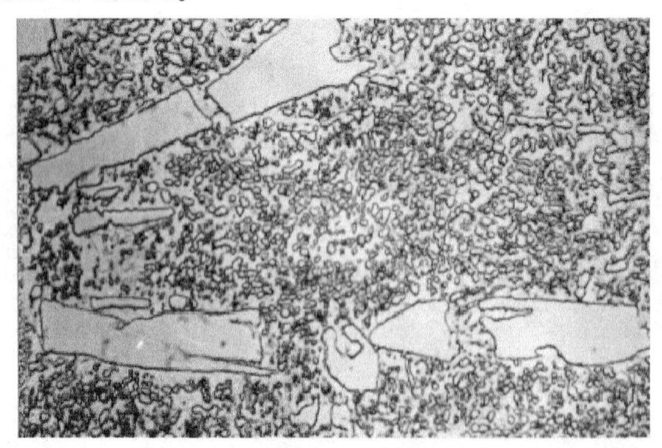

图 10-6 Cr12 钢锻造球化退火后的组织（1000×）

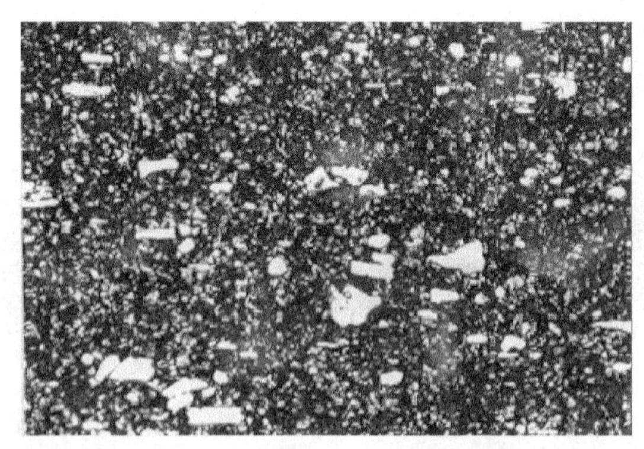

图 10-7 Cr12 钢淬火加回火后的组织（500×）

Cr12 型钢具有良好的耐磨性，但冲击韧度较差，易脆裂，多用于制造冲击载荷较小、要求高耐磨的冲模冲头和拉丝模、压印模、搓丝板、拉深模以及滚丝模等。

Cr12MoV 钢中，Mo 减轻了碳化物偏析，提高了淬透性；V 细化了晶粒，提高了韧性。该钢具有高的淬透性，淬火变形小，具有高的耐磨性及其他性能，可以制造截面大、形状复杂、冲击载荷较大的模具，如形状复杂的冲孔凹模、高耐磨冲模、硅钢片落料模、切边模、滚边模和拉丝模等。

（2）Cr4W2MoV 钢（高碳中铬钢） Cr12 型钢的碳化物不均匀性比较严重，使用中脆断倾向很大，Cr4W2MoV 钢就是针对 Cr12 型钢的缺点而研制的新钢种。Cr4W2MoV 钢的成分特点为：Cr 的质量分数减少了 2/3，W、Mo 含量稍多，使大规格钢材的碳化物不均匀性有了改善，并且具有良好的耐磨性、淬透性和二次硬化能力及尺寸胀缩可调节性，

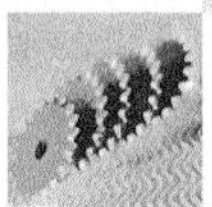

可实现微变形淬火。不过，该钢的锻造温度范围窄，易于过热、过烧、锻裂，退火软化也较困难。

Cr4W2MoV 钢坯的锻造加热温度为 1130～1150℃，球化退火工艺温度为 880～900℃，炉冷到 770℃保温 5～6h 后炉冷，退火硬度为 269HBW。

Cr4W2MoV 钢采用高淬高回工艺：1030℃淬火，520℃回火三次，具有高耐磨性和热硬性。采用低淬低回工艺：900～980℃淬火，200～290℃回火，具有良好的强韧性。

Cr4W2MoV 钢耐磨性、强韧性稍优于 Cr12 型钢，碳化物细小、均匀，淬火变形小，是 Cr12MoV 钢的替代钢种。

（3）Cr12Mo1V1 钢（D2 钢，高碳高铬莱氏体钢） Cr12Mo1V1 钢的 Mo 和 V 含量高于 Cr12MoV 钢，Mo、V 含量的增加进一步细化了晶粒，改善了碳化物的不均匀性，有利于淬透性、强韧性及耐磨性的提高。因而，Cr12Mo1V1 钢具有高淬透性和淬硬性、良好的耐磨性，高温抗氧化性能好，淬火和抛光后耐蚀性好，热处理变形小。不过，该钢的屈服强度及塑性变形抗力比 Cr12MoV 钢高，因而其可锻性和热塑性、成形性略差。

Cr12Mo1V1 钢的综合性能优于 Cr12 型钢，国际上广泛使用它来制造各种高精度、长寿命的冷作模具、刃具和量具，如形状复杂的冲孔凹模、冷挤压模、滚丝模、搓丝板、冷剪切刀和精密量具等。

4. 高强度高耐磨冷作模具钢

高强度高耐磨冷作模具钢即高速工具钢，除用来制作高速切削刃具外，还可以制作冷作模具，是重载冲头的基本材料。高速工具钢的典型钢种为 W18Cr4V（钨系高速工具钢）和 W6Mo5Cr4V2（钨钼系高速工具钢）。

高速工具钢具有高抗压强度、高耐磨性和高热稳定性等特点。与 Cr12MoV 钢相比，高速工具钢除韧性、扭转性能和耐磨性稍差外，其他性能均优于 Cr12MoV 钢。W6Mo5Cr4V2 钢易氧化、脱碳，热加工及热处理时应加以注意，但它的综合性能优于 W18Cr4V 钢。

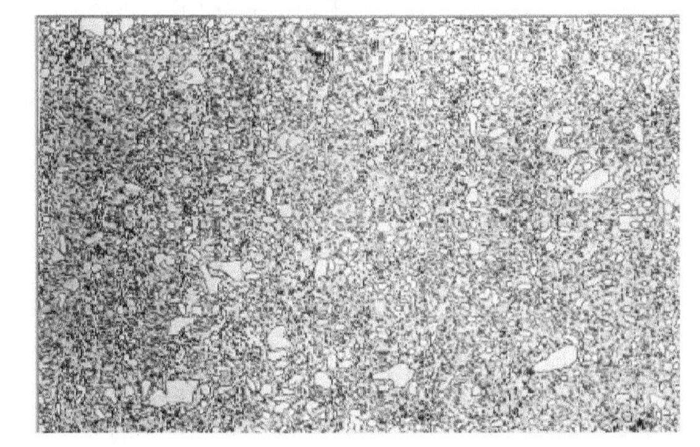
图 10-8 W18Cr4V 高速工具钢锻造退火组织（800×）

高速工具钢的锻造加热温度为1220～1240℃，为改善碳化物分布，需要反复镦粗拔长。图 10-8 所示为 W18Cr4V 高速工具钢锻造退火组织，为索氏体加碳化物。

高速工具钢锻造后应立即进行球化退火，目的是降低硬度，便于机械加工，同时也为了使共析碳化物球化，为进一步热处理打下组织基础。

W18Cr4V 钢的淬火加热温度为 1260～1290℃，采用油冷淬火或分级淬火。W18Cr4V 钢的 1280℃油冷淬火组织如图 10-9 所示，为隐针马氏体 + 残留奥氏体 + 未溶碳化物，原奥氏体晶界明显可见。W6Mo5Cr4V2 钢的淬火加热温度为 1210～1250℃，采用油冷淬火或分级淬火。淬火温度越高，基体含碳量越多，其耐磨性、抗压强度越高，而韧性越低。高速工具钢的抗弯强度存在一个峰值，W18Cr4V 钢的峰值出现在 1230～1250℃，W6Mo5Cr4V2 钢的峰值出现在 1170～1190℃。

W18Cr4V钢的回火温度为560℃，回火三次，每次1h。图10-10所示为W18Cr4V钢1280℃加热油冷、560℃回火三次、每次1h得到的组织：回火马氏体+碳化物。W6Mo5Cr4V2钢的回火温度为540～560℃，回火三次，每次1h。W6Mo5Cr4V2钢在500～600℃回火时会产生二次硬化效应，但韧性处于低谷。

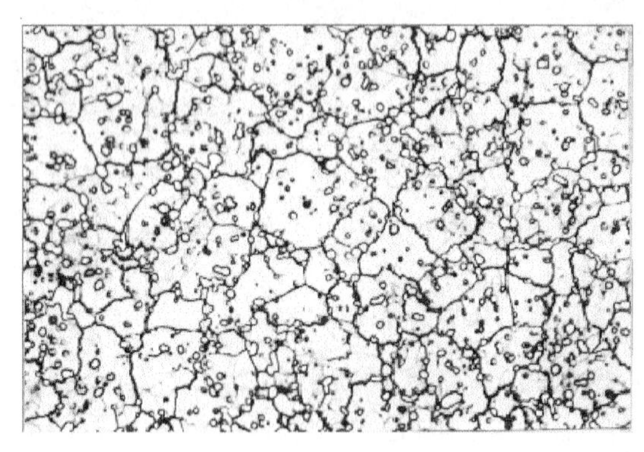

图10-9 W18Cr4V高速工具钢淬火组织（500×）

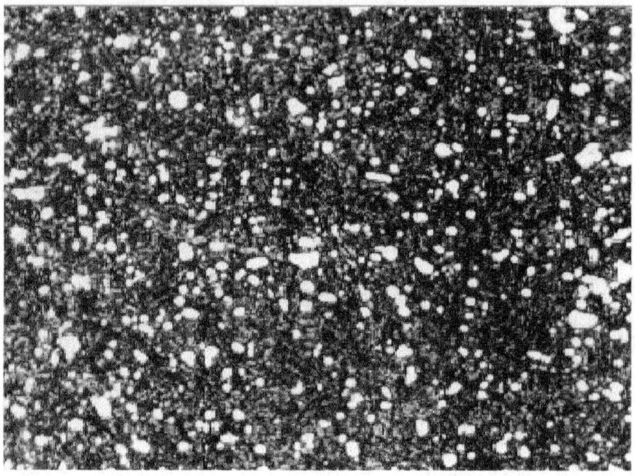

图10-10 W18Cr4V高速工具钢淬火加回火组织（500×）

冷作模具对热硬性要求不高，主要要求是具有较高的强度和韧性，所以对于高承载的高速工具钢，采用低温淬火和低温回火方法可以防止崩刃和折断。一般来说，W18Cr4V钢淬火温度不宜低于1220℃，W6Mo5Cr4V2钢不宜低于1140℃。否则，碳化物不均匀性的影响将会更加突出，钢材的强度、韧性和耐磨性都会下降。

高速工具钢最佳的低温热处理工艺为：W18Cr4V钢，1220～1240℃加热，油冷淬火或分级淬火；W6Mo5Cr4V2钢，1150～1180℃加热，油冷淬火或分级淬火。其加热保温时间可以适当加长，以使模具中心也能淬透。

高速工具钢主要用于制造重载冲头，如冷挤压冲头、冷镦冲头和中厚板冲孔冲头。

5. 高强韧性冷作模具钢

低合金钢、不锈钢和轴承钢的冷挤压模具，对模具材料提出了高硬度、高耐磨性及高韧性的要求，但铬钨硅系钢的耐磨性不够，而高铬钢、中铬钢和高速工具钢中碳化物过多，韧性又不足。目前已研制出多种高强韧性模具钢，如降碳型高速工具钢、基体钢、低合金高强度钢、马氏体时效钢等。高强韧性冷作模具钢的典型钢种有6W6Mo5Cr4V（6W6）、6Cr4W3Mo2VNb（65Nb）、7Cr7Mo2V2Si（LD）、6CrNiSiMnMoV（GD）、7CrSiMnMoV（CH-1）和8Cr2MnWMoVS，其化学成分见表10-5。

表10-5 高强韧性冷作模具钢的化学成分（质量分数,%）

类别	牌号	C	Si	Mn	Cr	W	Mo	V	其他
降碳型高速工具钢	6W6Mo5Cr4V	0.64	≤0.35	≤0.66	3.70～4.30	6.00～7.00	4.50～5.50	0.70～1.10	Ni0.20
基体钢	6Cr4W3Mo2VNb	0.64	0.26	0.32	4.02	2.96	2.13	0.88	
	7Cr7Mo2V2Si	0.68～0.78	0.70～1.20	≤0.40	6.50～7.50	—	1.90～2.50	1.70～2.20	

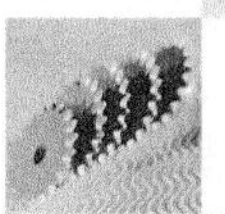

（续）

类别	牌号	C	Si	Mn	Cr	W	Mo	V	其他
低合金高强度钢	8Cr2MnWMoVS	0.75～0.85	≤0.04	1.30～1.70	2.30～2.60	0.70～1.10	0.50～0.80	0.10～0.25	
	7CrSiMnMoV	0.65～0.75	0.85～1.10	0.65～1.05	0.90～1.20	—	0.20～0.50	0.15～0.30	
	6CrNiSiMnMoV	0.69	0.81	0.96	1.16	—	0.60	—	Ni0.90

（1）6W6Mo5Cr4V 钢（6W6 钢，降碳型高速工具钢）　6W6 钢相对于 W6Mo5Cr4V2 钢，碳的质量分数降低了 0.21%，钒的质量分数降低了 1.05%～1.11%，导致碳化物总量降低；碳化物不均匀性得到改善；淬火态的抗弯强度和伸长率提高了 30%～50%，冲击韧度提高了 50%～100%，但硬度下降了 2～3HRC；其锻造温度范围稍窄，变形抗力大，含碳量低，耐磨性稍差，易产生脱碳。

6W6 钢坯的锻造加热温度为 1100～1140℃，需深透锻造，并要控制流线方向。6W6 钢的锻后退火工艺如图 10-11 所示。

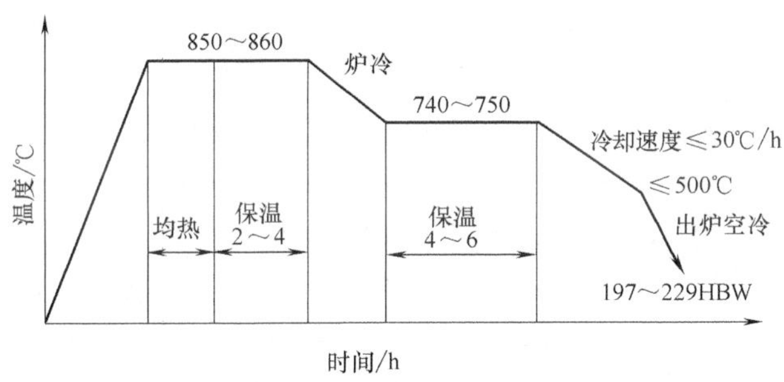

图 10-11　6W6 钢的锻后退火工艺

6W6 钢的淬火加回火工艺为：淬火温度为 1180～1200℃，回火温度为 560～580℃，回火三次，每次 1.5h，具有良好的韧性和较高的耐磨性。6W6 钢淬火、回火温度对力学性能的影响如图 10-12 所示。

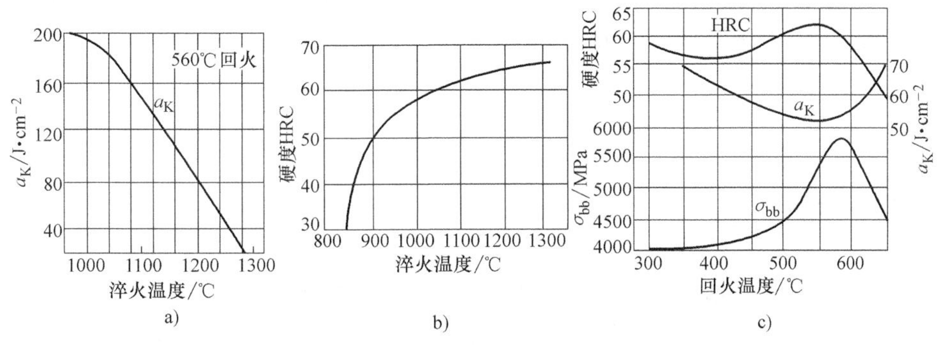

图 10-12　6W6 钢淬火、回火温度对力学性能的影响

a）淬火温度对冲击韧度的影响　b）淬火温度对硬度的影响　c）回火温度对硬度、冲击韧度及抗弯强度的影响

6W6 钢可取代高速工具钢或高碳高铬钢制造钢铁材料冷挤压冲头或冷镦冲头，寿命可提高 2～10 倍。

(2) 基体钢　基体钢是指成分与高速工具钢正常淬火基体组织(M)成分大致相同，而性能有所改善的一类钢。基体钢过剩碳化物少且细小均匀，工艺性能好，强韧性明显改善。一般来说，在高速工具钢(莱氏体)的基体成分上添加少量其他元素，适当改变其含碳量，改善其性能以适应某些要求的钢种，目前都称为基体钢。基体钢的典型钢种有6Cr4W3Mo2VNb(65Nb)和7Cr7Mo2V2Si(LD)。

(3) 6Cr4W3Mo2VNb(65Nb)钢　65Nb钢是以W6Mo5Cr4V2高速工具钢为母体，在其淬火基体成分的基础上，适当增加碳的质量分数，并用少量Nb合金化的改型基体钢。它具有高速工具钢的高硬度和高强度，又具有比高速工具钢更高的韧性和疲劳强度，加入的适量Nb起到了细化晶粒的作用，改善了韧性和工艺性能。65Nb钢的变形抗力比高速工具钢、高铬钢低，导热性较差，退火易软化，硬度可降低至180HBW左右，可冷挤压成形。

65Nb钢钢坯的锻造加热温度为1120～1150℃，锻后坑冷或砂冷。其常规球化退火工艺为加热温度860℃，保温3～4h，缓冷到500℃出炉，退火后硬度为183～207HBW。延长等温时间，其硬度可降至180HBW左右。

65Nb钢淬火温度为1080～1190℃，要求耐磨性好时加热温度取上限，要求韧性好时加热温度取下限，一般取1120～1160℃；回火温度为540～580℃，回火两次。在300℃回火时，会产生回火脆性。

65Nb钢是一种高强韧性冷热兼用模具钢，主要用于制作形状复杂的非铁金属挤压模、冲模、冷剪模及单位挤压力为2500MPa的钢铁材料冷挤压模具，也可用于轴承和标准件，用于汽车行业中的锻模、冲模及剪切模具，可获得高的使用寿命。

(4) 7Cr7Mo2V2Si(LD)钢　LD钢是一种不含W的基体钢，其C、Cr、Mo、V的质量分数均高于高速工具钢基体，所以钢的淬透性和二次硬化能力有所提高，V的二次硬化效应尤为强烈。其中VC能显著细化晶粒，提高钢的韧性和耐磨性；Si能强化基体，增强二次硬化效果，提高耐回火性。在保持较高韧性的情况下，其抗压强度、抗弯强度及耐磨性均比65Nb钢高。LD钢的淬火温度范围宽，可锻性良好，导热性较差，退火易软化，硬度可降低至180HBW左右，可冷挤压成形。

LD钢钢坯的锻造加热温度为1120～1130℃，锻后坑冷或砂冷。其等温球化工艺为：850℃加热，保温3～4h，冷却到740℃左右，再等温4～6h，炉冷到500℃出炉，退火后硬度为170～240HBW。

LD钢的淬火温度为1100～1150℃，采用热油淬火或分级冷却；回火温度为530～540℃，回火三次，每次1～2h。为提高其韧性，可采用低淬低回工艺，淬火温度为1050～1080℃，回火温度为180～220℃，回火硬度为58～60HRC。LD钢在一定热处理条件下的力学性能见表10-6。

表10-6　LD钢在一定热处理条件下的力学性能

热处理工艺	硬度HRC	压缩屈服强度 $R_{pc0.2}$/MPa	抗弯强度 σ_{bb}/MPa	挠度 f/mm	冲击韧度 a_K/J·cm^{-2}
1100℃淬火，550℃回火，三次，1h/次	61	2550	5430	16.5	116
1100℃淬火，570℃回火，三次，1h/次	60	2340	4990	16.5	104
1150℃淬火，550℃回火，三次，1h/次	62	2860	5590	12.7	98
1150℃淬火，570℃回火，三次，1h/次	61	2660	5190	8.3	104

LD 钢主要用于重载荷的冷挤、冷镦、冲压和冷弯曲等模具，其寿命比高铬钢和高速工具钢提高了几倍到几十倍。

（5）6CrNiSiMnMoV（GD）钢　GD 钢是一种碳化物偏析小而淬透性高的高强韧性钢，属于低合金高强度钢和低温空淬微变形钢。由于基体钢中合金元素总的质量分数大于 10%，成本较高，淬火温度区间较窄，限制了基体钢在中小企业的使用，GD 钢就是针对基体钢的这一缺陷而研制的一种新型钢种。

GD 钢的化学成分与 CrWMn 钢相比，降低了含碳量，新增了镍、硅元素，合金元素总的质量分数为 4% 左右；强韧性好；淬火温度低，淬火区间宽，淬透性及淬硬性好，空淬变形小；碳化物偏析小，下料后可直接使用，如需锻造，其可锻性良好。

GD 钢钢坯的锻造温度为 850～1120℃，锻后需缓冷，并应立即退火。

GD 钢是空冷微变形模具钢，退火不易软化，其等温球化退火工艺为：加热温度 760～780℃，保温 2h，然后以 30℃/h 的速度降温到 680℃，再保温 6h 左右，炉冷到 550℃左右出炉空冷。退火后硬度为 230～240HBW。

GD 钢最佳的热处理工艺为：加热到 870～930℃，油冷淬火，回火温度为 175～230℃，回火一次，2h。

GD 钢可以替代 CrWMn 钢、Cr12 型钢、9Mn2V 钢和 6CrW2Si 钢制造各种异形、细长薄片冲压凸模，形状复杂的大型凸凹模，中厚板冲裁模及剪刀片，精密淬硬塑料模具等，模具的寿命大幅度提高，模具使用过程中很少崩刃和断裂。

（6）7CrSiMnMoV（CH-1）钢　CH-1 钢又称为火焰钢，属于低合金高强度钢和低合金空淬微变形钢，其淬火温度区间宽，过热敏感性小，利于火焰淬火，具有操作简便、成本低、节约能源的优点。CH-1 钢的淬透性及淬硬性好，热处理变形小；具有高的综合强韧性和良好的耐磨性；碳化物偏析小，塑性变形抗力低，可锻性良好；焊接性好，可满足模具的补焊要求。

CH-1 钢主要用于制造各类冷作模具，如薄板冲孔模、整形模、切边模和冷挤压模等。用它替代 T10A、9Mn2V 和 Cr12MoV 等钢制造模具，寿命可提高 3～4 倍。

6. 高耐磨高韧性冷作模具钢

高强韧性钢虽然克服了高铬钢和高速工具钢的脆断倾向，但由于钢中含碳量的减少，其耐磨性不如高铬钢和高速工具钢，因而对于一些以磨损为主要失效形式的模具，上述钢种仍满足不了要求。为此，研究了高耐磨高韧性冷作模具钢，其典型钢种有 9Cr6W3Mo2V2（GM）钢和 Cr8MoWV3Si（ER5）钢。

（1）9Cr6W3Mo2V2（GM）钢　GM 钢是一种制作精密、耐磨、高寿命冷作模具的新钢种。它是莱氏体钢，其韧性和耐磨性均高于 Cr12 型高碳高铬模具钢。GM 钢中碳及铬的质量分数都只有 Cr12MoV 钢的一半，因此大大降低了共晶碳化物的不均匀分布程度，其合金元素总量低于高速工具钢，成分适中，不含一次粗大碳化物，可锻性良好。GM 钢有较宽的淬火温度范围，适当增加钨、钼、钒的质量分数后，既可以提高淬透性，又可以细化晶粒，并提高基体强度，使二次硬化效果明显，提高耐回火性。GM 钢还有良好的线切割加工性能。

GM 钢主要用于级进模、高强度螺栓滚丝模和电动机转子片复式冲模等。

（2）Cr8MoWV3Si（ER5）钢　ER5 钢的耐磨性优于 GM 钢，其他性能也类似于 GM 钢。

其可锻性良好，淬火温度范围较宽，二次硬化效果明显，热处理变形小，耐回火性高，工艺性能良好，制作工艺简单，材料成本适中。

ER5 钢主要用于制作大型重载冷墩模和精密冲模等，如电动机硅钢片冲模和大尺寸轴承滚子冷墩模。

10.3.2　硬质合金

硬质合金的种类很多，但用于制造模具的硬质合金通常为金属陶瓷硬质合金和钢结硬质合金，其典型牌号有 YG8 ~ YG25 和 DT 合金。

（1）金属陶瓷硬质合金　金属陶瓷硬质合金是将高熔点、高硬度的 WC、TiC 等金属碳化物粉末和粘结剂 Co、Ni 等混合、成形，经烧结而成的一种粉末冶金材料。该硬质合金具有高的硬度、高的抗压强度和高的耐磨性，但其脆性大，不能进行锻造及热处理。表 10-7 列出了钨钴类硬质合金的成分与性能，此类硬质合金主要用来制作多工位级进模、大直径拉深凹模的镶块。

表 10-7　钨钴类硬质合金的成分与性能

牌号	成分（质量分数,%）		力学性能					
	WC	Co	硬度 HRA	抗弯强度 σ_{bb}/MPa	抗压强度 R_{mc}/MPa	弹性模量 E/GPa	冲击韧度 a_K/J · cm^{-2}	密度 /g · cm^{-3}
YG8	92	8	89	1500	4470	—	2.5	14.4 ~ 14.8
YG15	85	15	87	2000	3660	540	4.0	13.9 ~ 14.2
YG20	80	20	85.6	2600	3500	500	4.8	13.4 ~ 13.7
YG25	75	25	84.5	2700	3300	470	5.5	12.9 ~ 13.2

（2）钢结硬质合金　钢结硬质合金是介于硬质合金和工模具钢之间的一种新型工模具材料。钢结硬质合金的硬质相也是难熔金属的碳化物，但粘结相则是钢基体，因此它既具有高硬度和高耐磨性，又具有高的强度和韧性，同时还有较好的抗热裂能力，不易崩刃和碎裂，是理想的工模具材料。

钢结硬质合金最重要的工艺特征之一是可锻性，因为锻造不仅可以使材料成形，而且可以改善硬质相的分布，减少硬质相的偏析，减少内部孔隙，提高合金密度。

钢结硬质合金的硬质相主要是 WC 和 TiC，以 TiC 为硬质相的硬质合金有 GT35、T1 和 TM60 等。WC 钢结硬质合金是我国 20 世纪 60 年代研制的，以牌号 TLMW50 供应市场。第二代 WC 钢结硬质合金是在 20 世纪 80 年代研制的，简称 DT 合金，是较理想的模具材料。钢结硬质合金的化学成分与性能见表 10-8。

表 10-8　钢结硬质合金的化学成分与性能

型号	牌号	钢基体	硬质相及其质量分数	硬度 HRC		抗弯强度 σ_{bb}/MPa	冲击韧度 a_K/J · cm^{-2}	密度 /g · cm^{-3}
				退火态	淬火态			
WC	TLMW50	合金钢	50% WC	35 ~ 40	66 ~ 68	2000	7.8 ~ 9.8	10.2
	GW50	合金钢	50% WC	38 ~ 43	69 ~ 70	1700 ~ 2254	10.8 ~ 12.1	10.2
	DT	合金钢	40% WC	32 ~ 36	62 ~ 64	2450 ~ 3530	14.7 ~ 19.6	9.7

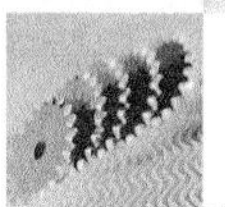

（续）

型号	牌号	钢基体	硬质相及其质量分数	硬度 HRC		抗弯强度 σ_{bb}/MPa	冲击韧度 a_K/J·cm^{-2}	密度 /g·cm^{-3}
				退火态	淬火态			
TiC	GT35	合金钢	35% TiC	39～46	67～69	1372～1764	5.8～6.0	6.5
	T1	钨钼高速钢	35% TiC	44～48	68～72	1274～1470	3.0～4.9	6.6
	TM60	高锰钢	45% TiC	59～61	59～61	2058	9.4～10.6	6.2

DT合金性能优越，越来越多地用来制作冷镦模、冷挤压模、冲裁模和拉深模等，使用效果良好，在定转子冲裁模、落料模方面，DT合金模具比W18Cr4V钢、Cr12MoV钢模具的使用寿命至少提高6～30倍；在民用五金行业的冷镦模、拉深模方面，DT合金模具比Cr12钢模具的寿命提高10～32倍，从而使成本大幅度降低。DT合金的价格比合金钢贵几倍，小批量生产时，技术经济效益不明显。

10.4 案例

案例1 M16螺母冷镦压球模

冷镦压球模在冷镦硬度为200～220HBW的40Cr的M16螺母时，要求的热处理硬度为60～63HRC，压球形孔的同心度小于0.05mm，可选用Cr4W2MoV钢制冷镦压球模，并采用如图10-13所示的热处理工艺，在920～940℃低温加热淬火，经200～220℃的1.5～2h回火后仍有较高的硬度、强度与耐磨性，奥氏体晶粒为13级超细晶粒，强韧性高。压球模不易胀裂失效，使用寿命可比CrWMn模高3～5倍。

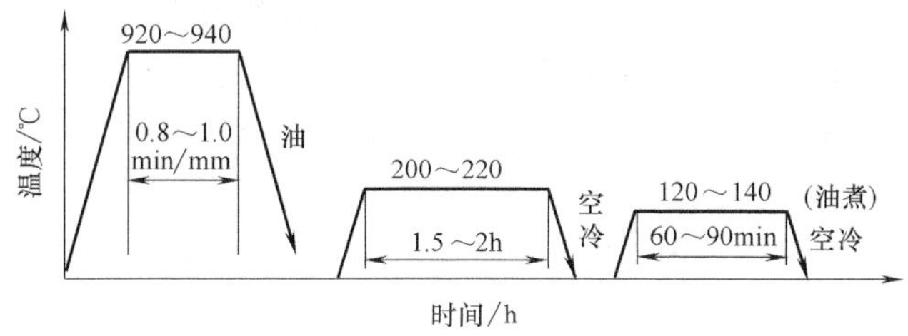

图10-13 Cr4W2MoV钢制M16螺母冷镦压球模热处理工艺

案例2 大型拉深凹模

大型拉深凹模的外形尺寸如图10-14所示，它装在200t的摩擦压力机上，将3mm厚的平钢板一次拉深成内径为ϕ314mm、内高为283mm的球面罐。该模具的主要失效形式是凹模模面及半圆处的磨损，因此要求模具有较高的强度和良好的耐磨性。

该模具曾采用Cr12钢制作，热处理后硬度为60HRC，但在拉深时发现有粘料现象，后改用牌号为QT500－7的铸态高强度球墨铸铁制作，经双介质淬火和马氏体分级

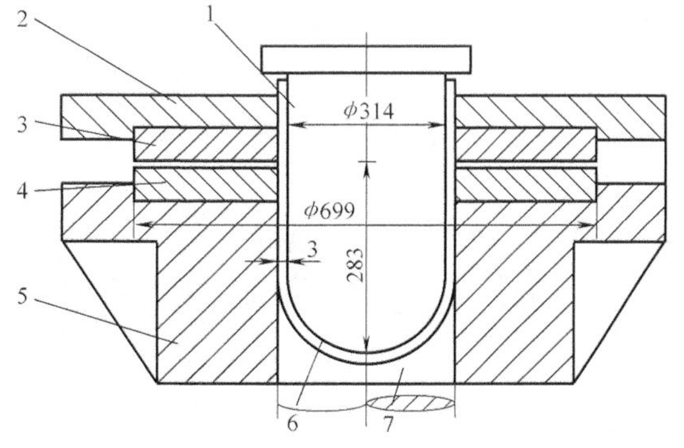

图10-14 大型拉深凹模的外形尺寸
1—凸模 2—凸模压板座 3—凸模压料座 4—凹模 5—凹模座 6—退料柱 7—工件

等温处理（热处理工艺见图 10-15）后，硬度达到 54～58HRC，使用寿命可达 10 万～16 万件，比 Cr12 钢制作的模具高 10 倍以上。这是因为经上述工艺处理后，该模具具有高的强度和较高的韧性，同时铸态的球墨铸铁中存在均匀密布的球状游离态石墨，可提高润滑性能和耐磨性，从而使模具达到很高的寿命水平。

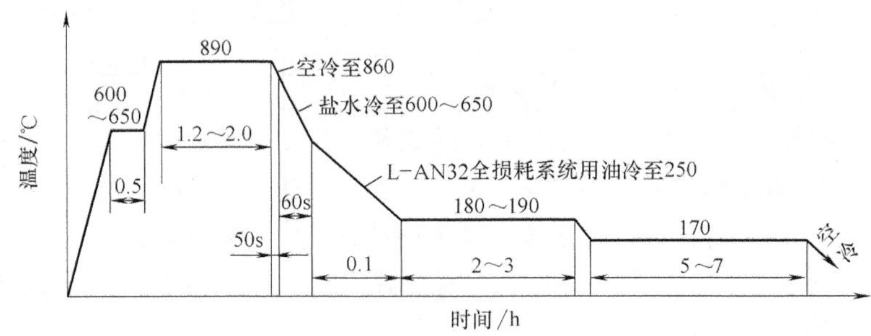

图 10-15 QT500-7 制拉深模的热处理工艺

思 考 题

1. 简述冷作模具的工作条件及失效形式。

2. 冷作模具钢应具备哪些使用性能和工艺性能？

3. 冷作模具钢的化学成分有什么特点？

4. 冷作模具钢是如何分类的？

5. 比较低淬透性冷作模具钢与低变形冷作模具钢在性能和应用上的区别。

6. 比较 Cr12 型冷作模具钢与高速工具钢在性能和应用上的区别。

7. 为什么高速工具钢坯要反复锻造？为什么锻造后、切削加工前要退火？淬火温度选在高温（1280℃）的目的是什么？为什么淬火后要进行三次以上的回火？

8. 什么是基体钢？它有哪些典型钢种？与高速工具钢相比，其成分、性能特点有什么不同？应用场合如何？

9. 用 Cr12MoV 钢制作硅钢片凹模，凹模外形尺寸为 160mm×110mm×60mm，冲制 0.3 mm 厚的硅钢片，制作凹模的工艺流程为：锻造→球化退火→机械加工→预调质处理→精加工→一次硬化处理。试分析各热处理工序的目的，并确定工艺参数。

10. 简述 GD 钢、GM 钢、ER5 钢的成分、性能和应用特点。

11. 7CrSiMnMoV 钢具有哪些特性？为什么说该钢适于火焰淬火？它可用于何种要求的冷作模具？

12. 简述钢结硬质合金的特点。

13. 分别举例说明冲裁模、冷镦模、冷挤压模的选材原则及热处理要点。

14. 拉深模的基本性能要求有哪些？如何预防拉深模的拉毛磨损和粘料？

15. 冷作模具的强韧化处理工艺有哪些？说明其工艺特点。

第 11 章　非铁金属及粉末冶金材料

在工业生产中，通常把铁碳合金之外的所有金属材料称为非铁金属材料。非铁金属的种类繁多，具有许多铁碳合金所不具备的优良性能，成为现代工业不可或缺的金属材料，广泛应用于机电、仪表、航空、航天及航海等工业上。

11.1　铝及铝合金

11.1.1　工业纯铝

工业纯铝具有面心立方晶格，呈银白色，无同素异构转变，其熔点只有660℃，密度低（约为 $2.7\times10^3\mathrm{kg\cdot m^{-3}}$），具有良好的导电性和导热性，且塑性好（$A=80\%$）。在大气中工业纯铝表面能形成致密的 Al_2O_3 薄膜而阻止基体的进一步氧化，这使其具有优良的耐大气腐蚀性能；同时，工业纯铝的强度低（$R_m=80\sim100\mathrm{MPa}$），冷变形大，一般不易作为结构材料使用。

工业纯铝的主要用途是：可代替贵重的铜合金，制作导线；配制各种铝合金以及制作要求质量小、导热性好或耐大气腐蚀但强度要求不高的器具。由于工业纯铝中含有铁和硅等杂质，因此它的性能如导电性、导热性、耐蚀性及塑性将随着其纯度的降低而变差。工业纯铝的牌号中以数字来表示纯度的高低。

11.1.2　铝合金

铝合金是向工业纯铝中加入适量的 Si、Cu、Mg、Mn 等合金元素，进行固溶强化和第二相强化而得到的。铝合金可提高纯铝的强度并保持纯铝的特性，一些铝合金还可经冷变形强化或热处理进一步提高强度。

以铝为基体的二元合金一般具有如图 11-1 所示的二元相图，根据该相图上最大溶解度对应的 D 点，把铝合金分为变形铝合金和铸造铝合金。

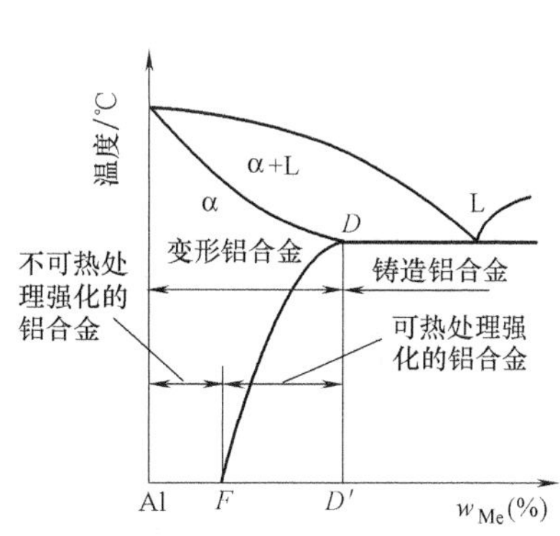

图 11-1　铝合金的分类示意图

1. 变形铝合金

由图 11-1 可知，D 点以左成分所对应的合金，当加热到固溶线以上时，可得到单相固溶体，其塑性很好，适于进行压力加工，称为变形铝合金。变形铝合金又可分为两类：对应相图中 F 点以左成分的合金，其 α 固溶体成分不随温度变化而变化，故不能用热处理的方法使之强化，属于不可热处理强化的铝合金；成分在 D

点和 F 点之间的铝合金，其 α 固溶体成分随温度变化而变化，可用热处理强化，属于可热处理强化的铝合金。

（1）变形铝合金的分类与牌号　变形铝合金根据其性能特点和用途可分为防锈铝合金（LF）、硬铝合金（LY）、超硬铝合金（LC）和锻造铝合金（LD）；按热处理时效强化效果的不同，变形铝合金分为不可热处理强化铝合金（防锈铝合金）与可热处理强化铝合金两类。常用变形铝合金的牌号、力学性能、成分和用途见表 11-1。

表 11-1　常用变形铝合金的牌号、力学性能、成分和用途

类别		牌号	曾用牌号	主要化学成分					处理状态	力学性能			用途举例
				w_{Cu} (%)	w_{Mg} (%)	w_{Mn} (%)	w_{Zn} (%)	$w_{其他}$ (%)		R_m/ /MPa	A (%)	HBW	
不可热处理强化的铝合金	防锈铝合金	5A05	LF5	0.1	4.8 ~ 5.5	0.3 ~ 0.6	0.2	Si0.5 Fe0.5	O	280	20	70	焊接油箱、油管、焊条、铆钉以及中等载荷零件及制品
		3A21	LF21	0.2	0.05	1.0 ~ 1.6	0.1	Si0.6 Ti0.15 Fe0.7	O	130	20	30	焊接油箱、油管、焊条、铆钉以及轻载荷零件及制品
可热处理强化的铝合金	硬铝合金	2A01	LY1	2.2 ~ 3.0	0.2 ~ 0.5	0.2	0.10	Si0.5 Ti0.15 Fe0.5	线材 T4	300	24	70	工作温度低于100℃的结构用中等强度铆钉
		2A11	LY11	3.8 ~ 4.8	0.4 ~ 0.8	0.4 ~ 0.8	0.3	Si0.7 Ti0.15 Fe0.7 Ni0.1	板材 T4	420	18	100	中等强度结构零件，如骨架、模锻的固定接头、螺旋桨叶片、螺栓和铆钉
		2A12	LY12	3.8 ~ 4.8	1.2 ~ 1.8	0.3 ~ 0.9	0.3	Si0.5 Ti0.15 Fe0.5 Ni0.1	板材 T4	470	17	105	高强度结构零件，如骨架、蒙皮、隔框、肋、梁、铆钉等在150℃以下工作的零件
	超硬铝合金	7A04	LC4	1.4 ~ 2.0	1.8 ~ 2.8	0.2 ~ 0.6	5.0 ~ 7.0	Si0.5 Fe0.5 Cr0.1 ~ 0.25	T6	600	12	150	结构中的主要受力件，如飞机大梁、桁架、加强框、蒙皮、接头及起落架
	锻造铝合金	2A50	LD5	1.8 ~ 2.6	0.4 ~ 0.8	0.4 ~ 0.8	0.3	Si0.7 ~ 1.2	T6	420	13	105	形状复杂、中等强度的锻件及模锻件
		2A70	LD7	1.9 ~ 2.5	1.4 ~ 1.8	0.2	0.3	Ti0.02 ~ 0.1 Ni0.9 ~ 1.5 Fe0.9 ~ 1.5	T6	415	13	120	内燃机活塞，高温下工作的复杂锻件、板材，可制作高温下工作的结构件
		2A14	LD10	3.9 ~ 4.8	0.4 ~ 0.8	0.4 ~ 1.0	0.3	Si0.6 ~ 1.2 Ti0.15 Fe0.7 Ni0.1	T6	480	19	135	承受重载荷的锻件和模锻件

注：1. O——包铝板材退火状态，T4——包铝板材固溶处理＋自然时效状态，T6——包铝板材固溶处理＋人工时效状态。

2. 防锈铝合金为退火状态指标，硬铝合金为固溶处理＋自然时效状态指标，超硬铝合金为固溶处理＋人工时效状态指标，锻造铝合金为固溶处理＋人工时效状态指标。

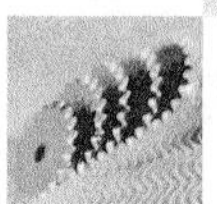

按 GB/T 16474—2011 的规定，变形铝及铝合金采用四位数字体系和四位字符体系表示牌号。牌号的第一位数字表示铝及铝合金的组别；第二位数字或字母表示纯铝或铝合金的改型情况，其中字母“A”表示原始纯铝，数字“0”表示原始合金，“B～Y”或“1～9”表示原始合金的改型情况；牌号最后两位数字用以标识同一组中不同的铝合金，对于纯铝则表示铝的最低质量分数（%）。

（2）常用的变形铝合金

1）不可热处理强化的铝合金（防锈铝合金）有 Al-Mn 系（如 3A21）、Al-Mg 系（如 5A05、5A11）及 Al-Zn-Mg-Cu 系合金。

2）可热处理强化的铝合金。

① 硬铝合金（Al-Cu-Mg 系）。硬铝合金基本上为铝-铜-镁合金，其中还含有少量的锰。硬铝合金经固溶处理及时效后，能保持足够的塑性，同时有较高的强度和硬度，但其耐蚀性差，在海水中尤甚。为提高其耐蚀性，常在硬铝合金表面包覆一层纯铝。根据成分和性能特点，可将硬铝合金分为铆钉硬铝、标准硬铝和高强度硬铝等。它们广泛应用于飞机和火箭的制造中。

② 超硬铝合金（Al-Zn-Mg-Cu 系）。超硬铝合金是室温力学性能最好的变形铝合金，其强度和硬度高于硬铝合金，既可通过热处理强化，也可采用冷变形强化，但其耐蚀性、耐热性较差。超硬铝合金常用于制造飞机上受力大的结构零件。

③ 锻造铝合金（Al-Cu-Mg-Si 系）。锻造铝合金的主要特点是热塑性好，适合锻造。锻造铝合金主要用于飞机和仪表制造业中要求比强度高、形状较复杂的锻压件。

2. 铸造铝合金

相图（见图 11-1）中成分位于 D 点右边的合金，由于固态时具有共晶组织，适于铸造，因此称为铸造铝合金。铸造铝合金中也有成分随温度而变化的 α 固溶体，故可以用热处理对其强化，相图中成分距 D 点越远的合金，α 相越少，强化效果越不明显。

铸造铝合金的力学性能不如变形铝合金，但其铸造性能好，可进行各种成形铸造，用于生产形状复杂的零件，如发动机缸体、活塞和曲轴箱等。按照主要元素的不同，铸造铝合金分为 Al-Si 系、Al-Cu 系、Al-Mg 系和 Al-Zn 系四类，其中以 Al-Si 系的应用最为广泛。

铸造铝合金的代号由“ZL + 三位阿拉伯数字”组成，其中“ZL”是“铸铝”二字的汉语拼音字首，其后第一位数字表示合金系列，如 1、2、3、4 分别表示铝硅、铝铜、铝镁和铝锌系列合金，第二、第三位数字表示顺序号。例如：ZL102 表示铝硅系 02 号铸造铝合金。若为优质铝合金，则在代号后加“A”表示，压铸铝合金在牌号前面加字母“YZ”。

铸造铝合金的牌号由“Z + 基体金属的化学元素符号 + 合金元素符号 + 数字”组成，其中“Z”是铸字的汉语拼音字首，合金元素符号后的数字是以名义百分数表示的该元素的质量分数。例如：ZAlSi12 表示 $w_{Si}=12\%$ 的铸造铝合金。

常用铸造铝合金的牌号、代号、力学性能和用途见表 11-2。

3. 铝合金的时效强化

碳的质量分数较高的钢，在淬火后其强度、硬度立即提高，而塑性急剧下降。然而对于可热处理强化的铝合金却不同，当它加热到 α 相区，保温后在水中快速冷却，其硬度并没有明显升高，而塑性却得到改善，这种热处理称为固溶处理。

通过热处理强化的铝合金，淬火后强度和硬度并不会明显升高，只有在室温下停留相当长的时间或在低温加热并保持一段时间后，其强度和硬度才会显著提高，同时塑性下降，这种淬火后铝合金的强度和硬度随时间延长而显著升高的现象称为时效强化或时效硬化。在室温下进行的时效称为自然时效，在加热条件下进行的时效称为人工时效。例如，铜的质量分数为4%的铝合金，在退火状态下，其抗拉强度 R_m = 180 ~ 200MPa，伸长率 A = 18%，经淬火后其 R_m = 240 ~ 250MPa，A = 20% ~ 22%，又经4 ~ 5天放置后，其强度显著提高，R_m 可达420MPa，而 A 则降为18%。

表11-2　常用铸造铝合金的牌号、代号、力学性能和用途

类别	牌号	代号	铸造方法	热处理方法	力学性能			用途
					R_m/MPa	A(%)	HBW	
铝硅合金	ZAlSi7Mg	ZL101	JB	T4	85	4	50	形状复杂的零件，如飞机、仪表零件和抽水机壳体
			J	T5	205	2	60	
			SB	T6	225	1	70	
	ZAlSi2	ZL102	J	F	155	2	50	
				T2	145	3	50	
	ZAlSi9Cu2Mg	ZL111	J	F	205	1.5	80	活塞及高温下工作的其他零件
			SB	T6	255	1.5	90	
			J，JB	T6	315	2	100	
铝铜合金	ZAlCu5Mn	ZL201	S	T4	295	8	70	砂型铸造、工作温度为175 ~ 300℃的零件，如内燃机气缸和活塞
				T5	335	4	90	
	ZAlCu4	ZL203	J	T4	195	6	60	中等载荷、形状比较简单的零件
				T5	225	3	70	
铝镁合金	ZAlMg10	ZL301	S	T4	280	10	60	在大气或海水中工作的零件，承受冲击载荷、外形不太复杂的零件，舰船配件，氨用泵体
铝锌合金	ZAlZn11Si7	ZL401	J	T1	245	1.5	90	结构形状复杂的汽车、飞机、仪表零件，也可制造日用品
	ZAlZn6Mg	ZL402			235	4	70	

注：J为金属型铸造，S为砂型铸造，B为变质处理，F为铸态，T1为人工时效，T2为退火，T4为固溶处理+自然时效，T5为固溶处理+不完全人工时效，T6为固溶处理+完全人工时效。

图11-2所示为 w_{Cu} = 4%的铝合金自然时效的曲线，由图可见，时效强化初期有一段孕育期，孕育期内合金强化提高不大；孕育期后4 ~ 5h内，强化速度最快；经4 ~ 5天后，强度和硬度达到最高值。

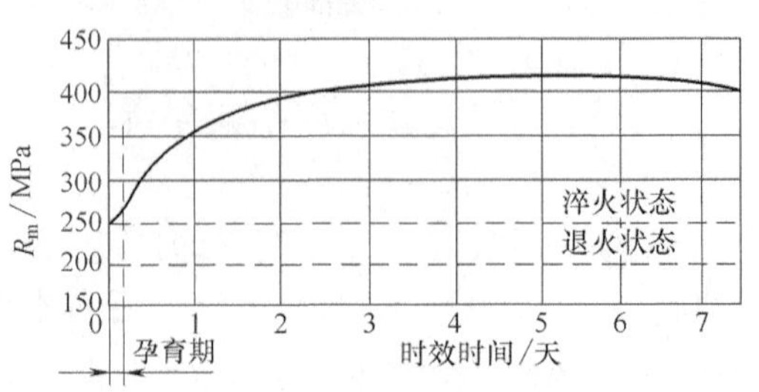

图11-2　w_{Cu} = 4%的铝合金自然时效的曲线

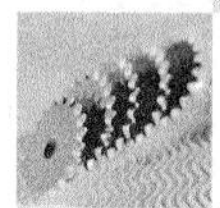

铝合金时效强化的效果还与加热温度有关。图 11-3 所示为 $w_{Cu}=4\%$ 的铝合金在不同温度下的时效曲线。由图可见，人工时效比自然时效的强化效果差，而且时效温度越高，其强化效果越差，时效速度越快。

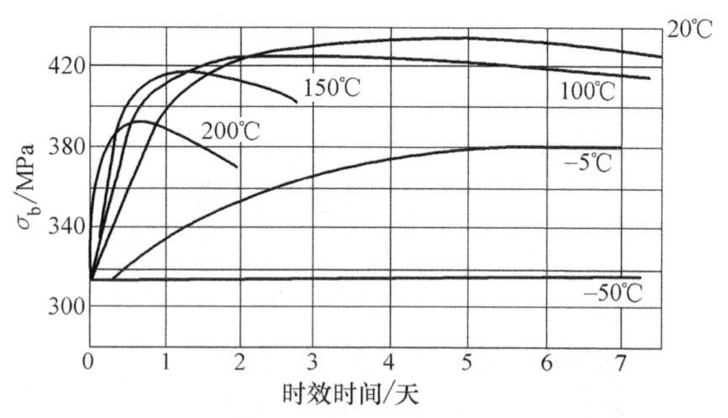

图 11-3　$w_{Cu}=4\%$ 的铝合金在不同温度下的时效曲线

11.2　铜及铜合金

铜及铜合金是应用最广泛的非铁金属之一，它具有优良的导电性和导热性，对大气和水有很高的耐蚀性；它还具有良好的可加工性，可以进行冷、热成形加工和切削加工。此外，铜及铜合金还有优良的减摩性和耐磨性。

11.2.1　工业纯铜

工业纯铜呈玫瑰红色，具有面心立方晶格，无同素异构转变，密度为 $8.9\text{g}\cdot\text{cm}^{-3}$，熔点为 1083℃，导电性和导热性良好，并具有抗磁性，在大气和淡水中有良好的耐蚀性，强度、硬度不高，塑性、韧性、焊接性及低温力学性能良好，适宜进行各种冷热加工。工业纯铜冷变形强化后会使塑性明显降低，导电性略微降低。

工业纯铜受杂质的影响较大，主要杂质有 Pb、Bi 和 S 等。根据杂质的不同，工业纯铜可分为三种：T1、T2 和 T3。工业纯铜除配制铜合金和其他合金外，主要用于电器工业，制造电线、电缆、电刷、铜管、散热器、冷凝器、通信器材以及抗磁和防磁仪器等。

11.2.2　铜合金

由于工业纯铜的强度不高，用加工硬化的方法虽然可以提高其硬度，但却使其塑性下降，故工业上广泛采用的是铜合金。铜合金是指在纯铜的基础上加入适量的合金元素而形成的金属材料，具有较高的强度、硬度和韧性。

铜合金按合金成分不同，可分为黄铜、青铜和白铜。

1. 黄铜

锌的质量分数低于 50%，以锌为唯一的或主要合金元素的铜合金称为黄铜。按化学成分不同，黄铜可分为普通黄铜和特殊黄铜；按生产方式不同，又可分为加工黄铜和铸造黄铜。

（1）普通黄铜　普通黄铜是不含其他合金元素的铜-锌合金，它不仅具有良好的可加工性，而且具有优良的铸造性能。另外，普通黄铜还对海水和大气有良好的耐蚀性。

锌对普通黄铜组织和力学性能的影响如图11-4所示。在平衡状态下，当$w_{Zn}<39\%$时，Zn完全溶于Cu内，室温下的组织为单相α固溶体，α固溶体有较好的强度和塑性，最适合进行冷、热加工；当$w_{Zn}>39\%$时，除α固溶体外，开始出现β′相，它是以CuZn为基体的固溶体，在高温下塑性较好，在室温下较脆硬，适合压力加工和铸造；当$w_{Zn}>45\%$时，普通黄铜的强度和塑性均急剧下降，在生产中已无实用价值。

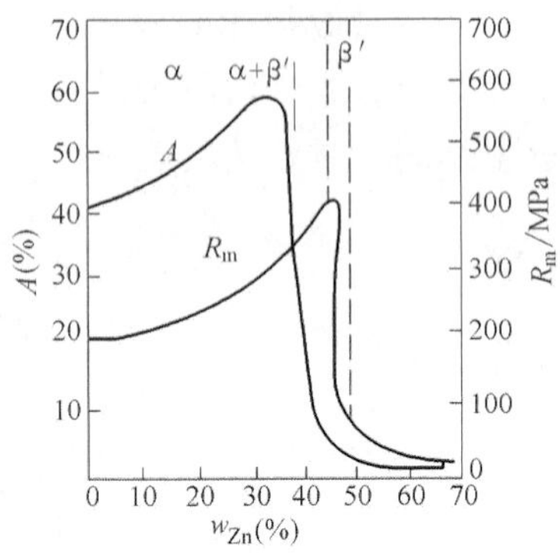

图11-4　锌对普通黄铜组织和力学性能的影响

普通黄铜的代号由“H+数字”组成，其中“H”表示“黄”，数字表示铜的平均质量分数。如H68表示铜的平均质量分数为68%（$w_{Zn}=32\%$）的普通黄铜。铸造黄铜牌号用“ZCuZn+数字”表示，其中“Z”表示“铸”，数字表示锌的平均质量分数，如ZCuZn38表示锌的质量分数为38%、铜的质量分数为62%的铸造黄铜。

（2）特殊黄铜　为改善黄铜的性能而加入少量Al、Mn、Sn、Pb、Si等元素的铜-锌合金称为特殊黄铜，如铅黄铜、锡黄铜、铝黄铜等。其中Pb元素能改善黄铜的可加工性，提高其耐磨性；Sn元素能提高耐蚀性；Al元素能提高黄铜的强度和硬度；Si元素能提高黄铜的力学性能、耐磨性和耐蚀性。

加工特殊黄铜的牌号由“H+主加合金元素符号（Zn除外）+数字-数字”组成，其中“H”是“黄”字的汉语拼音字首，第一个数字是以名义百分数表示的Cu的质量分数，第二个数字是以名义百分数表示的主加合金元素的质量分数。如HSn62-1表示$w_{Cu}\approx62\%$、$w_{Sn}\approx1\%$，其余为Zn的加工锡黄铜。

铸造特殊黄铜的牌号由“Z+Cu+合金元素符号+数字”组成，合金元素符号后的数字是以名义百分数表示的该元素的质量分数。如ZCuZn40Mn3Fe1表示$w_{Zu}\approx40\%$、$w_{Mn}\approx3\%$、$w_{Fe}\approx1\%$，其余为Cu的铸造特殊黄铜。

2. 青铜

除黄铜和白铜（铜-镍合金）以外的其他铜合金称为青铜，其中含锡元素的称为普通青铜（锡青铜），不含锡元素的称为特殊青铜（也称无锡青铜）。按生产方式不同，青铜还可分为加工青铜和铸造青铜。

加工青铜的牌号用“Q+主加元素符号+主加元素的质量分数及其他元素的质量分数”表示，其中“Q”表示“青铜”。如QSn4-3表示$w_{Sn}=4\%$、$w_{Zn}=3\%$的锡青铜。铸造青铜的牌号用ZCu+主加元素的符号及质量分数+其他加入元素的符号及质量分数表示。如ZCuSn5Pb5Zn5表示$w_{Sn}=5\%$、$w_{Pb}=5\%$、$w_{Zn}=5\%$的铸造青铜。

（1）锡青铜　锡青铜是以锡为主要合金元素的铜基合金，具有良好的强度、硬度、耐蚀性和铸造性。我国古代一些古剑、古镜便是由锡青铜制成的。

锡青铜的力学性能与锡的质量分数有关。当$w_{Sn}<7\%$时，锡完全溶于铜中，形成面心α单相固溶体组织，具有较好的塑性和适宜的硬度；当$w_{Sn}>7\%$时，由于组织中硬而脆的δ相的出现而使强度继续升高，塑性急剧下降；当$w_{Sn}>20\%$时，组织中δ相过多，合金的强度和塑性都很低，合金变得硬而脆，已无实用价值。$w_{Sn}>10\%$的锡青铜，由于塑性较差，只适于铸造。所以工业用锡青铜中锡的质量分数一般为3%～14%，其中$w_{Sn}=5\%$～7%的锡

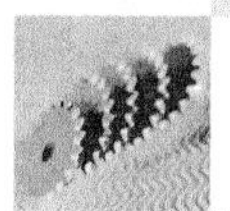

青铜适于冷加工，$w_{Sn}>10\%$ 的锡青铜适于铸造。

锡青铜在大气、海水、淡水以及蒸汽中的耐蚀性比纯铜和黄铜好，具有良好的减摩性，无磁性、无冷脆现象。锡青铜的缺点是铸件易形成分散缩孔，致密程度低，若制成容器，在高压下易渗透。

（2）铝青铜　铝青铜是以铝为主要合金元素的铜合金，其铝的质量分数一般为5%～12%。其中，当 $w_{Al}<5\%$ 时，铝青铜的塑性最好，适于压力加工；当 $w_{Al}=5\%\sim12\%$ 时，适于铸造和热加工。

铝青铜的结晶温度范围窄，只有10～30℃，因而具有良好的流动性。铝青铜形成晶内偏析倾向小，缩孔集中，易获得致密的铸件，故其力学性能比锡青铜高，有较高的强度、硬度及耐磨性。铝青铜的耐蚀性和耐热性比黄铜和锡青铜好，且价格低，还可以通过淬火和回火来进一步强化其性能。

铝青铜在大气、海水、碳酸及多数有机酸中具有比黄铜和锡青铜更高的耐蚀性。此外，铝青铜还有耐寒冷和冲击时不产生火花等特点，其缺点是焊接性差，在过热蒸汽环境中不稳定。为进一步提高铝青铜的强度、耐磨性和耐蚀性，可适当添加Fe、Mn、Ni等元素。

铝青铜主要用于制造在海水中及高温下工作的高强度、高耐磨性的弹性零件，如齿轮、蜗轮、轴套和弹簧等。

（3）铍青铜　以铍为主加元素的铜合金称为铍青铜，其铍的质量分数为1.7%～2.5%。它是时效强化效果极强的铜合金，因此铍青铜在淬火状态下塑性好，可进行冷加工和切削加工，制成的零件经过时效强化处理后具有很高的强度、硬度和弹性极限（R_m 达1200MPa，硬度达350～400HBW），超过其他铜合金。另外，铍青铜的耐蚀性、抗疲劳性、耐磨性都很高，也有良好的导电性、导热性和耐寒性，适合冷、热压力加工，也适合铸造，是一种综合性能较好的材料。但是铍青铜的价格较贵，主要用来制作各种重要的弹性元件和耐磨零件，如钟表齿轮，高速、高压下的轴承及衬套等耐磨零件。

常用加工青铜的代号、成分、力学性能和用途见表11-3。

表11-3　常用加工青铜的代号、成分、力学性能和用途

类别	代号	主要化学成分（质量分数,%）				力学性能			用途举例
		主加元素	其他			R_m /MPa	A (%)	HBW	
锡青铜	QSn4-3	Sn 3.5～4.5	Zn 2.7～3.3	杂质总和0.2，Cu余量		550	4	106	弹性元件、化工机械耐磨零件和抗磁零件
	QSn4-4-2.5	Sn 3.0～5.0	Zn 3.0～5.0	Pb 1.5～3.5	杂质总和0.2，Cu余量	600	2～4	160～180	航空、汽车、拖拉机用承受摩擦的零件，如轴套
	QSn4-4-4	Sn 3.0～5.0	Zn 3.0～5.0	Pb 3.5～4.5	杂质总和0.2，Cu余量	600	2～4	160～180	
	QSn6.5-0.1	Sn 6.0～7.0	Zn 3.0	Pb0.1～0.25，Cu余量 杂质总和0.1		750	10	160～200	弹簧接触片，精密仪器中的耐磨零件和抗磁零件

（续）

类别	代号	主要化学成分（质量分数，，%）				力学性能			用途举例
		主加元素	其他			R_m/MPa	A（%）	HBW	
铝青铜	QAl5	Al 4.0～6.0	杂质总和1.6，Mn、Zn、Ni、Fe各0.5，Cu余量			750	5	200	弹簧
铝青铜	QAl9-2	Al 8.0～10.0	Mn 1.5～2.5	Zn 1.0	杂质总和1.7，Cu余量	700	4～5	160～200	海轮上的零件，250℃以下工作的管配件和零件
铝青铜	QAl9-4	Al 8.0～10.0	Fe 2.0～4.0	Zn 1.0	杂质总和1.7，Cu余量	900	5	160～200	船舶零件和电气零件
铝青铜	QAl10-3-1.5	Al 8.5～10.0	Fe 2.0～4.0	Mn 1.0～1.5	杂质总和0.75，Cu余量	800	9～12	160～200	船舶用高强度耐蚀零件，如齿轮和轴承
硅青铜	QSi3-1	Si 2.7～3.5	Mn 1.0～1.5	Zn0.5，Fe0.3，Sn0.25，杂质总和1.1，Cu余量		700	1～5	180	弹簧、耐蚀零件以及蜗轮、蜗杆、齿轮和制动杆等
硅青铜	QSi1-3	Si 0.6～1.1	Ni 2.4～3.4	Mn 0.1～0.4	杂质总和0.5，Cu余量	600	8	150～200	发动机和机械制造中的机构件，300℃以下工作的摩擦零件
铍青铜	QBe2	Be 1.8～2.1	Ni 0.2～0.5	杂质总和0.5，Cu余量		1250	2～4	330	重要的弹簧和弹性元件，耐磨零件以及高压、高速、高温轴承

11.3　轴承合金

在滑动轴承中制造轴瓦及其内衬的合金称为轴承合金。与滚动轴承相比，滑动轴承具有承压面积大、工作平衡无噪声以及检修方便等优点，是一种重要的机械零件。

11.3.1　轴承合金的性能特点

轴承合金具有以下特点。

1）在工作温度下，具有足够的强度和硬度，以提高承载能力与耐磨性。

2）具有足够的塑性和韧性，以保证与轴承配合良好并能抵抗冲击和振动。

3）具有良好的磨合能力，使载荷均匀分布。

4）具有良好的耐蚀性和导热性，能抵抗润滑油的腐蚀。

5）容易制造，价格低廉。

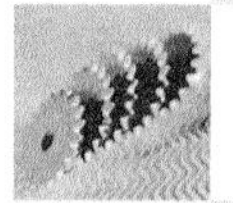

11.3.2 轴承合金的组织特征

1. 软基体上均匀分布着硬质点

此种组织的轴承合金运转时软基体受磨损凹陷而储存润滑油，以减小摩擦；硬质点凸出于基体上，支承轴颈，承受载荷，抵抗磨损，并与轴颈形成大量的点接触，以降低轴和轴瓦之间的摩擦因数，减少轴和轴承的摩擦和磨损。另外，软基体能承受冲击和振动，使轴颈和轴瓦很好地磨合，并能嵌藏外来小硬物，防止轴颈被擦伤。这类合金具有较好的磨合性，耐冲击与振动，但承载能力不高。具有这类组织的轴承合金有锡基和铅基轴承合金等。

2. 硬基体上均匀分布着软质点

硬基体软质点的组织同样可以达到上述目的，而且比软基体硬质点组织具有更大的承载能力，但其磨合性较差，通常用来制造重载荷、高转速的重要轴承。具有这类组织的轴承合金有铜基和铝基轴承合金等。

11.3.3 常用的轴承合金及其牌号

轴承合金按主要成分不同可分为锡基、铅基、铝基和铜基等。

轴承合金的牌号由“Z（表示‘铸’字）+基本元素符号+主加元素符号及其质量分数+辅加元素符号及其质量分数”组成。如 ZSnPb11Cu6 表示主加元素铅的质量分数为 11%、铜的质量分数为 6%、余量为锡的铸造锡基轴承合金。

1. 锡基轴承合金（锡基巴氏合金）

锡基轴承合金是以锡为基体元素，加入锑、铜等元素组成的软基体硬质点合金。该合金的线胀系数及摩擦因数小，具有良好的韧性、减摩性和导热性，常用于制造重要的轴承，如发动机、压气机、汽轮机等巨型机器的高速轴承。锡基轴承合金的主要缺点是疲劳强度较低，价格较高，工作温度不宜高于 150℃。锡基轴承合金的典型牌号为 ZSnSb11Cu6。

2. 铅基轴承合金（铅基巴氏合金）

铅基轴承合金也是一种软基体硬质点的轴承合金。铅基轴承合金的强度、硬度、韧性、导热性、耐蚀性及减振性均比锡基轴承合金低，工作温度低于 120℃，但其价格较便宜，所以广泛用于制造汽车、拖拉机、轮船、减速器等承受中、低载荷的中速轴承。铅基轴承合金的典型牌号为 ZPbSb16Sn16Cu2。

3. 铜基轴承合金

常用的铜基轴承合金有锡青铜和铅青铜两类。典型的锡青铜是 ZCuSn10P1，由软基体和硬质点组成。这种合金能承受较大的载荷，广泛用于中等速度及需承受较大载荷的轴承，如电动机、机床等的轴承。铅青铜的疲劳强度高、承载能力高，具有优良的耐磨性、导热性和低的摩擦因数，能在 250℃左右的温度下工作，广泛用于制造高速、重载下工作的轴承，如航空发动机、高速柴油机的轴承等。铜基轴承合金的典型牌号为 ZCuPb30。

4. 铝基轴承合金

铝基轴承合金的基本元素为铝，主加元素为锑或锡。它是一种新型的减摩材料，具有原料丰富、价格低廉、密度小、导热性好、疲劳强度高和耐蚀性好等优点，因而适于制作高速、重载发动机的轴承。铝基轴承合金的缺点是线胀系数大，运转时易与轴颈咬合。常用的铝基轴承合金是 ZAlSn6Cu1Ni1。

常用轴承合金的牌号、成分和用途见表11-4。

表11-4 常用轴承合金的牌号、成分和用途

类型	牌号	主要化学成分 w_{Me}（%）				硬度HBW ≥	用途举例
		Sb	Cu	Pb	Sn		
铅基轴承合金	ZPbSb16Sn16Cu2	15.0～17.0	1.5～2.0	余量	15.0～17.0	30	工作温度低于120℃、无显著冲击载荷、重载高速的轴承，如汽车、拖拉机曲柄轴承和750kW以内的电动机轴承
	ZPbSb15Sn10	14.0～16.0	0.7	余量	9.0～11.0	24	中等载荷、中速、受冲击载荷的机械轴承，如汽车、拖拉机的曲柄轴承和连杆轴承，也适用于高温轴承
锡基轴承合金	ZSnSb8Cu4	7.0～8.0	3.0～4.0	0.35	余量	24	用于一般大机器轴承及衬套
	ZSnSb12Pb10Cu4	11.0～13.0	2.5～5.0	9.0～11.0	余量	29	适用于中等速度和受压的机器主轴衬，但不适用于高温部分
	ZSnSb11Cu6	10.0～12.0	5.5～6.5	0.35	余量	27	适用于147kW以上的高速蒸汽机和368kW的涡轮压缩机、涡轮泵及高速内燃机等

11.4 粉末冶金及硬质合金

11.4.1 粉末冶金

粉末冶金法是指将金属粉末与金属或非金属粉末混合，经成形、烧结等过程制成零件或材料的工艺方法。

1. 粉末冶金的特点

粉末冶金法可以生产用普通熔炼法无法生产的具有特殊性能的材料，如机器制造中的减摩材料、结构材料、摩擦材料、硬质合金以及其他工业部门中的难熔金属材料、特殊电磁性能材料、过滤材料和无偏析高速工具钢等，尤其是当合金的组元在液态下互不溶解或各组元的密度相差悬殊的情况下，只能用粉末冶金法制取合金。

粉末冶金法也是一种少屑、生产率高、材料利用率高、节省生产设备的精密加工方法，可使压制品达到极接近零件所要求的形状、尺寸精度和表面粗糙度，在机械、化工、交通、轻工、电子、遥控和宇航等领域得到越来越广泛的应用。

2. 粉末冶金的工艺过程

以铁基粉末冶金为例，其工艺由粉末制取、粉末混合、成形、烧结、后处理和成品等几个过程组成。为了获得必要的性能，一般情况下，在铁粉中加入石墨、合金元素以及少量的由硬质酸锌和机油组成的润滑剂，并且按一定比例配制成混合料。通过高压使混合料的颗粒

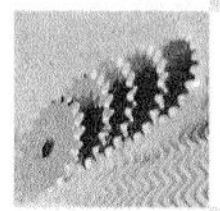

相互咬合而结合成具有一定强度的制品，然后在高温下烧结，以增加颗粒间的接触面积，使粉末颗粒结合得更紧密。在此基础上，通过原子的扩散和变形使粉末再结晶，使晶粒长大，从而得到铁基粉末冶金制品。

正常情况下，烧结后的制品就可以使用，但对尺寸精度要求高、表面光洁的制品需进行精压处理，也可对制品进行淬火等热处理来改善其力学性能。对某些制品还可以进行浸油或浸渍其他液态润滑剂的处理来达到润滑和耐蚀的目的，例如轴承。

3. 粉末冶金材料的应用

通常，粉末冶金方法主要用于制造衬套和轴承，一些机械零件（如齿轮、凸轮和摩擦片等）也可用粉末冶金的方法来制造。用粉末冶金方法还可以制造一些具有特殊成分或特殊性能的制品，如硬质合金、难熔金属及其合金、金属陶瓷和耐磨材料等。

11.4.2 硬质合金

硬质合金是指以一种或几种难熔碳化物（如碳化钨、碳化钛等）的粉末为主要成分，再加入起粘接作用的金属粉末，用粉末冶金方法制得的材料。

1. 硬质合金的性能

硬质合金具有高的抗压强度、耐蚀性和抗氧化性，常温下硬度可达86～93HRA（相当于69～81HRC）；热硬性好，可达900～1000℃；耐磨性好，切削速度比高速工具钢高4～7倍，刀具寿命高5～80倍，可切削50HRC左右的硬质材料。但硬质合金的抗弯强度较低，韧性差，线胀系数小，导热性差。

2. 常用硬质合金的类别、成分和牌号

（1）钨钴类硬质合金　钨钴类硬质合金的主要成分为WC和Co，典型牌号有YG3、YG6和YG8等。这类硬质合金具有良好的韧性和强度，适于切削脆性材料，如铸铁和非铁金属材料等。它的牌号用“YG＋数字＋符号”表示，其中“YG”表示“硬、钴”，数字表示钴的平均质量分数，符号表示产品特征和状态，如“A”表示添加碳化钽，“N”表示添加碳化铌，“C”表示粗颗粒。如YG6表示$w_{Co}\approx6\%$、余量为WC的钨钴类硬质合金。

（2）钨钴钛类硬质合金　钨钴钛类硬质合金主要由WC、TiC和Co组成，典型牌号有YT5、YT15和YT30。碳化钛的加入，使这类硬质合金的硬度、耐磨性和热硬性都得到提高，但其强度和韧性比钨钴类硬质合金低，一般用于加工韧性材料（如钢材等）。它的牌号用“YT＋数字”表示，其中“T”表示“钛”字，数字表示TiC的平均质量分数。如YT15表示$w_{TiC}\approx15\%$、其余为碳化钨和钴的钨钴钛类硬质合金。

（3）钨钛钴类硬质合金　钨钛钴类硬质合金又称为万能硬质合金或通用硬质合金，是在YT类硬质合金中加入碳化钽或碳化铌来取代部分碳化钛而制成的合金，其牌号由“YW＋顺序号”组成，其中“W”表示“万”字。如YW1表示1号通用硬质合金。

3. 硬质合金的应用

硬质合金以高硬度、高耐磨的稳定碳化物为基体，主要优点是硬度高、热硬性好、耐磨性好，常用来制作刃具，广泛用于高速切削和对高硬度或高韧性材料的切削加工中。硬质合金中碳化物的质量分数越大，钴的质量分数越小，其硬度、耐磨性和热硬性越高，强度、韧性越低。当钴的质量分数相同时，YT类合金的硬度、耐磨性、热硬性均高于YG类合金，但其强度和韧性比YG类合金低。因此，YG类合金适宜加工脆性材料（如铸铁等），YT类合金适宜加工塑性材料（如钢等）。通用硬质合金中，被取代的碳化钛的数量越多，在硬度不变的条件下，合金的抗弯强度越高，适用于切削各种钢材，特别适于切削不锈钢、耐热钢和高锰钢等难加工的钢材。

硬质合金还可以用来制作冷作模具，如拉深模、冲裁模和冷镦模等。千分尺的测头、车床顶尖、精轧辊、无心磨床的导板等都可以用硬质合金制作。

11.5　案例

2A12（LY12）是一种可以自然时效强化的铝合金。现在要将图11-5a所示的2A12板材用冷变形的方法加工成图11-5b所示的零件，应当采用下列三种工艺路线中的哪一种？请说明理由。

1）冷变形→固溶处理（淬火）→自然时效。

2）固溶处理（淬火）→冷变形→自然时效。

3）固溶处理（淬火）→自然时效→冷变形。

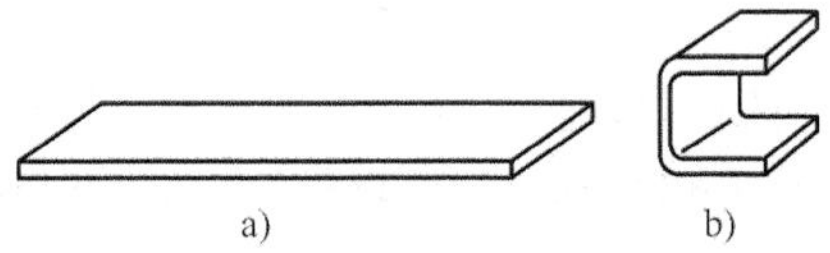

图11-5　2A12板材及零件

应当采用工艺路线2)。因为2A12铝合金在固溶处理以后仍暂时处于低强度状态，易于冷变形；弯曲成形后，会发生自然时效而得以强化。若采用工艺路线1)，在成形以后进行固溶处理，则可能因淬火内应力使已成形的零件发生变形，影响零件的精度。若采用工艺路线3)，则因为板材已经时效强化，会给变形加工带来困难。

思　考　题

1. 铝合金分为哪几类？防锈铝合金、硬铝合金、硅铝合金各属于哪一类铝合金？各采用何种强化方法提高强度？分别说明它们的用途。

2. 比较黄铜、青铜的性能特点、强化方法及用途。

3. 轴承合金应具有哪些特征？其组织有何特点？常用的轴承合金有哪些？

4. 何谓粉末冶金？其主要用途是什么？

5. 比较各类硬质合金的性能特点及用途。

6. 请选择合适的材料来制造下列产品。

1）蜗轮、传动螺母、轴套。

2）仪表中的弹簧、齿轮。

3）飞机的油箱、油管。

4）轿车轮毂、内燃机气缸体。

5）飞机蒙皮、骨架。

6）航空燃气涡轮发动机的压气机叶片、压气机盘（工作温度约400℃）。

7）航空燃气涡轮发动机的涡轮叶片、涡轮盘（工作温度约1000℃）。

第 12 章　非金属材料及新型材料简介

非金属材料通常是指除金属材料以外的所有工程材料。这类材料发展迅速，种类很多，已在工业领域中广泛应用。非金属材料主要包括有机高分子材料（如塑料、合成橡胶、合成纤维等）和陶瓷材料（如陶瓷、玻璃、水泥、耐火材料等），其中工程塑料和工程陶瓷在工程结构应用中占有重要的地位。同时，随着科学技术的发展，各种适应高科技发展的新型材料不断涌现，为新技术的发展提供了条件。

新型材料是指那些新发展的或正在发展中的、具有优异性能和特殊性能的材料。

12.1　工程塑料

绝大多数塑料都是以各种树脂为基础，再加入一些用来改善使用性能和工艺性能的添加剂（如填料、增塑剂等）而制成的。

12.1.1　塑料的组成

塑料是以树脂（天然的或合成的）为主要组分，加入一些用来改善使用性能和工艺性能的添加剂而制成的。

1. 树脂

树脂是指受热时通常有转化或熔融范围，转化时受外力作用具有流动性，常温下呈固态或半液态或液态的有机聚合物。它是塑料最基本的也是最重要的成分，在塑料中的占有量为30%～100%（质量分数）。树脂在塑料中也起粘接其他物质的作用。树脂的种类、性能、数量决定了塑料的类型和主要性能，因此，绝大多数塑料就是以树脂命名的。树脂也可以直接用作塑料，如聚乙烯、聚苯乙烯和聚碳酸酯等。

2. 添加剂

为改善塑料性能而必须加入的物质称为添加剂。常用的添加剂是填料（填充剂），是为改善塑料的某些性能（如强度等）、扩大其应用范围、减少树脂用量、降低成本而加入的一些物质。除填料外，还有增塑剂、固化剂、稳定剂（防老化剂）、润滑剂、着色剂、发泡剂、催化剂、阻燃剂和抗静电剂等添加剂。

12.1.2　工程塑料的分类

1. 按树脂的性质分类

（1）热塑性塑料　这类塑料受热软化熔融后，可塑造成型，冷却后固化，此过程可反复进行而其基本性能不变。热塑性塑料的特点是力学性能较高，成型工艺简单，耐热性和刚性较差，使用温度低于120℃。热塑性塑料的常用品种有聚乙烯、聚苯乙烯、聚酰胺、聚四氟乙烯和ABS等。

（2）热固性塑料　这类塑料加热时软化，可塑造成型，一经固化，再加热将不再软化，也不溶于溶剂，只能塑制一次。热固性塑料的特点是有较好的耐热性和抗蠕变性，受压时不易变形，但其强度不高，成型工艺复杂，生产率低。热固性塑料的常用品种有酚醛塑料、氨基塑料和环氧塑料等。

2. 按应用范围分类

（1）通用塑料　通用塑料主要指产量大、用途广、通用性强、价格低廉的一些塑料，典型的品种有聚乙烯、聚氯乙烯、聚苯乙烯、聚丙烯和酚醛等。这类塑料的产量占塑料总产量的70%～80%，广泛用于工业、农业和日常生活的各个方面。

（2）工程塑料　工程塑料是指塑料中力学性能良好的各种塑料。它们是制造工程结构、机器零件、工业容器和设备等的一类新型工程结构材料。工程塑料的典型品种有聚酰胺（尼龙）、聚甲醛、聚碳酸酯和ABS四种。

（3）特殊塑料　特殊塑料如耐热塑料，其工作温度可达100～200℃，典型的有聚四氟乙烯、聚三氟乙烯和环氧树脂等。耐热塑料产量少，价格贵，仅用于特殊用途。

12.1.3　常用工程塑料的性能和用途

工程塑料与金属材料相比，具有质轻、比强度高、化学稳定性好、电绝缘性能优异、减摩耐磨性能和自润滑性好等特点。工程塑料和金属材料一样，也可在金属切削机床上进行车、铣、刨、磨、滚花和锯削等，但工程塑料的导热性差、弹性大，加工时容易引起工件变形、开裂和分层等。常用工程塑料的性能和用途见表12-1。

表12-1　常用工程塑料的性能和用途

名称（代号）	主要性能特点	用途举例
聚氯乙烯（PVC）	硬质聚氯乙烯强度高，电绝缘性优良，对酸、碱的抵抗力强，化学稳定性好，可在-15～60℃使用，有良好的热成型性，且密度小；软质聚氯乙烯强度不如硬质聚氯乙烯，但其伸长率较大，有良好的电绝缘性，可在-15～60℃使用	硬质聚氯乙烯：用于耐蚀件和化工机械零件，如油管、酸碱泵阀和容器 软质聚氯乙烯：用于薄膜、电线、电缆的绝缘层和密封件，但因其有毒，故不适用于包装食品
聚乙烯（PE）	低压聚乙烯质地坚硬，有良好的耐磨性、耐蚀性和电绝缘性能；高压聚乙烯是聚乙烯中最轻的一种，其化学稳定性高，有良好的高频绝缘性和柔软性，耐冲击性和透明性较好；超高分子聚乙烯冲击强度高、耐疲劳、耐磨，需冷压烧结成型	低压聚乙烯用于制造塑料管、塑料板、塑料绳，还可用于制造承受小载荷的齿轮和轴承等；高压聚乙烯最适宜吹塑成薄膜、软管、塑料瓶等用于食品和药品的包装，还可用于制作电线及电缆包皮等
聚酰胺（通称尼龙）（PA）	无味、无毒；耐磨性与自润滑性优异，摩擦因数小；能耐水、耐油；有较高的强度和冲击强度；导热性差、热膨胀大、吸水性较大、蠕变大，受热吸湿后强度较差	用于一般的机械结构小型零件，减摩、耐磨传动件如齿轮、轴承等，还可用于制作高压耐油密封圈，喷涂于金属表面可用作防腐耐磨涂层

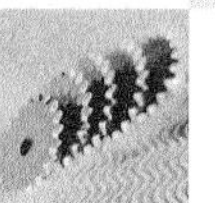

（续）

名称（代号）	主要性能特点	用途举例
聚甲醛（POM）	优良的综合力学性能，耐磨性好，吸水性小，尺寸稳定性高，着色性好，具有良好的减摩性和抗老化性、优良的电绝缘性和化学稳定性，可在 -40～100℃长期使用，但加热易分解，成型收缩率大	制作减摩、耐磨传动件，如轴承、滚轮、齿轮、电绝缘件、耐蚀件及化工容器等
聚四氟乙烯（俗称塑料王）（F-4）	几乎能耐所有化学药品的腐蚀，包括王水；良好的耐老化性及电绝缘性，优异的耐高、低温性，可在 -195～250℃长期使用；摩擦因数很小，有自润滑性，但在高温下不流动，不能热塑成型，只能用类似粉末冶金的冷压、烧结成型工艺，高温时会分解出对人体有害的气体，价格较高	制作耐蚀件、减摩耐磨件、绝缘件和密封件，如高频电缆、电容线圈架以及化工行业用的反应器和管道等
酚醛塑料（俗称电木）	高的强度、硬度及耐磨性，工作温度一般在100℃以上，在水润滑条件下具有极小的摩擦因数，优异的电绝缘性，耐蚀性好（除强碱外），耐霉菌，尺寸稳定性好，但质较脆，耐光性差，色泽深暗，加工性差，只能模压	制作一般机械零件、水润滑轴承、电绝缘件，用作耐化学腐蚀的结构材料和衬里材料等，如仪表壳体、电器绝缘板、绝缘齿轮、整流罩、耐酸泵和制动片等

12.2 工业橡胶

橡胶是在使用温度范围内处于高弹性状态的高分子材料，在较小的外力作用下，就可产生很大的变形，去掉外力后又能很快地恢复原状。

12.2.1 橡胶的组成

橡胶的原料是生胶，加入配合剂硫化后，才能制成性能优异的各种橡胶制品。

1. 生胶

未加配合剂的天然或合成橡胶统称为生胶，它是橡胶制品的主要组分。生胶在橡胶制备过程中不但起着粘接其他配合剂的作用，而且决定着橡胶制品的性能。

2. 配合剂

配合剂是用以改善和提高橡胶制品性能而加入的物质。常用的配合剂有硫化剂、硫化促进剂、增塑剂、填充剂、防老化剂、增强材料及着色剂、发泡剂、电磁性调节剂等，其中硫化剂的作用是使线形结构分子相互交联为网状结构，提高橡胶的弹性、耐磨性、耐蚀性和抗老化能力，并使之具有不溶、不融特性。

12.2.2 橡胶的分类

橡胶的品种很多，按原料来源可分为天然橡胶和合成橡胶，按应用范围可分为通用橡胶和特种橡胶。天然橡胶是橡树中流出的乳胶经凝固、干燥、加压等工序制成的片状生胶，再经硫化工序所制成的一种弹性体。合成橡胶是以石油产品为主要原料，经过人工合成制得的一类高分子材料。通用橡胶是指制造轮胎、工业用品、日常用品的量大面广的橡胶。特种橡胶是指用于制造特殊条件（高温、低温、酸、碱、油、辐射等）下使用的零部件的橡胶。

12.2.3 橡胶的性能特点

橡胶最显著的性能特点是在很宽的温度范围内（-50~150℃）具有高弹性，其主要表现为在较小的外力作用下就能产生很大的变形，最大伸长率可达800%~1000%，外力去除后，能迅速恢复原状；高弹性的另一个表现为其宏观弹性变形量可达100%~1000%。同时，橡胶还具有优良的伸缩性和可贵的积储能量的能力，良好的隔声性、阻尼性、耐磨性，优良的电绝缘性、不透水性和不透气性，一定的强度和硬度，但一般橡胶的耐蚀性较差，易老化。橡胶及其制品在储运和使用时，要注意防止氧化、光辐射和高温，以避免橡胶老化、变脆、龟裂、发粘、裂解和交联。

常用橡胶的种类、性能和用途见表12-2。

表12-2 常用橡胶的种类、性能和用途

类别	橡胶品种	主要性能特点	用途举例
通用橡胶	天然橡胶（NR）	弹性和力学性能较高，电绝缘性、耐碱性良好，耐油、耐溶剂、耐臭氧老化性差，不耐高温及浓强酸	轮胎、胶带、胶管等
	丁苯橡胶（SBR）	较好的耐磨性、耐热性、耐油性及抗老化性，价格低廉，生胶的强度低、弹性低、粘接性差，通过与天然橡胶混用可取长补短	汽车轮胎、胶带、胶管、电绝缘材料和工业用橡胶密封件等
	顺丁橡胶（BR）	以弹性好、耐磨而著称，比丁苯橡胶耐磨性高26%，强度较低，加工性能差，抗撕性差	轮胎、胶带、弹簧、减振器和电绝缘制品等
	氯丁橡胶（CR）（万能橡胶）	弹性、绝缘性、强度、耐碱性可与天然橡胶媲美，耐油、耐溶剂、耐氧化、耐老化、耐酸、耐热、耐燃烧，透气性好，耐寒性差，密度大，生胶稳定性差	矿井的运输带、胶管、电缆、高速V带及各种垫圈等
特种橡胶	丁腈橡胶（NBR）	突出的特点是耐油性、耐水性好，缺点是耐寒性、耐酸性和绝缘性差	耐油制品，如油箱、储油槽和输油管等
	硅橡胶（SR）	高耐热性和耐寒性，在-100~350℃保持良好的弹性，良好的耐老化性和绝缘性能，强度低，耐磨性和耐酸性差，价格较贵	飞机和宇航中的密封件、薄膜、胶管和耐高温的电线、电缆等
	氟橡胶（FPM）	突出的性能是耐腐蚀、耐油、耐多种化学药品侵蚀，耐热性好，最高使用温度为300℃，价格昂贵，耐寒性差，加工性能不好	国防和高技术中的密封件，如火箭、导弹的密封垫及化工设备中的衬里等

12.3 陶瓷材料

陶瓷是一种无机非金属材料，在机械工程中主要作为结构材料和工具材料。陶瓷材料比金属材料和工程塑料更能抵抗高温环境的作用，已成为现代工程材料的三大支柱之一。

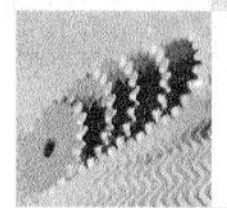

按照成分、性能和用途不同，陶瓷材料可分为普通陶瓷和特种陶瓷两大类。

12.3.1 陶瓷材料的性能特点

1. 力学性能

与金属材料相比，大多数陶瓷的硬度高，弹性模量大，脆性大，几乎没有塑性，抗拉强度低，抗压强度高。

2. 热性能

陶瓷材料熔点高，抗蠕变能力强，热硬性可达1000℃，但陶瓷的线胀系数和热导率小，承受温度快速变化的能力差，在温度剧变时会开裂。

3. 化学性能

陶瓷在化学性能方面最突出的特点是化学稳定性很高，有良好的抗氧化能力，在强腐蚀介质和高温的共同作用下有良好的耐蚀性。

4. 其他物理性能

大多数陶瓷是电绝缘体，功能陶瓷材料还具有光、电、磁、声等特殊作用。

12.3.2 常用工程陶瓷的种类、性能和用途

1. 普通陶瓷

普通陶瓷是指以天然的硅酸盐矿物为原料（如粘土、长石、石英等），经过原料加工、成型、高温烧结而得到的无机多晶固体材料，因此也称为硅酸盐陶瓷，包括日用陶瓷、建筑陶瓷、电绝缘陶瓷、化工陶瓷和多孔陶瓷等。这类陶瓷质地坚硬，不氧化生锈，耐腐蚀，不导电，能耐一定的高温，成本低，加工成型性好。普通陶瓷种类多、产量大，广泛应用于电气、化工、建筑等行业，如酸、碱介质中工作的容器、反应塔、管道；纺织工业中要求光洁耐磨，但速度低、受力小的一些导纱零件等。

2. 特种陶瓷

特种陶瓷是采用纯度较高的人工合成原料（如氧化铝、碳化硅、氮化硅等），并沿用普通陶瓷的成型、高温烧结工艺而制成的新陶瓷品种。这种陶瓷具有各种独特的力学、物理和化学性能，可满足各种工程结构的特殊需要。如氧化铝陶瓷，又称为高铝陶瓷，主要成分是Al_2O_3和SiO_2，Al_2O_3的质量分数一般超过46%。Al_2O_3的含量越高，陶瓷的性能越好，但工艺复杂，成本也更高。氧化铝陶瓷的主要性能特点是耐高温性能好，能在1600℃高温下长期使用，在空气中的最高使用温度可达1980℃，而且耐蚀性很强，硬度很高，耐磨性好，可用于制造熔化金属的坩埚、高温热电偶套管、刃具与模具等。其缺点是脆性大，不能承受冲击载荷，也不适用于温度急剧变化的场合。特种陶瓷中的碳化硅陶瓷的特性是高温强度高，其抗弯强度在1400℃高温下仍保持在300～600MPa的水平。同时，碳化硅陶瓷还具有很高的热传导性和热稳定性，耐摩擦、耐腐蚀和抗蠕变性能也很好。碳化硅陶瓷可作为高温下热交换器的材料和核燃料的包封材料，还可作为耐磨材料，如各种泵的密封圈。

12.4 复合材料

所谓复合材料，是指由两种或两种以上不同性能的材料用某种工艺方法合成的多相固体

材料。复合材料可以改善或克服单一材料的缺点，充分发挥其优点，并能得到单一材料不易具备的性能和功能。

复合材料的种类很多，按增强相的种类和形状可以分为颗粒增强复合材料、层叠复合材料和纤维增强复合材料等，按性能可以分为结构复合材料和功能复合材料。结构复合材料是用于制作结构件的复合材料。结构复合材料开发的品种较多，而其中使用较多、发展较快的是以纤维增强的复合材料。功能复合材料是指具有某种物理功能和效应的复合材料。

12.4.1 复合材料的性能

1. 比强度和比模量高

纤维增强复合材料的比强度、比模量是各类固体材料中最高的，例如碳纤维增强环氧树脂复合材料的比强度是钢的8倍。因此，它特别适宜制作要求重量轻而强度、刚度高的高速运转零件。

2. 抗疲劳性能好

因为复合材料中基体和增强纤维的界面可有效地阻止疲劳裂纹的扩展，又由于纤维对基体的分割作用使裂纹的扩展路线更为曲折，所以复合材料的疲劳强度比较高。

3. 减振性能强

结构件的自振频率除与结构本身的质量和形状有关外，还与材料比模量的平方根成正比。因为纤维增强复合材料的比模量大，其自振频率高，故可避免在工作状态下产生共振。

4. 高温性能好

大多数增强纤维在高温下仍保持高的强度，用其增强金属和树脂时，能显著提高金属和树脂的高温性能。如铝合金在400℃时弹性模量大幅度下降，强度也显著降低，而用碳纤维增强后，在此温度下弹性模量可基本保持不变。

除上述特性外，复合材料的减摩性、耐蚀性和工艺性也都很好。但复合材料也存在各向异性、横向抗拉强度和层间剪切强度不高、伸长率较低、冲击韧性较差、成本太高等缺点，所以，复合材料目前应用不广。但是，复合材料是一种新型的、独特的工程材料，因此具有广阔的发展前景。

12.4.2 常用复合材料

1. 纤维增强复合材料

以玻璃纤维增强工程塑料基体组成的复合材料通常称为玻璃钢。玻璃钢按基体不同分为热固性和热塑性两种。

1）热塑性玻璃钢。热塑性玻璃钢具有高的力学性能、介电性能、耐热性能和抗老化性能，工艺性也很好。同塑料本身相比，当基体相同时，热塑性玻璃钢的强度和抗疲劳性能可提高2~3倍，冲击韧度可提高2~4倍，蠕变抗力可提高2~5倍，甚至达到或超过某些金属的强度。热塑性玻璃钢可制作轴承、轴承架、齿轮等精密零件以及汽车的仪表盘和前后灯，还可制作空气调节器叶片、照相机和收音机壳体等。

2）热固性玻璃钢。热固性玻璃钢的密度小、比强度高、耐蚀性好、介电性好、成型性好。热固性玻璃钢的比强度比铜合金和铝合金高，甚至高于合金钢，但其刚度较差（为钢的1/10~1/5），耐热性不高（低于200℃），易老化和蠕变。热固性玻璃钢主要用于制作要

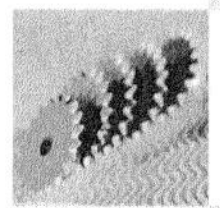

求自重轻的受力构件，如汽车车身、直升机的旋翼、氧气瓶以及耐海水腐蚀的结构件和轻型船体等。

2. 层叠复合材料

层叠复合材料是由两层或多层不同材料层叠而成的。层叠复合材料可根据使用要求来分别改善其力学性能、耐蚀性和装饰性等，如在钢板表面复叠一层塑料以提高其耐蚀性，可用于食品和化学工业；两层玻璃之间复叠一层聚乙烯醇缩丁醛，可用作安全玻璃等。

12.5 案例

从塑料原材料的角度考虑，对塑料模具的工作零件主要有以下几个方面的要求：

1）耐腐蚀。对于聚氯乙烯、氟塑料及阻燃 ABS 塑料制品，所用模具钢必须有较好的耐蚀性。因为这些塑料在熔融状态会分解出氯化氢（HCl）或氟化氢（HF）和二氧化硫（SO_2）等气体，对模具型腔有一定的腐蚀性。这类模具中的成型件常用耐腐蚀塑料模具钢，例如 PCR、AFC-77、18Ni 类、40Cr13。

2）高强度、高耐磨性。生产以玻璃纤维作为增强材料的塑料制品的注射模，要求有高硬度、高耐磨性、高抗压强度和较高的韧性，以防止模具型腔表面过早磨损，或因模具受高压而发生局部变形。这类模具的工作零件常用淬硬模具钢制造，经淬火、回火后得到所需的性能，例如选用 T8A、T10A、Cr6WV、Cr12、Cr12MoV、9Mn2V、9SiCr、CrWMn 等淬硬型模具钢。

3）良好的抛光性能。对于需要制造透明制品的塑料，如有机玻璃，要求模具钢材有良好的镜面抛光性能和高耐磨性，所以要采用时效硬化型钢来制造，例如 18Ni 类、PMS、PCR 等；或者是预硬型钢，如 P20 系列及 8CrMn、5NiSCa 等。

思 考 题

1. 什么是工程塑料？它有哪些性能？
2. 举例说明工程塑料在工业上的应用。
3. 简述工程陶瓷材料的性能特点。
4. 了解最近的新材料发展动态，并举一两个例子。
5. 为什么复合材料的抗疲劳性能好？

第 13 章　金属材料的铸造成形工艺

13.1　概述

铸造是一种液态成形方法，是指将熔融的金属浇入铸型的型腔，待其冷却凝固后获得一定形状、性能铸件的成形方法。用铸造方法制成的毛坯或零件称为铸件。

铸件之所以被广泛应用，是因为铸造与其他金属加工方法相比具有一些鲜明的特点：其能够制造各种尺寸和形状复杂的铸件，如设备的箱体、机座等，铸件的轮廓尺寸可小至几毫米、大至十几米，铸件质量可小至几克、大至数百吨；铸件的形状和尺寸与零件很接近，如图 13-1 所示的齿轮油泵的泵体，因而节省了金属材料和加工的工时；精密铸件可省去切削加工，直接用于装配；各种金属都可以用铸造的方法制成铸件，特别是有些塑性差的材料，只能用铸造的方法制造毛坯，如铸铁等；铸造设备的投资少，所用的原材料来源广泛而且价格较低，因此铸件的成本低廉。

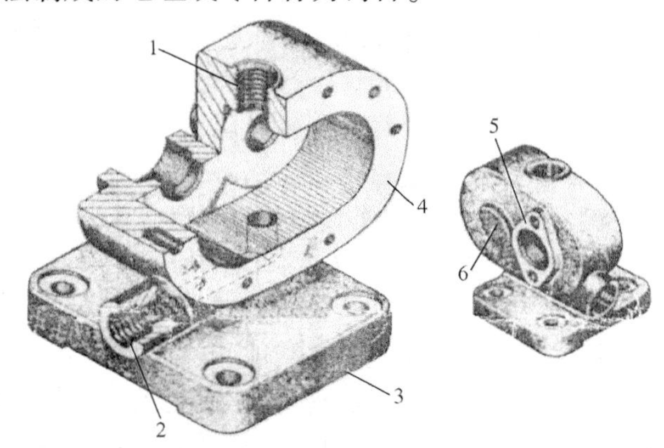

图 13-1　齿轮油泵的泵体
1—进油口　2—出油口　3—底板　4—壳体
5—腰圆形凸台　6—圆形凸台

13.2　铸造方法

铸造的方法很多，通常分为砂型铸造和特种铸造两大类。由于砂型铸造适应性较强，成本低廉，因此是现阶段最基本、应用最为广泛的铸造方法，用砂型铸造生产的铸件占铸件总数的 90%。除砂型铸造外的其他铸造方法，均归为特种铸造，如熔模铸造、金属型铸造、压力铸造、低压铸造、离心铸造、陶瓷型铸造和壳型铸造等。各种铸造方法都有其特点和应用范围，生产中究竟采用哪一种铸造方法，要根据铸件的尺寸、形状、生产批量、尺寸精度、表面质量要求以及经济性等因素加以综合考虑决定。

13.2.1　砂型铸造

砂型铸造是指用型砂紧实成形的铸造方法。砂型铸造通常分为湿型铸造（砂型未经烘干处理）和干型铸造（砂型经烘干处理）两种。

砂型铸造一般由制造砂型、制造型芯、烘干（用于干型铸造）、合箱、浇注、落砂及清理、铸件检验等工艺过程组成。图 13-2 所示为齿轮砂型铸造的工艺过程。

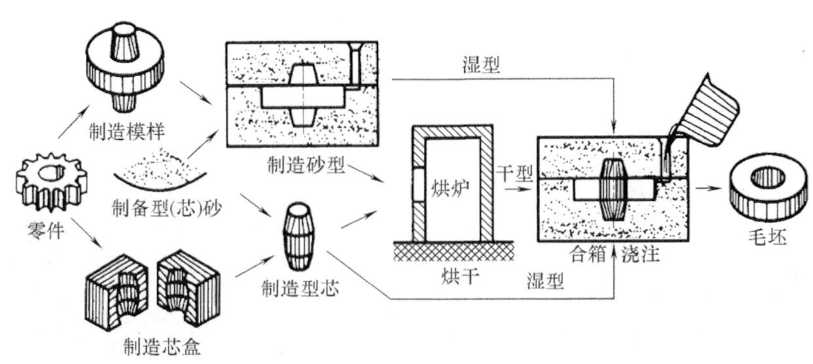

图 13-2　齿轮砂型铸造的工艺过程

1. 造型材料

用来制造砂型和砂芯的材料统称造型材料。型（芯）砂是制造砂型的最主要材料，其质量对铸造生产过程及铸件的质量有很大的影响。

型砂是由原砂、旧砂、粘结剂、附加材料和水等混合搅拌而成的。型砂按用途不同，可分为面砂、填充砂、单一砂及芯砂。铸型表面直接与金属液接触的一层型砂称为面砂，它应具有较高的可塑性、耐火性和强度，这样才能保证铸件的质量。填充砂是用来充填砂箱中除面砂以外的其余部分的砂。

2. 造型工艺装备

模样和芯盒是由木材、金属或其他材料制成的，用来形成铸型型腔和型芯的工艺装备。铸件的大小和生产规模不同时，制造模样和芯盒的材料也有所不同。单件小批量生产时，一般用木材制造模样和芯盒；大量生产时，常采用金属（铝合金、铜合金、铸铁）或塑料等制造模样和芯盒。

模样是根据零件图绘制成的铸造工艺图制造的，制造模样时应注意以下几点：

（1）分型面　分型面是砂箱之间铸型的分界面。合理的分型面可以保证造型方便、取模容易，并可保证铸件的质量。

（2）收缩和加工余量　铸件在冷凝过程中，体积必然收缩，而且铸件还需要机械加工，因此在制造模样时，必须考虑加入收缩和加工余量。不同金属材料的收缩率是不同的。

（3）起模斜度　为了便于模样从砂型中取出，型芯容易从芯盒中取出，从模样上沿分型面的垂直侧壁和芯盒的内壁均做出一定的斜度，即起模斜度。起模斜度一般为 15′～3°。

（4）铸造圆角　制造模样时，相邻表面的交角均应做成圆角，这样可以防止粘砂。

（5）型芯头　为便于型芯在型腔中的定位，砂型型腔中应做出安置型芯的凹坑，因此在模样上应做出相对应的凸起部分，即型芯头。

3. 造型方法

（1）手工造型　手工造型方法简便，是目前单件小批量生产铸件的主要方法。手工造型的方法很多，常见的有整模造型、分模造型、活块造型、多箱造型、刮板造型、组芯造型、地坑造型、挖砂造型和假箱造型等，见表 13-1。

表 13-1　常见的手工造型方法

造型方法	简图	主要特征	适用范围
整模造型	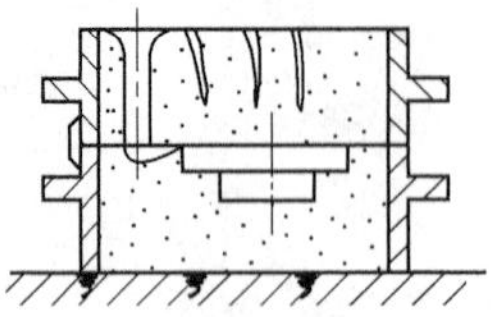	模样是一个整体，通常型腔全部放在一个砂箱内，分型面为平面，操作简便，所得型腔形状和尺寸精度较好	适用于铸件最大截面在一端且为平面的铸件，或者形状简单的铸件，如齿轮和轴承等
分模造型	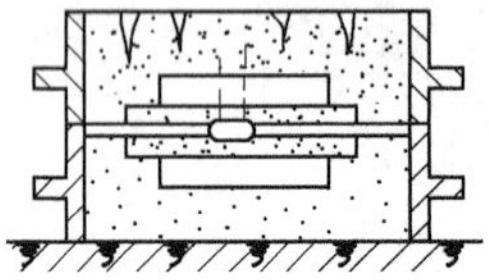	模样沿最大截面处分为两半，型腔位于上下两个砂箱内	适用于各种生产批量和各种大小的铸件，主要用于某些没有平整表面、最大截面在模样中部的铸件，如套筒、管子以及形状较复杂的铸件
活块造型	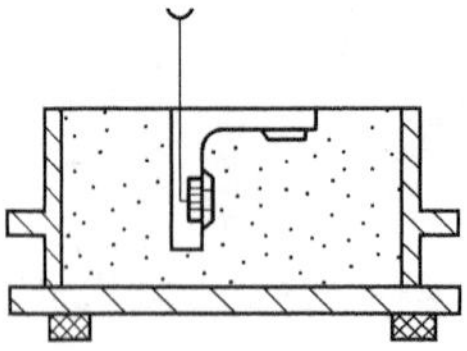	将铸件上妨碍起模的凸台、肋条等部分做成活块，起模时，先取出主体模样，再从侧面取出活块。此操作难度较大、生产率低	适用于单件小批量生产，产量较大时，可用外型芯取代活块，使造型容易
多箱造型	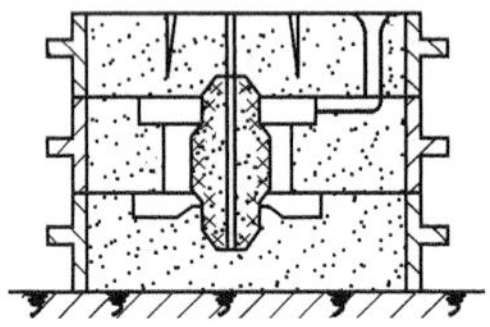	多个分型面，模样从各部分砂型中取出。有些铸件比较高大，造型时为了便于捣砂、修型、开浇口、安放型芯等工作的进行，也必须采用多箱造型	适用于具有多个分型面、单件小批量铸件的生产
刮板造型	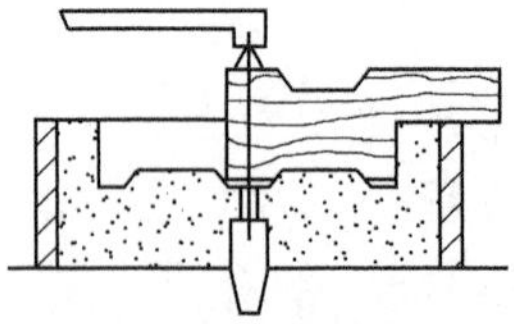	利用刮板代替实体模样，刮板绕垂直轴旋转造型	适用于批量较小、尺寸较大的回转体零件，如带轮、飞轮和齿轮等
组芯造型	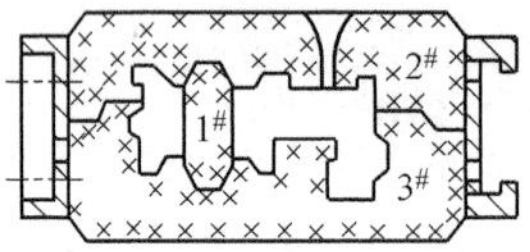 1# 2# 3#	若干块砂芯组合成铸型，造型时只需使用芯盒，不用模样，砂芯装配好后，用夹具夹紧	适用于难以找出合适分型面的复杂铸件的生产
地坑造型	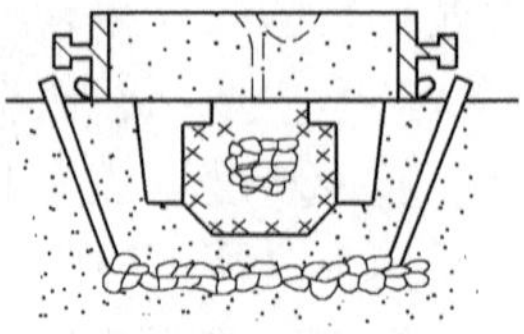	作为铸型的下箱。大铸件需在砂床下面铺以焦炭，埋上出气管，以便浇注时引气。地坑造型仅用或不用上箱即可造型，因而减少了造砂箱的费用和时间，但造型费工、生产率低，要求工人技术水平高	适用于砂箱不足或生产批量不大、质量要求不高的大中型铸件，如砂箱、压铁、炉栅和芯骨等
挖砂造型	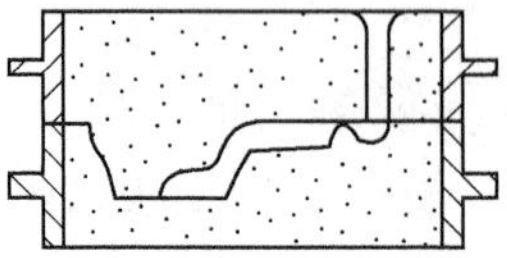	模样是整体的，但铸件分型面是曲面。为便于起模，造型时用手工挖去阻碍起模的型砂，其造型费工、生产率低，对工人技术水平要求高	用于分型面不是平面的单件、小批量铸件的生产

（续）

造型方法	简图	主要特征	适用范围
假箱造型		为克服挖砂造型的缺点，在造型前预先做个底胎（即假箱），然后在底胎上制作下箱。因底胎不参与浇注，故称为假箱。此方法比挖砂造型操作简单，分型面整齐	适用于成批生产中需要挖砂的铸件

（2）机器造型　机器造型是指用机器完成全部或至少完成紧砂工作的造型工序。和手工造型相比，机械造型可以改善劳动条件，提高劳动效率，提高铸件的精度和表面质量，但因为其设备、模底板及专用砂箱的投资较大，故只适用于大量生产。

按紧砂方法不同，机器造型分为震压造型、高压造型、抛砂造型和射砂造型等。

（3）制造型芯　型芯主要用来形成铸件的内腔，为了简化某些复杂铸件的起模或造型，也可部分或全部用型芯形成铸件的外形。由于型芯的大部分面积处于液态金属包围之中，受到的烘烤及冲刷比砂型严重，因此型芯必须具有比砂型更高的强度、耐火性、透气性和退让性等。为此，除使用性能良好的芯砂制芯外，还需要采取安放芯骨、开通气道、刷涂料和烘干等工艺措施。

根据填砂与紧砂方法的不同，制造型芯的方法可分为手工制芯和机器制芯。

1）手工制芯。常用的手工制芯方法是芯盒制芯。芯盒通常由两半组成，图 13-3 所示为芯盒制芯。

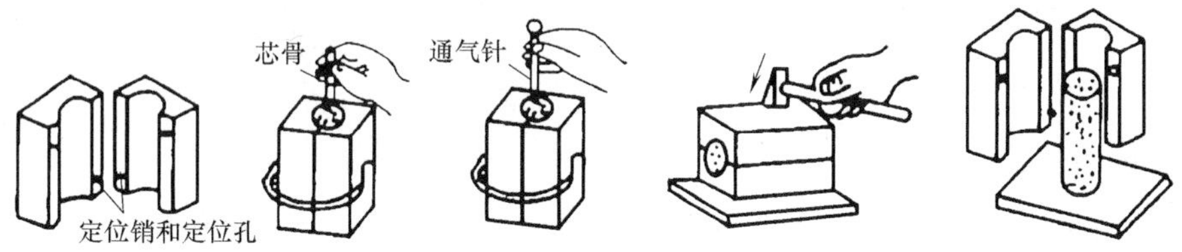

图 13-3　芯盒制芯

手工制芯具体又有整体式芯盒制芯、对开式芯盒制芯、可拆式芯盒制芯和刮板制芯等方式，主要应用在单件小批量生产中。

2）机器制芯。机器制芯可使用制芯机一次完成，生产率高，型芯质量好，适用于大量生产。

型芯成形后一般都要进行烘干，目的是提高其强度和透气性、减少型芯的发气量。强度要求较高的型芯还需加入芯骨。

（4）合箱　砂型的装配工序简称合箱。合箱前应对砂型和型芯进行检验，若有损坏需要进行修理；合箱时必须保证上、下箱的准确定位；合箱后两箱必须卡紧并在砂箱上放置压箱铁，以防止造成抬箱、射箱或跑火等事故。

（5）浇注、落砂和清理

1）浇注。将熔融的金属液从浇包注入铸型的操作称为浇注。浇注的主要工艺指标包括浇注温度、浇注速度和浇注时间，这三个条件对铸件质量有很大的影响。

2）落砂和清理。将已经冷凝的铸件从砂型中取出的过程称为落砂。一般浇注后应尽快取出铸件。清理是除去铸件的浇口、冒口、表面粘砂和飞边。铸件上的浇口和冒口可采用敲击、气割、锯等方法去除，粘砂常用滚筒等清理，飞边常用砂轮、錾子等清除。

13.2.2　熔模铸造

1. 概述

熔模铸造是指用易熔材料（如蜡料）制成模样，在模样上包覆若干层耐火材料，经过干燥、硬化制成型壳，然后加热型壳，待模样熔化流出后，型壳经高温焙烧而成为耐火型壳，再将金属液浇入型壳中，金属冷凝后敲掉型壳获得铸件的方法。由于石蜡-硬脂酸是应用最广泛的易熔材料，故这种方法又称为石蜡铸造。图13-4所示为熔模铸造的工艺过程图。

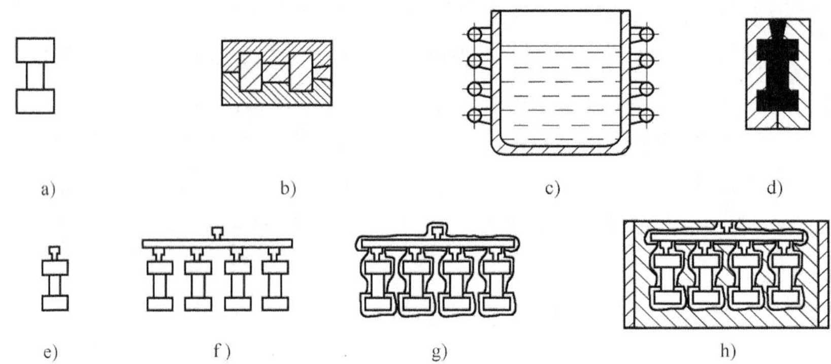

图13-4　熔模铸造的工艺过程图

a）母模　b）压型　c）模料处理　d）造蜡模　e）单个蜡模
f）蜡模组　g）制造型壳，熔去蜡模　h）填砂，浇注

2. 熔模铸造的特点与应用

由于熔模铸造采用可熔化的一次模，无需起模，故型壳为一整体而无分型面，而且型壳由耐火度高的材料制成，因此熔模铸造具有以下优点：

1）铸件尺寸精度高，表面粗糙度值低，且可生产出形状复杂、轮廓清晰的薄壁铸件。目前熔模铸造铸件的最小壁厚为0.25～0.4mm。

2）铸造合金几乎不受限制，可以铸造各种合金铸件，包括铜、铝等非铁合金，各种合金钢，镍基、钴基等特种合金（高熔点难切削加工合金）。对于耐热合金的复杂铸件，熔模铸造几乎是唯一的生产方法。

3）适用于形状复杂、任意批量的铸件生产。

熔模铸造工序繁多，工艺过程复杂，生产周期较长（4～15天），且铸件不能太长、太大（受蜡模易变形及型壳强度不高的限制），其质量多为几十克到几千克，一般不超过25kg。由于某些模料、粘结剂和耐火材料价格较贵，且质量不够稳定，因而熔模铸造的生产成本较高。

熔模铸造也常常称为精密铸造，是少切削和无切削加工工艺的重要方法。它主要用于生产汽轮机和涡轮发动机的叶片与叶轮，纺织机械、拖拉机、船舶、机床、电器、风动工具和仪表上的小零件及刃具、工艺品等。

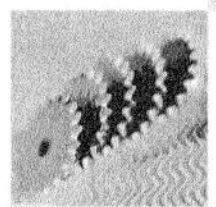

近年来，国内外熔模铸造技术发展很快，新模料、新粘结剂和制壳的新工艺不断涌现，并已用于生产。目前正在研究与开发熔模铸造与消失模铸造法的综合新工艺，即用发泡模代替蜡模的新工艺。

13. 2. 3　金属型铸造

金属型铸造是指金属液在重力作用下浇入金属铸型中以获得铸件的方法。金属型常用铸铁、铸钢或其他合金制成。金属型可以反复使用，所以又称为永久型铸造。

1. 金属型的构造

金属型的结构按分型面的不同分为整体式、垂直分型式、水平分型式和复合分型式（见图 13-5），其中垂直分型式金属型便于开设浇口和取出铸件，易于实现机械化，故应用较多。

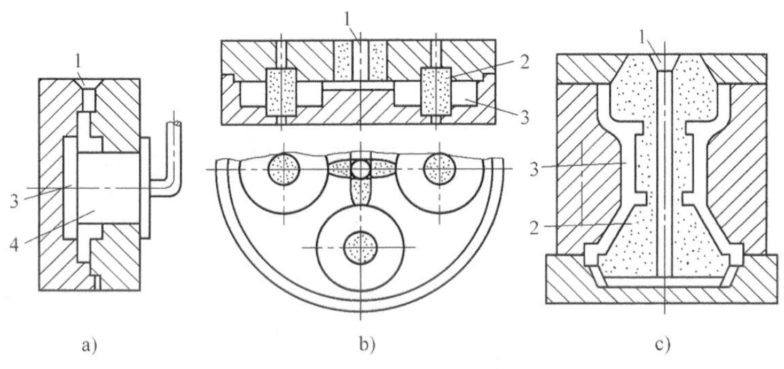

图 13-5　金属型的结构类型

a）垂直分型　b）水平分型　c）复合分型

1—浇口　2—砂芯　3—型腔　4—金属芯

金属型的材料根据浇注的合金种类而定，浇注低熔点合金（锡合金、锌合金、镁合金等）铸件可用灰铸铁，浇注铝合金、铜合金铸件可用合金铸铁，浇注铸铁件和铸钢件需用碳素钢及镍铬合金钢等制作铸型。铸件的内腔由型芯制成，形状简单的用金属型芯，形状复杂或高熔点合金则用砂芯。

2. 金属型铸造的特点与应用

金属型铸造工艺最大的特点是金属型导热快，且无退让性和透气性，因此铸件易产生冷隔、浇不足和裂纹等缺陷，灰铸铁件还常出现白口组织。此外，受到高温金属液的反复冲刷，金属型的型腔易损坏而影响铸件的表面质量和铸型的使用寿命。

与砂型铸造相比，金属型铸造主要有以下优点：

1）金属型可承受多次浇注，实现了一型多铸，节约了大量的造型材料、工时、设备和占地面积，显著地提高了生产率，并减少了粉尘对环境的污染。

2）金属型导热性好、铸件冷却快，因而晶粒细、组织致密、力学性能好，如铝合金、铜合金铸件采用金属型铸造时的力学性能比砂型铸造提高 20% 以上。

3）铸件的精度高，表面质量好，尺寸精度可达 IT14 ~ IT12 级，表面粗糙度值 Ra =6. 3 ~ 12. 5μm，减小了机械加工余量。

4）由于金属型铸造的工序大为简化，影响铸件质量的工艺因素减少，铸造工艺容易控制，故铸件的质量较稳定，与砂型铸造相比，其废品率可降低50%左右。

金属型铸造的主要缺点是：

1）金属型制造周期长、成本高，不适合小批量生产。

2）金属型导热性好，降低了金属液的流动性，故不适于形状复杂、大型薄壁铸件的生产。

3）金属型无退让性，冷却收缩时产生的内应力将会造成复杂铸件的开裂。

4）型腔在高温下易损坏，因而不宜铸造高熔点合金。

由于上述缺点，金属型铸造的应用受到了限制，通常主要用于大批量生产、形状简单的非铁金属及其合金的中小型铸件，如飞机、汽车、拖拉机、内燃机等的铝活塞以及气缸体、气缸盖、油泵壳体、铜合金轴套和轴瓦等，有时也用于生产某些铸铁和铸钢件。

13.3 铸造工艺

生产铸件时，首先要根据铸件的结构特点、技术要求、生产批量及生产条件等进行铸造工艺设计，其内容包括确定铸造方案和工艺参数，绘制图样和标注符号，编制工艺卡和工艺规程等。

13.3.1 浇注位置与分型面的选择

浇注位置是指浇注时铸件在铸型内所处的位置。分型面是指分开铸型便于取模的结合面。分型面为水平、垂直和倾斜时，相对应地出现了水平浇注、垂直浇注和倾斜浇注三种位置。浇注位置和分型面对铸件的质量及铸造工艺有很大影响，其选择原则见表13-2。

表13-2 浇注位置和分型面的选择原则

原则		图例	
		不合理	合理
应保证铸件质量	铸件的主要工作面和重要加工面应朝下或位于侧面，这是因为铸件上表面易产生气孔、夹渣、砂眼等缺陷，组织不良，而下表面致密。若铸件有多个加工面，则应将较大的面朝下，其他表面通过加大加工余量来保证铸造质量	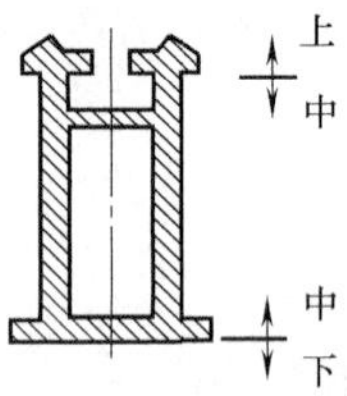 上 中 中 下	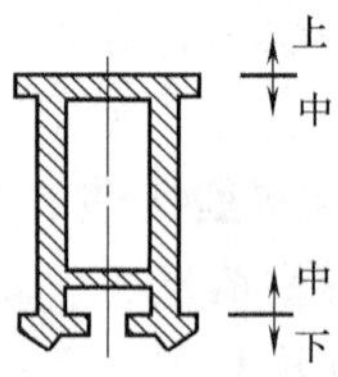 上 中 中 下
	铸件的宽大平面应朝下或采用倾斜浇注，以避免高温金属液使型腔上表面过热而造成砂型开裂，产生夹砂、结疤等缺陷	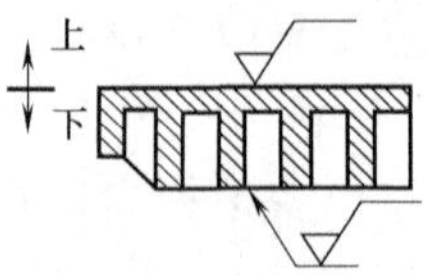 上 下	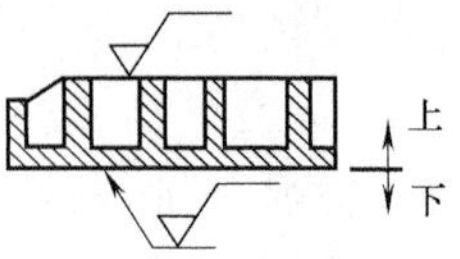 上 下
	铸件的薄壁部分应朝下或位于侧面或倾斜浇注，以避免产生冷隔或浇不足现象	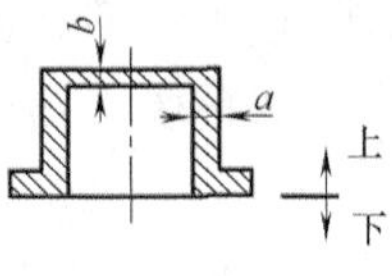 b a 上 下	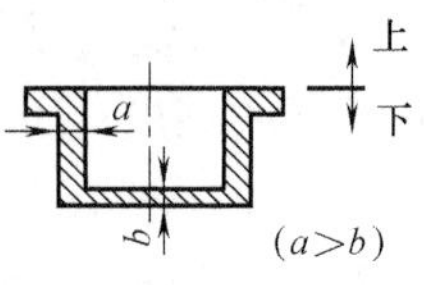 上 下 a b (a>b)

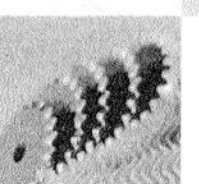

（续）

原则		图例	
		不合理	合理
应保证铸件质量	铸件厚大的部分应朝下或位于侧面，以便于设置浇、冒口进行补缩	上 下 缩孔	冒口 上 下
	铸件尽可能放在一个砂型内，以避免错箱、飞边等缺陷	上 下	上 下
应使工艺简单	分型面应尽量选用平直面，少用曲面，以简化制模和造型工艺	上 下 上 下	上 下
	尽量减少分型面数量，以简化操作，提高精度	上 中 中 下	上 下
	尽量减少型芯数量，使下芯、合箱方便	上 下	上 下
	分型面选在铸件最大截面处，以保证起模方便	上 下	上 下

13.3.2 浇注系统和冒口的设计

浇注系统是指为高温金属液填充型腔和冒口而开设于铸型中的一系列通道，通常由外浇道、直浇道、横浇道和内浇道组成。正确地设置浇注系统，对保证铸件质量、降低金属的消耗量有重要的意义。浇注系统设置不当，铸件易产生冲砂、砂眼、浇不足、气孔和缩孔等缺陷。

1. 浇注系统各部分的作用

典型的浇注系统由外浇道、直浇道、横浇道和内浇道四部分组成，如图 13-6 所示，形状简单的小铸件可以省略横浇道。

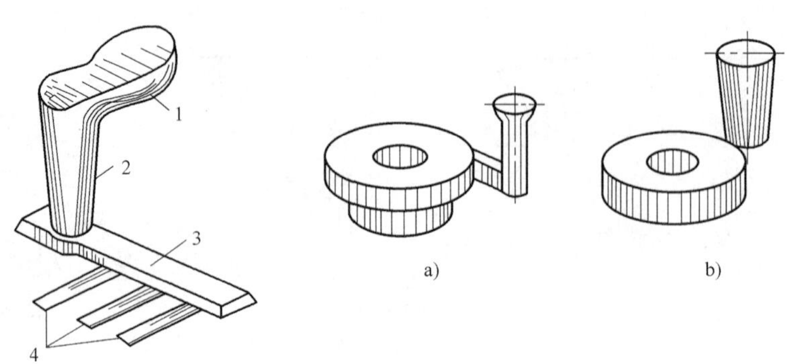

图 13-6 浇注系统

a）直浇道直通内浇道 b）直浇道直通型腔

1—外浇道 2—直浇道 3—横浇道 4—内浇道

（1）外浇道 外浇道多为漏斗形或池形，其作用是接纳从浇包倒出来的金属液，减轻金属液流的冲击，使之平稳地流入直浇道，并具有一定的除渣作用。

（2）直浇道 直浇道是浇注系统中的垂直通道，断面多为圆形，上大下小，通常带有一定的锥度，开在上砂型内，用于连接外浇道和横浇道，其作用是使液体产生一定的静压力，能迅速充满型腔。如果直浇道的高度或直径太小，则会使铸件产生浇不足的缺陷。直浇道的高度越大，金属液填充型腔的能力越强。

（3）横浇道 横浇道是浇注系统中的水平通道部分，一般开在上箱分型面上，其断面通常为梯形。它将金属液由直浇道导入内浇道，并起挡渣作用，还能减缓金属液流的速度，使金属液平稳地流入内浇道。

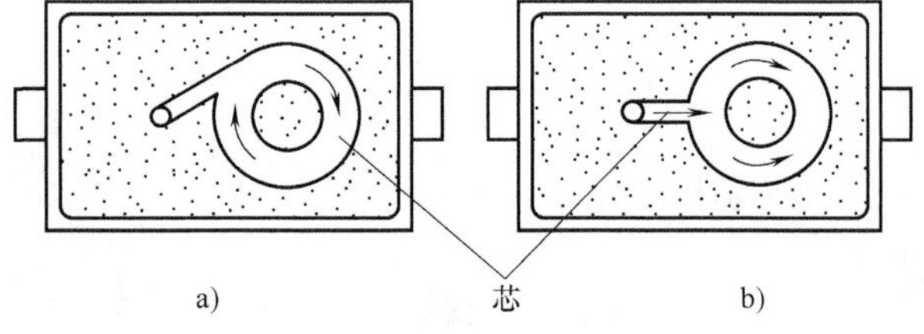

图 13-7 内浇道的位置

a）正确 b）错误

（4）内浇道 内浇道是浇注系统中引导液态金属进入型腔的部分，截面形状有扁梯形和月牙形，也可用三角形，其作用是控制金属液流入型腔的速度和方向，调节铸件各部分的冷却速度。内浇道的形状、位置和数量以及导入液流的方向，是决定铸件质量的关键。开设内浇道时应尽可能地使金属液快而平稳地充型，但要使金属顺着型壁流动，避免直接冲击砂芯和砂型的突出部分，如图 13-7 所示。另外，内浇道一般不应开在铸件的重要部位，其截面形状还要考虑清理铸件的方便性。

2. 浇注系统的类型

按金属液注入的方式不同，浇注系统分为顶注式、底注式、中间注入式和阶梯注入式等，如图 13-8 所示。

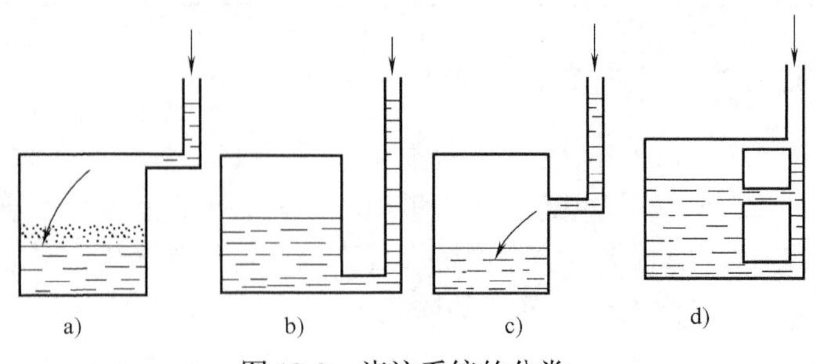

图 13-8 浇注系统的分类

a）顶注式 b）底注式 c）中间注入式 d）阶梯注入式

（1）顶注式 采用顶注式时，液态金属容易充满薄壁铸件，补缩

作用好，金属消耗少，但容易冲坏铸型和产生飞溅，主要用于不太高而形状简单、薄壁及中等壁厚的铸件。

（2）底注式　采用底注式时，液态金属流动平衡，不易冲砂，但是补缩作用较差，对薄壁铸件不易浇满。这种浇注系统主要用于大中型厚壁、形状不复杂、高度较大的铸件和某些易氧化的合金铸件。

（3）中间注入式　中间注入式是介于顶注式和底注式之间的一种浇注系统，开设很方便，应用最普遍，多用于一些中型、不很高但水平尺寸较大的铸件。

（4）阶梯注入式　阶梯注入式主要用于高大的铸件（一般高度大于800mm）。此类浇注系统能使金属液自下而上地进入型腔，兼有顶注式和底注式的优点。

3. 冒口的设计

冒口具有储存供补缩铸件用的熔融金属及排气集渣的作用。对于收缩大的铸钢和非铁金属铸件，应考虑设置冒口，以防止缩孔的产生。冒口应开在型腔最厚实和最高的部分，以使冒口内的金属液最后凝固达到补缩的目的。冒口的截面形状多为圆形、方形或腰圆形，其大小、数量和位置视具体情况而定。

（1）冒口的设置原则

1）冒口的凝固时间应大于或等于铸件的凝固时间。

2）有足够的金属液补充铸件的收缩。

3）与铸件上被补缩部位之间必须存在补缩通道。

（2）冒口的形状　冒口的形状直接影响它的补缩效果，生产中应用最多的是圆柱形、腰圆柱形、球顶圆柱形冒口，如图13-9所示。

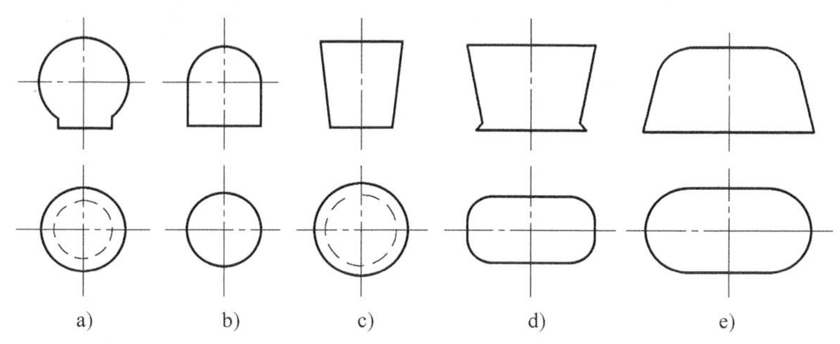

图13-9　常用冒口的形状

a）球形　b）球顶圆柱形　c）圆柱形　d）腰圆柱形（明）　e）腰圆柱形（暗）

（3）冒口的位置　合理地设置冒口的位置，可以有效地消除铸件中的缩松和缩孔缺陷。冒口的设置一般应遵守以下原则：

1）冒口应尽量设置在铸件被补缩部位的上部或最后凝固的位置。

2）冒口应尽量设置在铸件最高最厚的位置，以便于利用金属液的自重进行补缩。

3）冒口应尽可能不阻碍铸件的收缩。

4）冒口最好设置在铸件需要机械加工的表面上，以减少精加工铸件的工时。

13.3.3　铸造工艺参数的选择

铸造工艺参数是指铸型工艺设计时需要确定的某些工艺数据。这些工艺参数一般都与模样和芯盒的尺寸有关，即与铸件的精度有关，同时与造型、制芯、下芯及合箱的工艺过程有联系。铸造工艺参数包括加工余量、最小铸孔的尺寸、收缩余量、起模斜度和型芯尺寸等。工艺参数选择合适，不仅可使铸件的尺寸、形状精确，而且造型、制芯、合箱都大为简便，有利于提高生产率，降低成本。

1. 铸造收缩率

铸件由于凝固、冷却后体积要收缩，所以其各部分尺寸均小于模样的尺寸。为保证铸件的尺寸要求，需在模样上加一个收缩尺寸。加大的部分称为收缩余量，一般根据线收缩率来确定。铸造收缩率的计算公式为

$$\varepsilon = \frac{L_{模} - L_{件}}{L_{件}} \times 100\%$$

式中 $L_{模}$ 和 $L_{件}$——模样和铸件的尺寸。

收缩余量的大小与合金的种类有关，同时还受铸件结构、大小、壁厚、铸型种类及收缩时的受阻情况等因素影响。

2. 机械加工余量

机械加工余量是指为保证铸件加工面的尺寸和零件精度，在铸件工艺设计时预先增加而在机械加工时切去的金属层厚度，其大小取决于铸件的材料、铸造方法、加工面在浇注时的位置以及铸件的结构、尺寸和加工质量要求等。与铸钢件相比，灰铸铁表面平整、精度较高、加工余量小，非铁金属铸件的加工余量比灰铸铁还小；与手工造型相比，机器造型的精度高、加工余量小；尺寸大、结构复杂、精度不易保证的铸件比尺寸小、形状简单的铸件的加工余量要大些。表13-3列出了铸件的机械加工余量。

表13-3 与铸件尺寸公差配套使用的铸件机械加工余量（灰铸铁） （单位：mm）

IT		11		12			13			14		15	
基本偏差		G	H	G	H	J	G	H	J	H	J	H	J
公称尺寸		加工余量数值											
大于	至												
—	100	4.0 3.0	4.5 3.5	4.5 3.0	5.0 3.5	6.0 4.5	6.0 4.0	6.5 4.5	7.5 5.5	7.5 5.0	8.5 6.0	9.0 5.5	10 6.5
100	160	4.5 3.5	5.5 4.5	5.5 4.0	6.5 5.0	7.5 6.0	7.0 4.5	8.0 5.5	9.0 6.5	9.0 6.0	10 7.0	11 7.0	12 8.0
160	250	6.0 4.5	7.0 5.5	7.0 5.0	8.0 6.0	9.5 7.5	8.5 6.0	9.5 7.0	11 8.5	11 7.5	13 9.0	13 8.5	15 10
250	400	7.0 5.5	8.5 7.0	8.0 6.0	9.5 7.5	11 9.0	9.5 6.5	11 8.0	13 10	13 9.0	15 11	15 10	17 12
400	630	7.5 6.0	9.5 8.0	9.0 6.5	11 8.5	14 11	11 7.5	13 9.5	16 12	15 11	18 13	17 12	20 14

注：表中每栏有两个加工余量数值，上面的数值是一侧为基准，另一侧进行单侧加工的加工余量值；下面的数值是进行双侧加工的加工余量值。

机械零件上往往有许多孔，一般来说，应尽可能在铸造时铸出这些孔，这样既可节约金属、减少机械加工的工作量，又可使铸件壁厚比较均匀，减少形成缩孔、缩松等铸造缺陷的

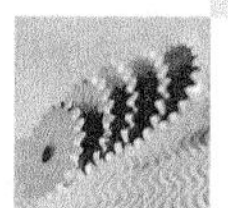

倾向。但是，当铸件上的孔尺寸太小，而铸件的壁厚又较厚，而且金属压力头较高时，反而会使铸件产生粘砂，有的孔若要铸出，则必须采用复杂而且难度较大的工艺措施，实现这些措施还不如用机械加工的方法制出这些孔方便和经济，并且有时孔距要求很精确，而铸孔很难保证质量。因此在确定零件上的孔是否铸出时，必须考虑铸出这些孔的可能性、必要性和经济性。

3. 起模斜度

起模斜度如图 13-10 所示。起模斜度的大小与模样壁的高度、模样的材料和造型方法等有关，通常为 15′~3°，且模样壁越高，斜度越小；外壁斜度比内壁小；金属型的斜度比木模的小；机器造型的斜度比手工造型的小。

起模斜度的设计方法：对于加工面，当壁厚 <8mm 时，可采用增加壁厚法；当壁厚为 8 ~12mm 时，可采用加减壁厚法。对于非加工面，常采用减少壁厚法。

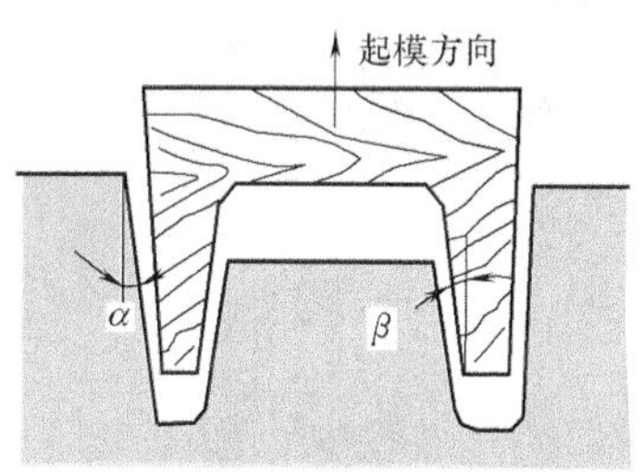

图 13-10　起模斜度

4. 芯头

芯头是指伸出铸件以外不与金属接触的砂芯部分，其作用是定位、支承和排气。为了承受砂芯本身的重力及浇注时液体对砂芯的浮力，芯头的尺寸应足够大，这样才不致破损。浇注后砂芯所产生的气体，应能通过芯头排至铸型外。

在设计芯头时，除了要满足上面的要求外，还要考虑到为使下芯与合箱方便，应留有适当的斜度，芯头与芯座之间还要留有 1 ~4mm 的间隙。

根据芯头在砂型中的位置，型芯头可分为垂直芯头和水平芯头两种。设计芯头时，主要应确定三个参数，即芯头长度、芯头斜度和芯头间隙。

13.3.4　铸造工艺图

铸造工艺图是表示分型面、砂芯的结构尺寸、浇冒口系统和各工艺参数的图样。单件小批量生产时，铸造工艺图是用红蓝色线条按规定的符号和方案画在零件图上的，如图 13-11 所示。

（1）标出分型面　分型面的位置在图上用红色线条加箭头表示，并注明上箱和下箱。

（2）确定加工余量　加工余量在工艺图中用红色线条标出，剖面用红色全部涂上。

（3）标出起模斜度　在垂直于分型面的模样表面上，应绘制起模斜度。起模斜度用红色线条表示。

（4）铸造圆角　为了便于造型和避免产生铸造缺陷，零件上两壁相交处应做成圆角，称为铸造圆角。铸造圆角在铸造工艺图上用红线表示。

（5）芯头及芯座　芯头及芯座用蓝色线条标出。此时应注意，芯座应比芯头稍大，两者之差即为下芯时所需要的间隙。

（6）不铸出的孔　零件上较小的孔、槽，在铸造中不易铸出时，应在铸造工艺图上相应的位置用红线打叉。

（7）标注收缩率　收缩率用红字标注在零件图的右下方。

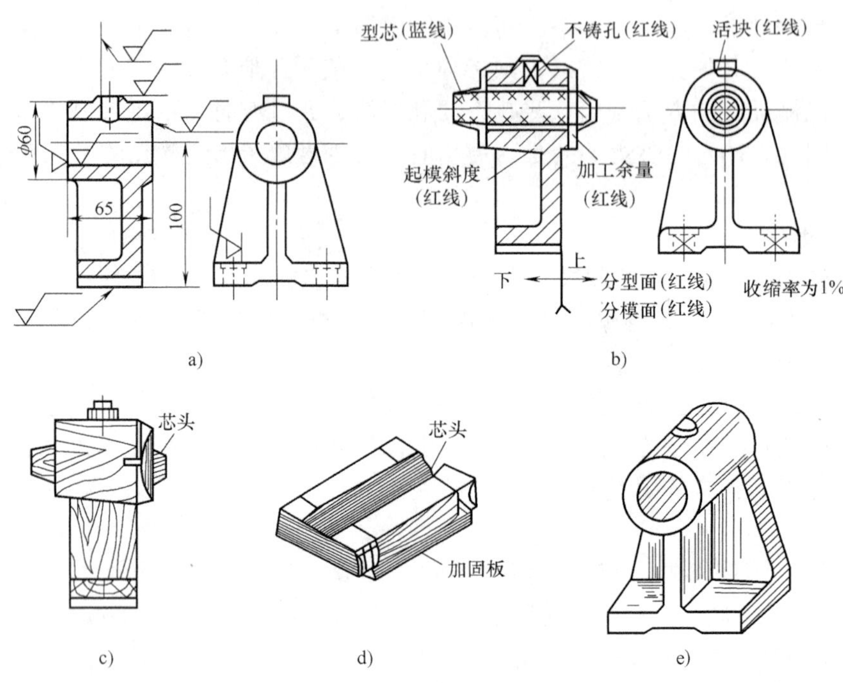

图 13-11 滑动轴承座的铸造工艺图和模样结构图

a）零件图 b）铸造工艺图 c）模样结构图 d）芯盒结构 e）铸件

13.4 案例

分析合金的充型能力对铸件质量的影响

充型就是液态合金填充铸型的过程。充型能力就是液态合金充满铸型型腔，获得形状完整、轮廓清晰的铸件的能力。充型能力强，有利于获得形状完整、轮廓清晰的铸件；充型能力不足，则易产生下列缺陷。

1）浇不足。不能得到完整的零件，如图 13-12a 所示。

a)

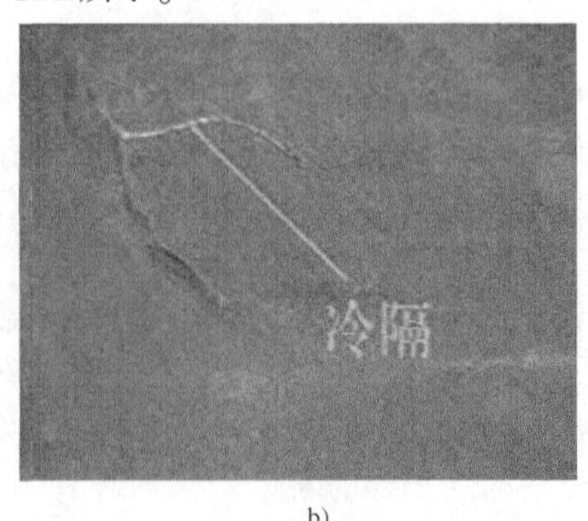

b)

图 13-12 铸件的缺陷

a）浇不足 b）冷隔

2）冷隔。未完全融合缝隙或凹坑，力学性能下降，如图 13-12b 所示。

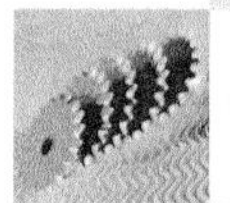

3）气孔、夹渣等。

影响液态金属流动性的因素主要是化学成分。

1）纯金属流动性好。一定温度下结晶，凝固层表面平滑，对液流阻力小。

2）共晶成分的合金流动性好。恒温凝固，固体层表面光滑，且熔点低，过热度大。

3）非共晶成分的合金流动性差。结晶在一定温度范围内进行，初生树枝状晶阻碍液流。

思 考 题

1. 什么叫铸造？它有何优缺点？
2. 型砂是由哪些材料组成的？它应具备哪些性能？
3. 什么是合金的铸造性能？其包含哪些内容？
4. 常见的砂型铸造方法有哪些？
5. 为什么会产生铸造应力？应采取何种方法避免？
6. 何谓浇注系统？它共由哪几部分组成？各部分的作用是什么？
7. 缩孔和缩松是如何形成的？应采取何种方法防止其发生？
8. 铸造时对铸件的工艺结构有何要求？
9. 浇注位置的选择原则是什么？
10. 分型面的选择原则是什么？
11. 铸造的缺陷有几种？产生的原因分别是什么？如何防止？
12. 离心铸造的特点是什么？
13. 熔模铸造的特点是什么？它适用于何种场合？
14. 分别说明金属型铸造和压力铸造的特点。

第 14 章 金属材料的锻压成形工艺

14.1 概述

锻压成形是指对坯料施加外力，使其产生塑性变形，从而获得具有一定形状、尺寸和力学性能的毛坯或零件的加工方法。

锻压是锻造和冲压的总称。用锻造方法制成的毛坯或零件称为锻件，用冲压方法制成的毛坯或零件称为冲压件。锻压成形工艺主要包括轧制、挤压、拉拔、锻造和冲压。与其他金属加工方法相比，锻压具有如下优点：

1）锻压加工后，金属可获得较细密的晶粒，可以压合铸造组织内部的气孔等缺陷，并能合理控制金属的纤维方向，使纤维方向与应力方向一致，以提高零件的性能。

2）锻压加工后，坯料的形状和尺寸发生改变而其体积基本不变，与切削加工相比可节约金属材料和加工工时。

3）除自由锻外，其他锻压方法如模锻、冲压等都有较高的劳动生产率。

4）锻压能加工各种形状和重量的零件，使用范围广。

锻压生产目前还存在着以下问题：

1）由于锻压是在固态下成形，金属的流动受到限制，因此锻件形状所能达到的复杂程度不如铸件。

2）一般锻件的精度和表面质量还需要进一步提高。

14.2 坯料的加热与锻件的冷却

14.2.1 坯料的加热

1. 加热的目的

坯料加热的目的是提高坯料的塑性、降低变形抗力、改善可锻性，但是加热温度过高，会使锻件产生氧化、脱碳、过热、过烧等缺陷。因此，在保证坯料均匀热透的条件下，应尽量缩短加热时间，以减少可能产生的缺陷，并降低燃料消耗。

2. 加热规范

加热规范的主要内容包括坯料装炉时的炉温，预热、升温和保温时间以及锻造温度范围，是提高锻压质量的保证。

（1）始锻温度　各种金属材料锻造时允许的最高加热温度称为始锻温度。在不出现过热的前提下，应尽量提高始锻温度以使坯料具有最佳的可锻性，并能减少加热次数，提高生产

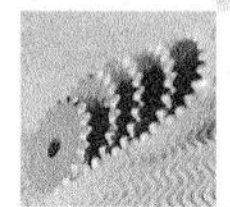

率。碳素钢的始锻温度比固相线低200℃左右，如图14-1所示。

（2）终锻温度　各种金属材料终止锻造时的温度称为终锻温度。终锻温度应高于再结晶温度，以保证金属有足够的塑性以及锻后能获得再结晶组织。但终锻温度过高，易形成粗大晶粒，降低力学性能；终锻温度过低，可锻性变差。碳素钢的终锻温度为800℃左右，如图14-1所示。

锻造时的温度可用仪表测量，但生产中一般通过观察金属火色进行大致判断。常用金属材料的锻造温度范围见表14-1。

表14-1　常用金属材料的锻造温度范围

（单位：℃）

金属材料	始锻温度	终锻温度
碳素结构钢	1200～1250	800～850
碳素工具钢	1050～1150	750～800
合金结构钢	1100～1200	800～850
合金工具钢	1050～1150	800～850
高速工具钢	1100～1150	900
弹簧钢	1100～1150	800～850
轴承钢	1080	800
硬铝	470	380

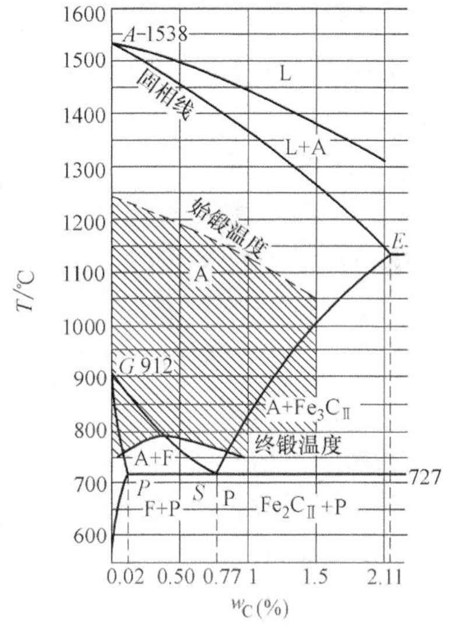

图14-1　碳素钢的锻造温度范围

14.2.2　锻件的冷却

锻件冷却是锻造工艺过程中必不可少的工序。锻件冷却不当，易产生翘曲，且使其表面硬度增高，甚至产生裂纹。一般钢中的碳及合金元素含量越高，锻件尺寸越大，形状越复杂，冷却速度应越慢。锻件的冷却方式主要有以下三种：

（1）空冷　空冷是指热态锻件在空气中冷却的方法。空冷的速度较快，多用于碳素结构钢和低合金结构钢小型锻件的冷却。

（2）坑冷　坑冷是指热态锻件埋在地坑或铁箱中缓慢冷却的方法，常用于碳素工具钢和合金工具钢锻件的冷却。

（3）炉冷　炉冷是指锻后的锻件放入炉中缓慢冷却的方法，常用于合金钢大型锻件和高合金钢重要锻件的冷却。

14.3　锻压方法与工艺

14.3.1　自由锻

自由锻是将加热后的金属坯料放在锻压设备的上、下抵铁之间，利用冲击力或压力使金属发生塑性变形，从而得到所需形状及尺寸的锻件的锻造方法。由于自由锻在锻造时使用通用的工具，不用锻模，金属变形较自由，因此也称为无型锻造。

自由锻工艺灵活，设备简单，有较大的通用性，可锻造小至1kg以下、大到数百吨的锻件。但自由锻尺寸精度低，加工余量大，生产率低，劳动强度大，并且锻件的形状和尺寸主要靠锻工的操作技术来保证，因此对锻工的技术水平要求较高。

自由锻方法制造的毛坯，力学性能较高，在机械制造中具有特别重要的作用。如水轮发电机主轴、多拐曲轴、连杆等大型零件在工作中都需承受很大的载荷，要求具有较高的力学性能，自由锻几乎是其唯一可行的生产方法。

自由锻分为手工锻造和机器锻造两种。手工锻造只能生产小型锻件，生产率也较低。机器锻造是自由锻的主要生产方法。

1. 自由锻设备

自由锻设备主要有空气锤、蒸汽-空气锤、水压机和摩擦压力机等，图14-2所示为空气锤。

图14-2　空气锤

1—踏杆　2—砧座　3—砧垫　4—下砧　5—上砧　6—锤杆　7—工作缸　8—控制阀　9—压缩缸　10—手柄　11—减速机构　12—电动机　13—曲柄连杆

空气锤的吨位（指落下部分的质量）一般为65～1000kg，常用500kg以下的空气锤。

2. 自由锻工序

自由锻的基本工序包括拉深（拔长）、镦粗、冲孔、切割、弯曲和扭转等。除了基本工序外，还有一些辅助工序（如倒棱和压肩等）和后续的精整工序（如平整和清除飞边等）。

（1）拔长　使坯料截面减小、长度增加的锻造工序称为拔长。它是自由锻中应用最多的一种工序，常用于锻造轴类、拉杆和连杆等零件。通常以锻造比来表示拔长时的变形大小。

（2）镦粗　使坯料横截面增大、高度减小的锻造工序称为镦粗。镦粗主要应用于制造某些高度小、截面大的盘类工件，如齿轮和圆盘等；或者作为冲孔前的准备工序，以减小冲孔深度；或者作为改善力学性能，如消除枝晶组织，使碳化物和其他杂质分布均匀的预备工序。

镦粗的种类主要有完全镦粗、局部镦粗和垫环镦粗等，如图14-3所示。

（3）冲孔　冲孔是指在实心坯料上利用冲头冲出通孔或不通孔的锻造工序。冲孔主要用

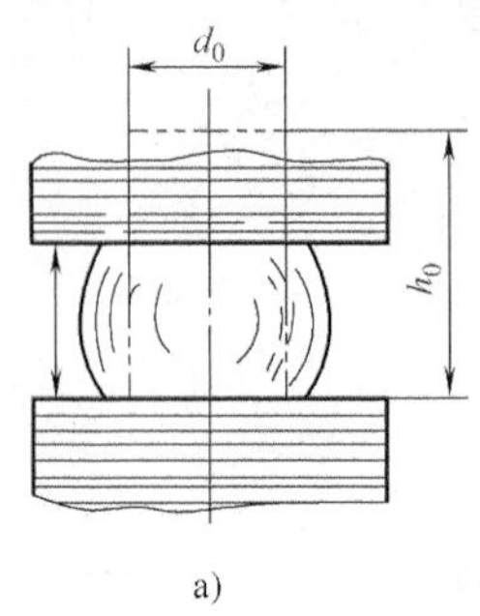

a)

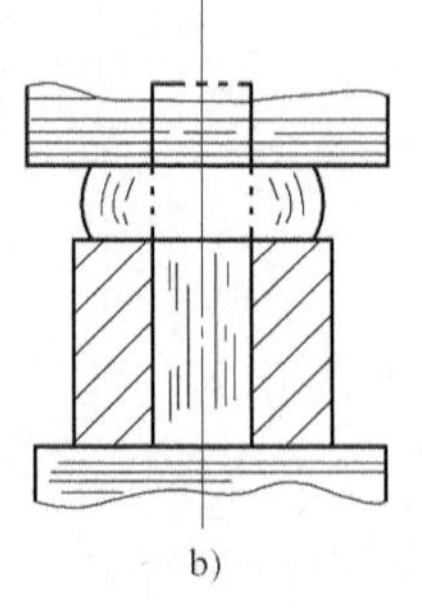
b)

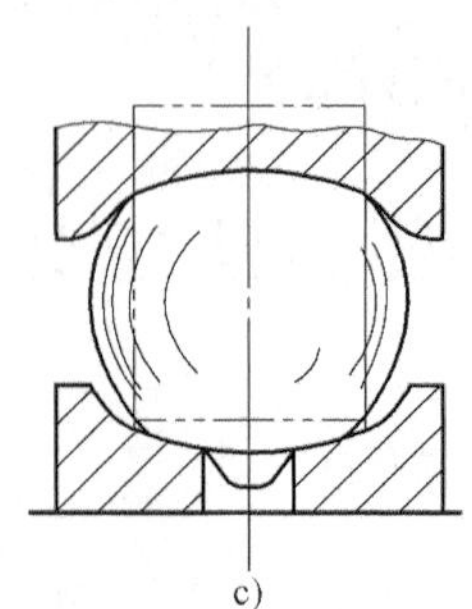
c)

图14-3　镦粗

a）完全镦粗　b）局部镦粗　c）垫环镦粗

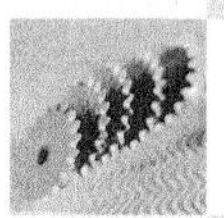

于空心锻件，如齿轮、圆环和套筒等，有时也用于去除铸锭中心质量较差的部分，以便锻制高质量的大工件。

冲孔的种类主要有实心冲头冲孔、空心冲头冲孔和板料冲孔等，其中实心冲头冲孔又分为单面冲孔和双面冲孔。如图 14-4 所示，在薄坯料上冲孔时，可用实心冲头一次冲出所需的孔；如果冲孔直径超过 400mm，则采用空心冲头冲孔。

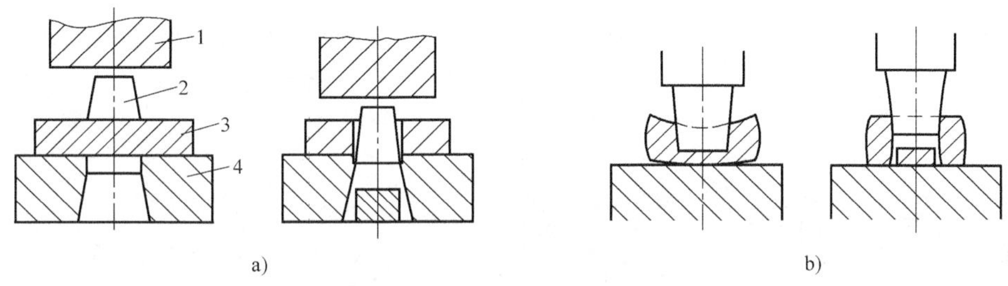

图 14-4　冲孔

a）实心冲头单面冲孔　b）空心冲头双面冲孔

1—上砧　2—冲头　3—坯料　4—漏盘

（4）切割　切割是指将坯料分割开或部分割裂的锻造工序。切除锻件的料头或把钢锭的冒口切去时，都要使用切割。

切割分为单面切割、双面切割和四面切割等，单面切割和双面切割分别如图 14-5 和图 14-6 所示。

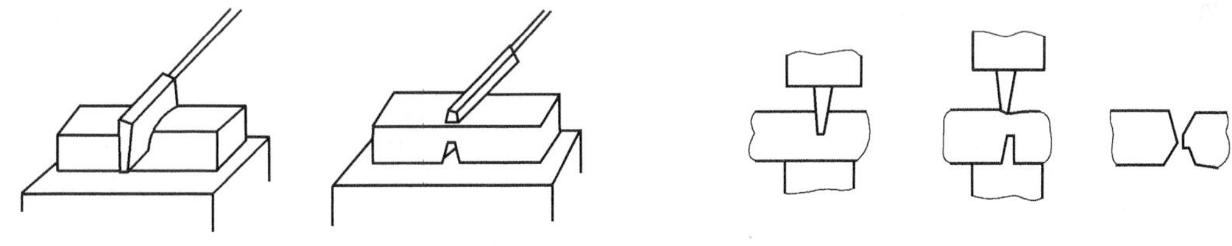

图 14-5　单面切割　　　　图 14-6　双面切割

（5）弯曲　将坯料弯成所规定的外形的锻造工序称为弯曲。利用弯曲可以得到吊钩、舵杆、角尺、曲栏杆等锻件。弯曲的方法如图 14-7 所示，可以在砧角上用大锤弯曲，也可用起重机弯曲，近年来广泛采用截面相适应的胎模进行弯曲。

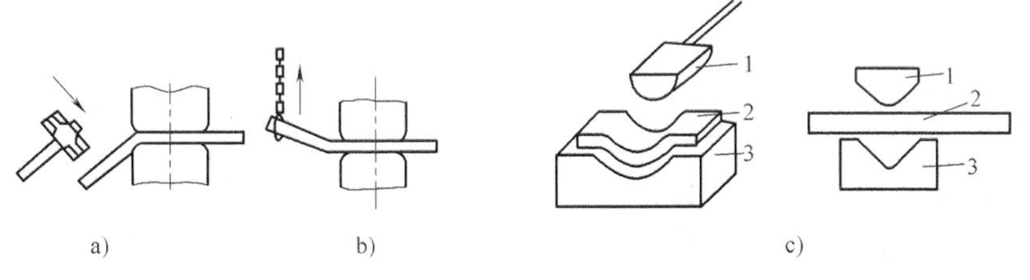

图 14-7　弯曲的方法

a）大锤弯曲　b）起重机弯曲　c）胎模弯曲

1—成形压铁　2—坯料　3—胎模

（6）扭转　将坯料的一部分相对于另一部分绕其轴线旋转一定角度的锻造工序称为扭转。扭转主要用于锻制曲柄位于不同平面内的曲轴，这时整个坯料首先在一个平面内锻造成形，然后用夹叉或扳手等扭转。由于扭转过程中金属变形剧烈，所受应力复杂，因此受扭部分应加热到塑性最好的温度范围，并均匀热透，扭转后应缓慢冷却，最好进行退火处理。

自由锻件的分类及其应用工序见表14-2。

表14-2　自由锻件的分类及其应用工序

类别	图例	锻造用工序	实例
轴类零件		拔长（镦粗及拔长）、压肩、锻台阶、滚圆	主轴、传动轴
轴杆类零件		拔长（镦粗及拔长）、压肩、锻台阶和冲孔	连杆等
曲轴类零件		拔长（镦粗及拔长）、错移、压肩、滚圆和扭转	曲轴、偏心轴等
盘类、圆环类零件		镦粗（镦粗及拔长）、冲孔、马杠扩孔和定径	圆环、齿圆、端盖、套筒
筒类零件		镦粗（镦粗及拔长）、冲孔、芯棒拔长、滚圆	圆筒、套筒等
弯曲件		拔长、弯曲	吊钩、弯杆、轴瓦盖等

14.3.2　模锻

模锻是把加热的坯料放在固定于锻压设备的模膛内进行锻造，使金属产生塑性变形，形成所需要的尺寸和形状的锻件的锻压方式。模锻和自由锻有明显的不同，模锻所用的锻模固定在专用的模锻设备上，通常由上、下模组成。模锻按照所使用的设备可分为锤上模锻、摩擦压力机模锻和水压机模锻等；按照模膛的结构可分为开式模锻、闭式模锻和小飞边式模锻等，如图14-8所示。

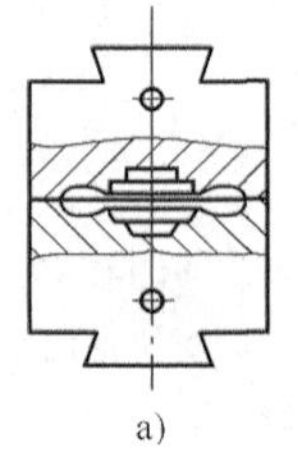
a)

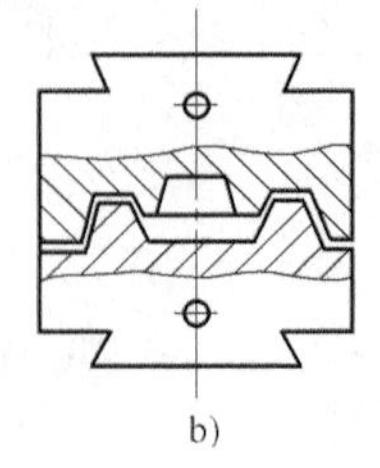
b)

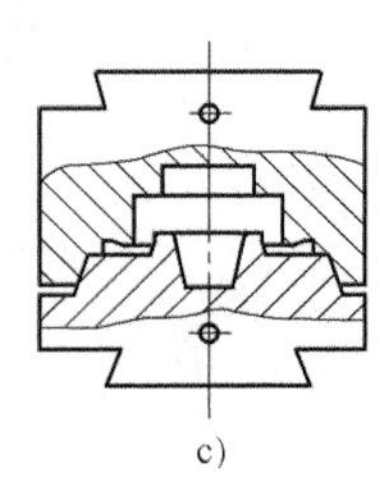
c)

图14-8　模锻的三种形式
a）开式模锻　b）闭式模锻　c）小飞边式模锻

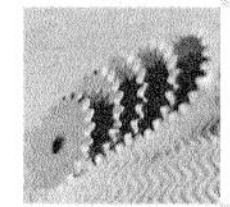

模锻与自由锻相比，其优点是：

1）锻件尺寸精度高，表面粗糙度值小，能锻出形状复杂的锻件。

2）锻件加工余量小，公差仅是自由锻件公差的1/4～1/3，材料利用率高，节约机加工工时。

3）锻造流线分布更合理，力学性能高。

4）生产率高，操作简单，易于机械化，锻件成本低。

其缺点是：

1）模锻设备投资大，锻模成本高。

2）受设备吨位的限制，模锻件的质量一般在150kg以下。

模锻适用于中小型锻件的成批和大量生产，广泛用于汽车、拖拉机、飞机、机床和动力机械等工业中。

14.3.3 胎模锻

胎模锻是在自由锻设备上使用可移动的模具生产模锻件的锻造方法。胎模锻一般用自由锻方法制造锻坯，在胎模中最后成形。胎模不固定在锤头或砧座上，需要时放在下砧上。

胎模锻与自由锻相比，具有生产率高、操作简便、锻件尺寸精度高、表面粗糙度值小、加工余量少、节省金属和锻件成本低等优点；与模锻相比具有胎模制造简单、不需昂贵的模锻设备、成本低、使用方便等优点。但胎模锻件的尺寸精度和生产率不如锤上模锻高，劳动强度较大，胎模寿命短。

胎模锻适用于中、小批量生产，在缺少模锻设备的中、小型企业应用广泛。常用的胎模结构有扣模、套模和合模三种。

14.3.4 冲压

冲压也称为板料冲压，是利用装在压力机上的模具使板料分离或变形，以获得毛坯或零件的加工方法。冲压主要用于在常温下对板料进行加工。当板料厚度超过10mm时，则采用热冲压。

1. 冲压的特点

1）冲压件有较高的尺寸精度和表面质量，互换性能好，一般不需切削加工，且质量稳定。

2）操作简单，工艺过程便于实现机械自动化，生产率高，成本低。

3）可生产各种平板类、空间类和形状复杂的零件，废料较少，零件质量从1g至几百千克，尺寸从1mm至几米。

4）冷变形强化和冲压件的空间几何形状，使冲压件重量轻、强度和刚度好，有利于减轻结构件重量。

5）冲模制造复杂、成本高。

冲压只有在大批量生产时才能充分显示其优越性。板料冲压所用材料应具有良好的塑性，常用的金属材料是低碳钢、低合金钢、铝、铜和镁等。冲压广泛用于汽车、拖拉机、航空、电器、仪表、国防及日用品等工业。

2. 冲压设备

常用的板料冲压设备有剪床和压力机。剪床用来把板料剪成一定宽度的条料，以供冲压工序使用；压力机是进行冲压加工的基本设备。

（1）剪床　剪床的用途是把板料剪成一定宽度的条料，为冲压准备毛坯或用于切断工序。剪床的传动系统如图14-9所示，电动机经带轮、齿轮、离合器使曲轴转动，进而带动装有刀片的滑块上下运动。

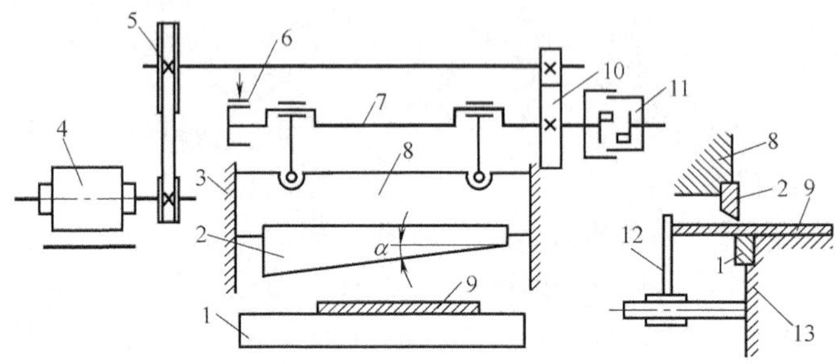

图14-9　剪床的传动系统

1—下切削刃　2—上切削刃　3—导轨　4—电动机　5—带轮　6—制动器　7—曲轴　8—滑块　9—板料　10—齿轮　11—离合器　12—挡板　13—工作台

平刃剪床的上、下切削刃互相平行，适于剪切宽度小而厚度较大的板料。斜刃剪床的上、下两刀片成一定角度，一般上刀片是倾斜的，其倾斜角一般为1°～6°，适于剪切宽而薄的板料。剪床的规格用所能剪切的板料的厚度和长度表示。

（2）压力机　压力机的规格用公称压力表示。公称压力是指压力机工作时，滑块上所允许的最大作用力。单柱压力机的规格一般为60～2000kN，双柱压力机的最大公称压力可达40MN。

如图14-10所示，压力机工作时，由电动机4带动带传动减速装置，并经离合器8传给曲轴7，曲轴和连杆5则把传来的旋转运动变成直线往复运动，带动固定上模的滑块11，沿床身导轨2作上下运动，完成冲压动作。

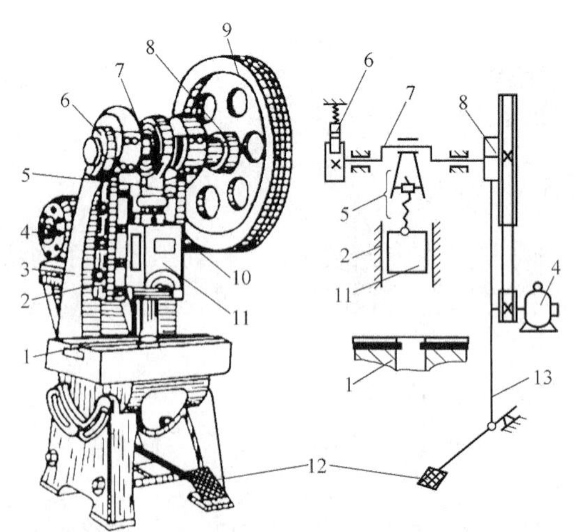

图14-10　压力机

1—工作台　2—导轨　3—床身　4—电动机　5—连杆　6—制动器　7—曲轴　8—离合器　9—带轮　10—传动带　11—滑块　12—踏板　13—拉杆

压力机起动后尚未踩踏板12时，带轮9空转，曲轴不动。当踩下踏板时，离合器把曲轴和带轮连接起来，使曲轴跟着旋转，进而带动滑块连续上下动作。抬起脚后踏板升起，滑块便在制动器6的作用下，自动停止在最高位置上。

（3）冲模　冲模是板料冲压的主要工具，可分为简单冲模、连续冲模和复合冲模三类。

1）简单冲模。在压力机滑块的每次行程中只完成一个工序的冲模称为简单冲模。简单冲模有落料模、冲孔模和弯曲模等。图14-11所示为导柱式简单冲模。

2）连续冲模。压力机滑块在一次行程中在不同工位上能完成几个工序的冲模称为连续冲模，如图14-12所示。

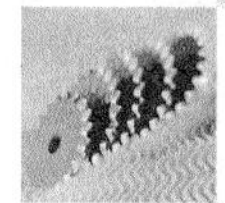

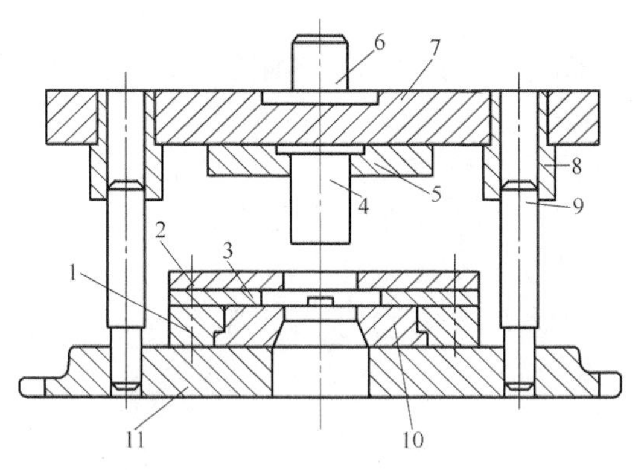

图 14-11　导柱式简单冲模

1—凹模固定板　2—导向板　3—卸料板　4—凸模　5—凸模固定板　6—模柄　7—上模座　8—导套　9—导柱　10—凹模　11—下模座

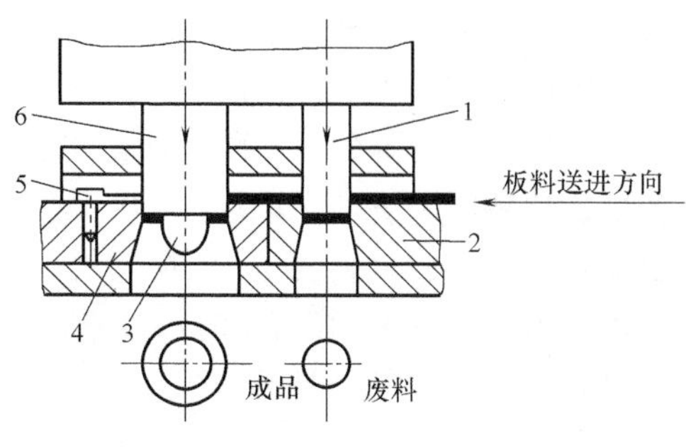

图 14-12　连续冲模

1、6—凸模　2、4—凹模　3—定位销　5—挡料销

3）复合冲模。滑块在一次行程中在同一个工位上完成几个工序的冲模称为复合冲模。图 14-13 所示为落料拉深复合冲模。

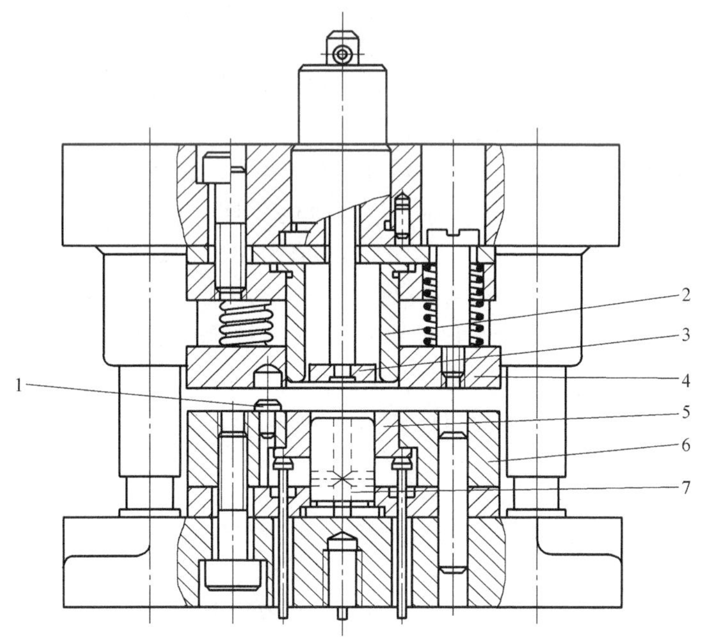

图 14-13　落料拉深复合冲模

1—挡料销　2—凸凹模　3—推块　4—卸料板　5—顶块　6—落料凹模　7—拉深凸模

3. 冲压的基本工序

（1）剪切　使板料按不封闭轮廓分离的工序称为剪切，通常在剪床上进行。

（2）冲裁　利用冲模将板料以封闭的轮廓与坯料分离的冲压方法称为冲裁。冲裁包括冲孔和落料。将冲压坯内的材料以封闭轮廓分离开，得到带孔制件的冲压方法，称为冲孔。利用冲裁取得一定外形制件或坯料的冲压方法，称为落料。冲孔和落料的操作方法和分离过程相同，但是作用不同。冲孔时冲落的部分为废料，周边是成品；落料时冲落的部分是成品，周边是废料。

金属板料的冲裁分离过程如图 14-14 所示。当凸模（冲头）接触板料向下运动时，板料受到挤压，先产生弹性变形，如图 14-14a 所示；凸模继续压入，当板料产生的应力达到屈服强度时，发生塑性变形，部分板料陷入凹模中，当变形达到一定程度时，位于凸、凹模刃口处材料的冷变形强化和应力集中现象加剧，出现微裂纹，如图 14-14b 所示；凸模继续施加压力，上、下微裂纹逐渐扩大，直到上、下裂纹汇合，板料剪断分离，如图 14-14c 所示。如图 14-14d 所示，塌角、剪裂带和毛刺都使冲裁件的质量下降，而光亮带质量最好。这四部分在冲裁件上所占的比例与板料的性能、厚度、模具结构、凸凹模间隙和刃口锋利程度有关。

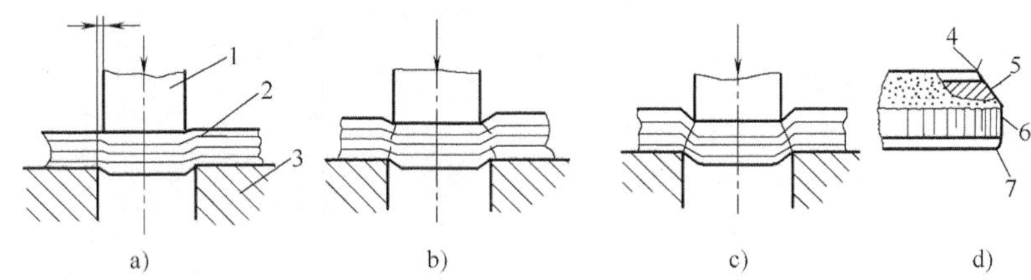

图 14-14　金属板料的冲裁分离过程

a）弹性变形　b）塑性变形　c）分离　d）落下部分的放大图

1—凸模　2—板料　3—凹模　4—毛刺　5—剪裂带　6—光亮带　7—塌角

冲裁时，凸模与凹模之间应有合理的间隙和锋利的刃口。断面质量要求较高时，应选较小的间隙；反之，应加大间隙，以提高冲模寿命。

（3）修整　修整是指利用修边模从冲裁件的内外轮廓上修切下一薄层金属，以获得规整的棱边、光洁的剪切面（断面）和较高尺寸精度的工序。修整时的单边切除量为 0.05 ~ 0.2mm，修整后的尺寸精度可达 IT6 ~ IT7 级，*Ra* 值为 0.8 ~ 1.6μm，如图 14-15 所示。

（4）弯曲　弯曲是坯料的一部分相对另一部分弯曲成一定角度的工序。如图 14-16 所示，弯曲时塑性变形集中在坯料与凸模接触的狭窄区域内，变形区内侧受压缩、外侧受拉伸，当外侧拉应力超过坯料的抗拉强度时，会形成裂纹。为防止出现裂纹，应选用塑性好的材料；限制最小弯曲半径 r_{min}；使弯曲时拉应力的方向与坯料的流线方向一致；防止坯料表面的划伤，以免产生应力集中。

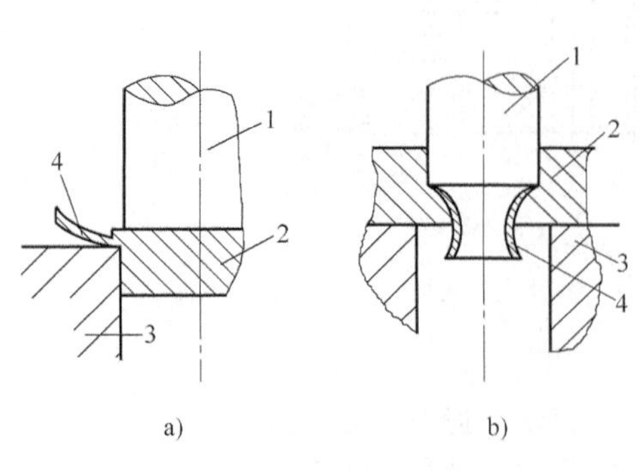

图 14-15　修整工艺

a）外缘修整　b）内缘修整

1—凸模　2—工件　3—凹模　4—废屑

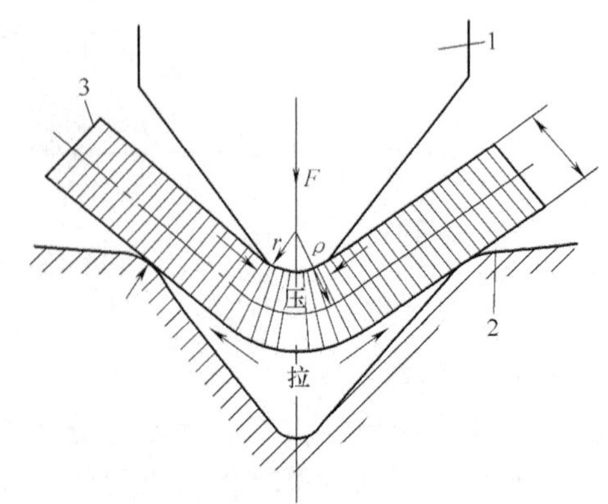

图 14-16　弯曲时的金属变形和纤维方向

1—凸模　2—凹模　3—坯料

14 CHAPTER

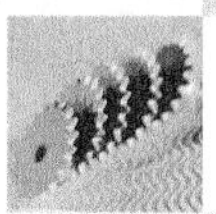

（5）拉深　在拉、压应力的作用下，使坯料成形为深的空心件而厚度基本不变的加工方法，称为拉深，如图 14-17 所示。

拉深时，凸模与凹模边缘均做成圆角，以免将坯料拉裂。拉深前要在坯料上涂润滑剂。拉深变形后制件的直径与其坯料直径之比（d/D）称为拉深系数 m。m 越小、变形越大、拉深应力也越大。每次拉深后应进行一次中间退火以消除加工硬化。

（6）翻边　在毛坯的平面或曲面部分的边缘，沿一定曲线翻起竖立直边的加工方法，称为翻边。根据零件边缘的性质，翻边分为内孔翻边（又称翻孔）和外缘翻边（简称翻边）。图 14-18 所示为内孔翻边。

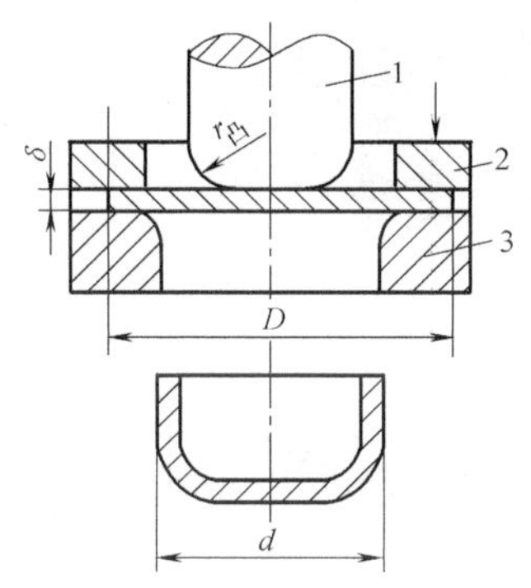

图 14-17　拉深

1—凸模　2—压板　3—凹模

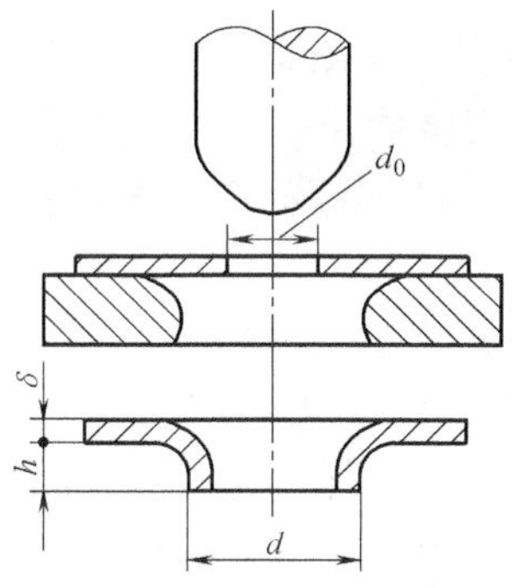

图 14-18　内孔翻边

（7）成形　利用局部变形将坯料或半成品改变形状的工序称为成形。图 14-19 所示的胀形为成形的一种。

4. 冲压件的结构工艺性

为满足冲压件的使用性能、节约材料、延长模具寿命、提高生产率、降低成本并使冲压件具有良好的工艺性能，对冲压件进行结构设计时应考虑如下因素：

1）冲裁件的形状应力求简单、对称，尽量用圆形、矩形等规则形状，并应便于合理排样（冲裁件在板料或带料上的布置方法称为排样）。

2）孔间距或孔与零件边缘的距离不宜过小，孔径不能过小。冲压件转角处应以圆弧过渡代替尖角，以防止产生裂纹。

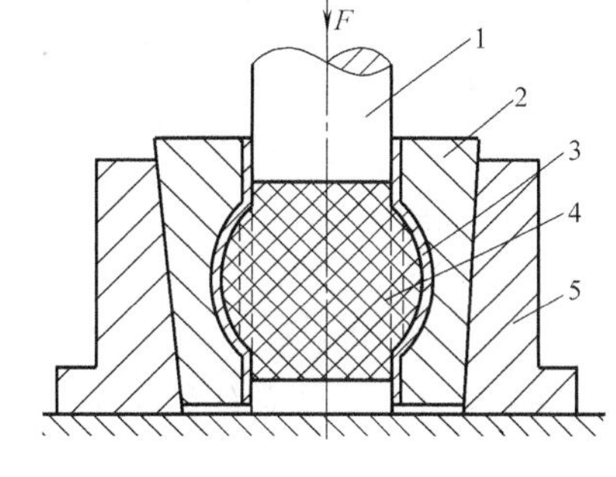

图 14-19　胀形

1—凸模　2—凹模　3—毛坯

4—橡胶　5—外套

3）弯曲件形状应尽量对称，弯曲半径不能小于材料许可的最小弯曲半径；弯曲边尺寸不宜过短；为避免弯曲时孔变形，孔的位置与弯曲半径圆心处应相隔一定距离。此外，还应考虑材料的流线方向，以免弯裂。

4）拉深件外形应简单、对称，不要过深，以使模具制造简便、寿命长，并能减少拉深次数。

5）为简化冲压工艺，节省材料，对于形状复杂的冲压件可先分别冲压成若干个简单件，然后再焊接成整体件，即采用冲-焊结构。

6）应尽量采用薄板，以节约材料和减小冲压力。

7）冲压件的精度要求一般不能超过各冲压工序的经济精度。

14.4　案例

以图 14-20 所示零件为例，分析冲裁件的结构工艺性。

冲裁件的结构工艺性，是指冲裁件的结构、形状、尺寸和精度等对冲裁工艺的适应性。所谓冲裁件的结构工艺性好，是指能用一般的冲裁方法，在模具寿命较高、生产率较高、成本较低的条件下得到质量合格的冲裁件。冲裁件工艺分析的目的是对冲压工艺性能不好的零件在结构、尺寸、精度、材料方面采取下列措施：与产品设计人员协商，在满足使用要求的条件下对其进行改进，以满足冲压工艺性能要求；若不能改进，则应采取相应的工艺措施。

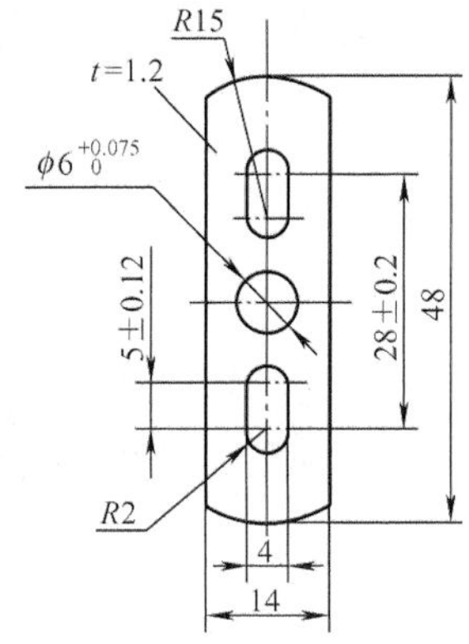

图 14-20　冲裁零件图

图 14-20 所示零件的结构工艺性：

1）形状简单、对称。

2）圆弧与直线相切处有尖角，但图样上无特殊要求，用线切割钼丝半径加单边放电间隙代替尖角是允许的。

3）无悬臂和狭槽。

4）端部带圆弧，用落料成形是允许的。

5）最小边距、最小孔距均满足要求。

根据以上分析，图 14-20 所示零件冲裁性能很好，确定基本冲压工序，外形为落料，内形为冲孔。

思　考　题

1. 为什么说锻压生产是机械制造中的重要加工方法？它有何特点？
2. 何谓塑性变形？叙述单晶体及多晶体塑性变形的原理。
3. 何谓再结晶？再结晶对金属组织和性能有何影响？在生产中如何应用？
4. 锻造流线是如何形成的？它对材料有何影响？如何利用它？
5. 什么叫热变形？它与金属的熔点有什么关系？与冷变形相比，热变形有何优缺点？
6. 何谓金属的可锻性？如何衡量其好坏？影响可锻性的因素有哪些？
7. 锻造比对锻件质量有何影响？锻造比越大，是否锻件质量越好？为什么？
8. 什么是始锻温度和终锻温度？为什么坯料温度低于终锻温度后不宜继续锻造？
9. 过热和过烧对锻件质量有什么影响？如何防止过热和过烧？
10. 试述自由锻的特点和应用。自由锻有哪些基本工序？
11. 设计自由锻零件结构时，应考虑哪些因素？
12. 试述模锻的特点和应用。

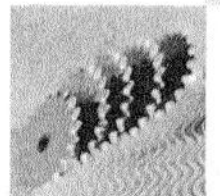

13. 胎模锻与自由锻和锤上模锻相比，有哪些特点？适用于什么生产场合？
14. 试述板料冲压的特点和应用。板料冲压有哪些主要工序？
15. 连续冲模和复合冲模的主要区别是什么？
16. 轧制和拉拔有什么区别？它们各能生产哪些产品？
17. 自行车上的锻压件有哪些（至少找出 10 个）？是用什么方法生产的？

第 15 章　金属材料的焊接成形工艺

15.1　概述

焊接是现代工业中用来制造或维修各种金属结构和机械零件的主要方法之一。焊接的实质是使两个分离金属通过原子或分子间的相互扩散与结合而形成一个不可拆卸的整体的过程。为了实现这一过程，可用加热、加压或同时加热加压等方法。用焊接方法制成的毛坯或零件称为焊件或组焊件。

与其他金属加工方法相比，焊接具有如下优点：

1）能减轻结构重量，节省金属材料，降低成本。

2）节约工时，生产率高。

3）便于实现自动化、机械化。

4）接头致密性好，可通过控制工艺提高焊接质量。

焊接生产目前还存在如下问题：

1）焊接是局部加热的过程，冶金过程也很复杂，容易产生焊接应力和变形。

2）焊接结构不可拆，维修和更换不方便。

3）焊接接头组织性能变坏，且易产生焊接缺陷。

15.2　焊接方法与工艺

焊接在国民经济的各个部门都得到了极为广泛的应用，占钢总产量 50% ~60% 的钢材是经各种形式的焊接后投入使用的，例如车辆、船舶、飞机、锅炉、高压容器、大型建筑结构等都需要进行焊接。

焊接的种类很多，按焊接过程的特点可分为熔化焊、压焊和钎焊三大类。

15.2.1　熔化焊

熔化焊是指利用局部加热将两焊件的结合处加热成熔化状态，并形成熔池，一般还填充金属，待凝固后形成牢固的焊接接头的方法。主要的熔化焊方法有气焊、电弧焊（包括焊条电弧焊、埋弧焊）、电渣焊、等离子弧焊、气体保护焊（包括二氧化碳气体保护焊、氩弧焊）和激光焊等。

15.2.2　压焊

压焊是指利用加压（或同时加热）使两焊件结合面紧密接触并产生一定的塑性变形，

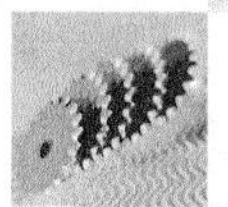

形成焊接接头的方法。主要的压焊方法有电阻焊（包括点焊、缝焊和对焊）、摩擦焊、气压焊和超声波焊等。

15.2.3　钎焊

钎焊是利用熔点比母材低的金属作为钎料，加热将钎料熔化，利用液态钎料润湿母材，填充接头间隙，并与母材相互扩散实现连接的焊接方法。主要的钎焊方法有烙铁钎焊、火焰钎焊和高频钎焊等。

15.2.4　焊条电弧焊

1. 焊条电弧焊概述

利用电弧作为焊接热源的熔化焊方法称为电弧焊。用手工操纵焊条进行焊接的电弧焊方法称为焊条电弧焊。焊条电弧焊适用于室内、室外、高空和各种位置施焊，所用设备简单、易维护、使用灵活方便。焊条电弧焊适于焊接各种碳素钢、低合金钢、不锈钢及耐热钢，也适于焊接高强度钢、铸铁和非铁金属，是焊接生产中应用最为广泛的一种方法。

2. 焊条电弧焊的焊接过程

焊条电弧焊开始时，使焊条和焊件瞬时接触（短路），随即分开一定的距离（2～4mm），即可引燃电弧，然后利用高达6000K的高温使母材（焊件）和焊条同时熔化，形成金属熔池；随着母材和焊条的熔化，焊条向下和向焊接方向同时前移，保证电弧的连续燃烧并同时形成焊缝。熔化或燃烧的焊条药皮会产生大量的 CO_2 气体，使熔池与空气隔绝，保护熔化金属不被氧化，并与熔化金属中的杂质发生化学反应，形成较轻的熔渣漂浮到熔池表面。随着电弧的不断前移，原先的熔池逐渐成为固态焊缝，这层熔渣则形成渣壳对焊缝的质量和减缓焊缝金属的冷却速度有着重要的作用。图15-1所示为焊条电弧焊的焊接过程。

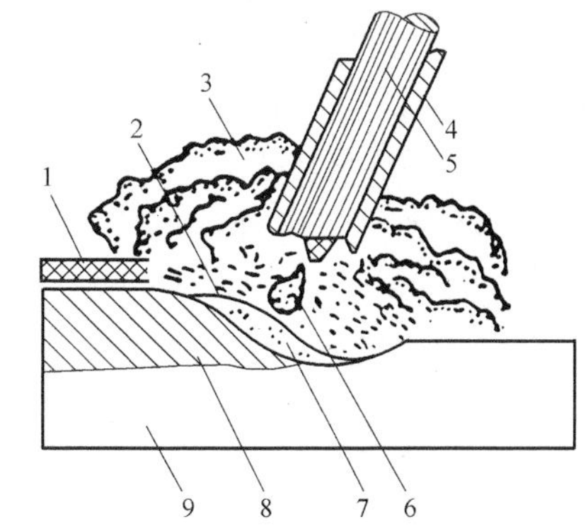

图15-1　焊条电弧焊的焊接过程
1—焊渣　2—液态熔渣
3—气体　4—焊条药皮　5—焊芯
6—金属熔滴　7—熔池　8—焊缝
9—工件

3. 焊条电弧焊的设备和工具

（1）焊条电弧焊的设备　焊条电弧焊的设备有直流弧焊机和交流弧焊机两类。直流弧焊机又包括弧焊发电机和弧焊整流器两种。

1）直流弧焊发电机是由一台异步电动机和一台弧焊发电机组成的，为了获得陡降特性，它通常利用磁场或电枢反应的相互作用来调节电流。此种设备有结构复杂、噪声大、成本高及维修较困难等缺点。常用的弧焊发电机有AX-320和 AX_1-500两种类型。图15-2所示为弧焊发电机。

2）弧焊整流器是一种将交流电经变压、整流转换成低压直流电的弧焊设备。它与直流弧焊发电机相比，具有重量轻、结构简单、噪声小、制作维修方便等优点，有部分代替弧焊发电机的趋势，其外形如图15-3所示。

3）交流弧焊机是一种具有下降外特性的降压变压器，是焊条电弧焊的常用设备。交流弧焊机的焊接空载电压为60～80V，工作电压为20～30V，短路时焊接电压会自动降低，趋近于零，使短路电流不致过大，电流调节范围可从十几安至几百安。常用的交流弧焊机有BX-500型和BX_1-300型。交流弧焊机的外形如图15-4所示。

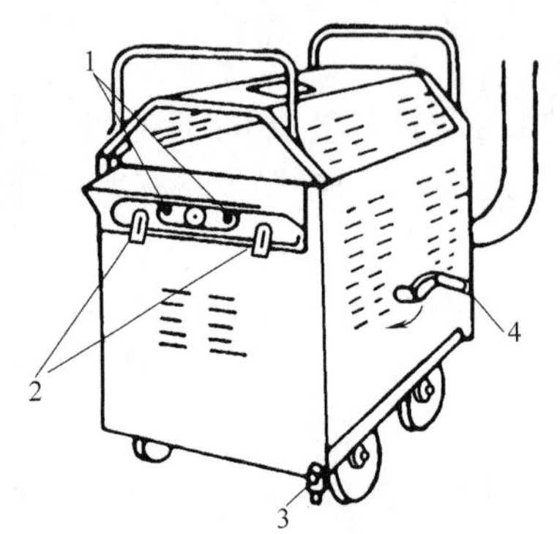

图15-2　弧焊发电机

1—线圈抽头（粗调电流）　2—焊接电源两极（接焊件和焊条）　3—接地螺钉　4—调节手柄（细调电流）

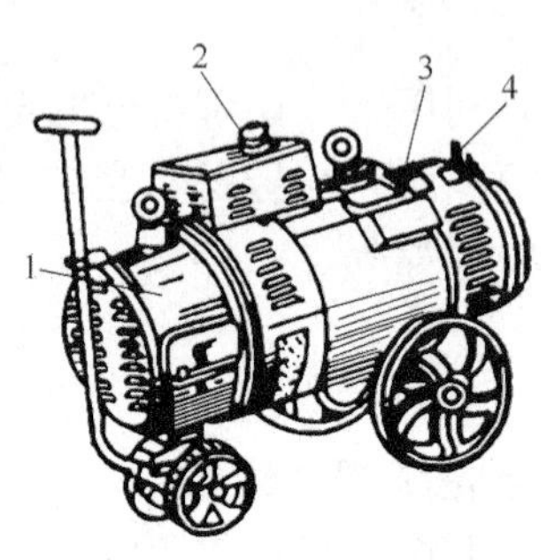

图15-3　弧焊整流器

1—交流电动机　2—调节手柄（细调电流）　3—直流发电机　4—调节手柄（粗调电流）

交流弧焊机的结构简单、制造方便、成本低、使用可靠，同时维修方便，但电弧稳定性较直流弧焊机差。

（2）焊条电弧焊的工具　焊条电弧焊的工具有电焊钳、焊接电缆、面罩、焊条保温筒和干燥筒等。

1）电焊钳用于夹持焊条和传导电流，具有良好的导电性，不易发热，重量轻，夹持焊条紧，更换方便。常用的电焊钳有300A和500A两种规格，其外形如图15-5所示。

2）焊接电缆用于连接焊条、焊件和焊机，以传导焊接电流，其外表必须绝缘，导电性能要好。焊接电缆的规格按使用的电流大小选择，通常焊接电缆的长度不超过20～30m，中间接头不超过两个，接头处要保证绝缘可靠。

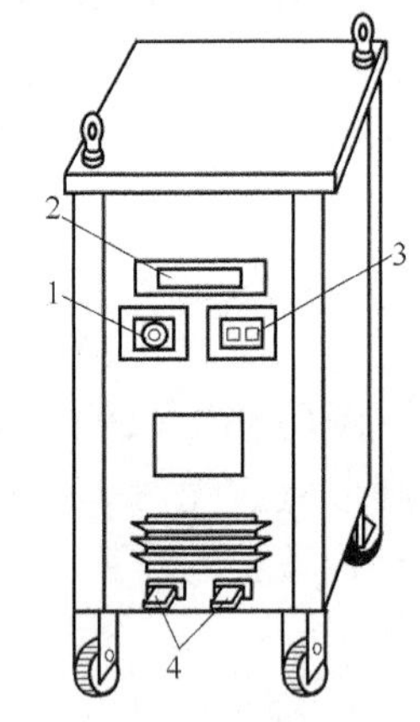

图15-4　交流弧焊机

1—电流调节　2—电流指示　3—电源开关　4—输出接头

3）面罩用于遮挡飞溅的金属和弧光，保护面部和眼睛，有头戴式和手持式两种，如图15-6所示。面罩上的护目玻璃用来减弱弧光强度，吸收大部分红外线和紫外线，保护眼睛。护目玻璃的颜色和深浅按焊接电流的大小进行选择。

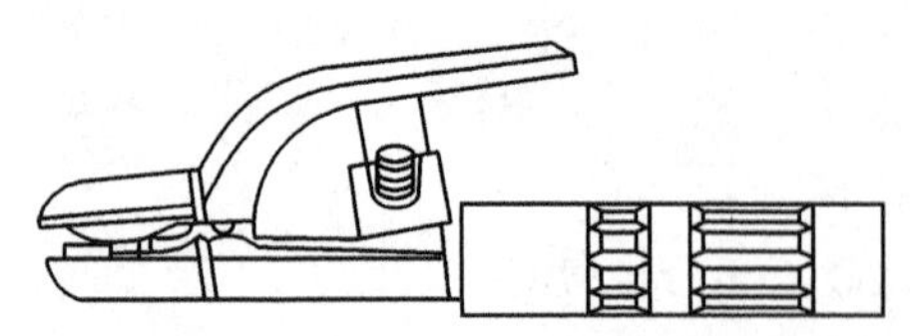

图15-5　电焊钳

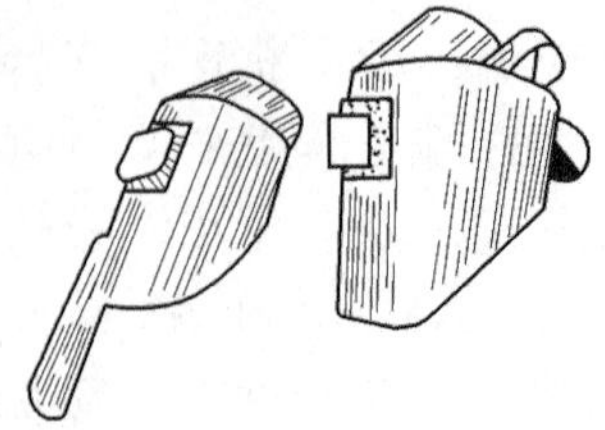

图15-6　面罩

4）焊条保温筒用于存放烘干后的焊条。焊条干燥筒利用干燥剂吸潮，防止使用中的焊条受潮。

5）其他焊条电弧焊的工具还有敲渣锤和钢丝刷等。

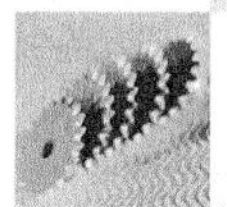

4. 焊条电弧焊的焊条

焊条电弧焊焊条由焊芯和药皮两部分组成。焊条前端的药皮有45°左右的倒角，以便于引弧，尾部有一段裸焊芯，占焊条总长的1/16，以便于电焊钳夹持，并有利于导电，如图15-7所示。

(1) 焊芯　焊条中被药皮包覆的金属芯称为焊芯，主要作用是在焊接过程中作为电极传导焊接电流，产生电弧。焊芯熔化后作为填充金属与母材金属共同组成焊缝金属，因此焊芯的化学成分会直接影响焊缝的质量。通常，焊芯采用焊接用钢丝制成。焊芯中碳的质量分数较低（一般小于0.1%），杂质较少，是经过特殊冶炼而成的，其化学成分应符合国家标准的要求。焊芯直径（即焊条直径）有1.6mm、2.0mm、2.5mm、3.2mm、4mm、5mm和6mm等几种，其长度（即焊条长度）一般在250～450mm。

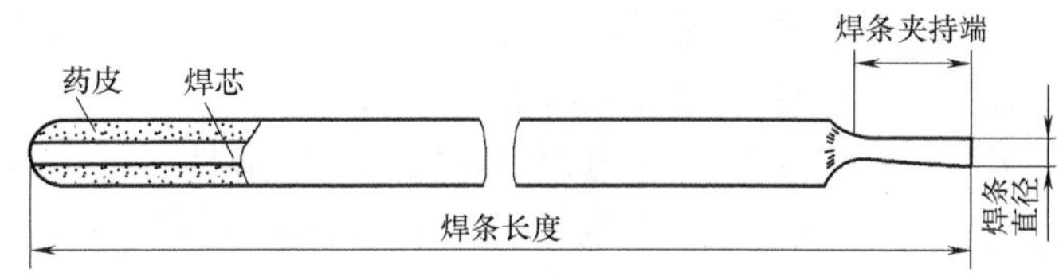

图15-7　焊条

(2) 药皮　压涂在焊芯表面的涂料层称为药皮，用以保证焊接顺利进行并得到质量良好的焊缝金属。药皮在焊接过程中起着极为重要的作用，是决定焊缝金属质量的主要因素之一，药皮的主要作用是：

1）提高燃弧的稳定性（加入稳弧剂）。

2）防止空气对熔融金属的有害作用（加入造气剂、造渣剂）。

3）保证焊缝金属脱氧，并加入合金元素，使焊缝金属有符合要求的化学成分和力学性能（加入脱氧剂、合金剂）。

4）为使药皮牢固地粘在焊芯上，要加粘结剂。

5）为改善熔渣的性质，还应加入稀渣剂等。

(3) 焊条的分类及选用

1）焊条电弧焊焊条按用途可分为结构钢焊条、耐热钢焊条、不锈钢焊条和铸铁焊条等十大类，见表15-1。

表15-1　焊条的分类

序号	焊条大类	代号		序号	焊条大类	代号	
		拼音	汉字			拼音	汉字
1	结构钢焊条	J	结	6	铸铁焊条	Z	铸
2	钼及铬钼耐热钢焊条	R	热	7	镍及镍合金焊条	Ni	镍
3	不锈钢焊条	G	铬	8	铜及铜合金焊条	T	铜
		A	奥	9	铝及铝合金焊条	L	铝
4	堆焊焊条	D	堆	10	特殊用途焊条	TS	特
5	低温钢焊条	W	温				

2）按熔渣化学性质的不同，可将焊条分为酸性焊条和碱性焊条两大类。熔渣以酸性氧化物为主的焊条称为酸性焊条，熔渣以碱性氧化物为主的焊条称为碱性焊条。酸性焊条的氧化性强，焊接的焊缝力学性能差，但工艺性好，对铁锈、油污和水分等容易导致气孔的有害

物质敏感性低。碱性焊条有较强的脱氧、去氢、除硫和抗裂纹的能力，焊缝力学性能好，但焊接性不如酸性焊条好。

3）焊条的选用原则。选用焊条时，通常根据焊件的化学成分、力学性能、抗裂性、耐蚀性以及高温性能等要求，选用相应的焊条种类，再依据焊接结构形状、受力情况、焊接设备条件和焊条价格来选定具体型号。

选用焊条时通常要考虑以下几个原则：

① 等强度原则。结构钢的焊接，一般应使焊缝金属与母材等强度，即焊条的强度等级等于或稍高于母材的强度等级。对于不要求等强度的接头，可选用强度等级比母材低的焊条。

② 同成分原则。对于特殊用钢（耐热钢、低温钢、不锈钢等）的焊接，为保证接头的特殊性能，应使焊缝金属的主要合金成分与母材相同或相近。

③ 抗裂性要求。对于焊接或使用中容易产生裂纹的结构，如焊接形状复杂、厚度大、刚度大、高强度钢、母材含碳或硫和磷杂质较多、受动载荷或冲击以及在低温环境中施焊或使用的结构等，应选用抗裂性能优良的低氢型焊条。

④ 抗气性要求。对于难以焊前清理、容易产生气孔的焊件，应选用酸性焊条。

⑤ 低成本要求。在酸、碱性焊条都能满足要求时，一般选用酸性焊条。

以上原则，前两条必须遵循，后三条视具体情况而定。

5. 焊条电弧焊工艺

（1）焊接结构材料的选择　焊接结构材料在满足工作性能要求的前提下，应优先考虑选择焊接性较好的材料。低碳钢和碳当量小于0.4%的低合金钢都具有良好的焊接性，设计中应尽量选用；碳的质量分数大于0.4%的碳素钢、碳当量大于0.4%的合金钢，焊接性不好，设计时一般不宜选用，若必须选用，则应在设计和生产工艺中采取必要的措施。

强度等级较高的低合金结构钢，焊接性虽然差些，但只要采取合适的焊接材料与工艺，也能获得满意的焊接接头，设计强度高的重要结构时可以选用。

强度等级低的合金结构钢，焊接性与低碳钢基本相同，钢材价格也不贵，而强度却能显著提高，条件允许时应优先选用。

（2）焊条的选择　参考焊条的选用原则。

（3）接头形式　常用的接头形式有对接接头、搭接接头、角接接头和T形接头，如图15-8所示。

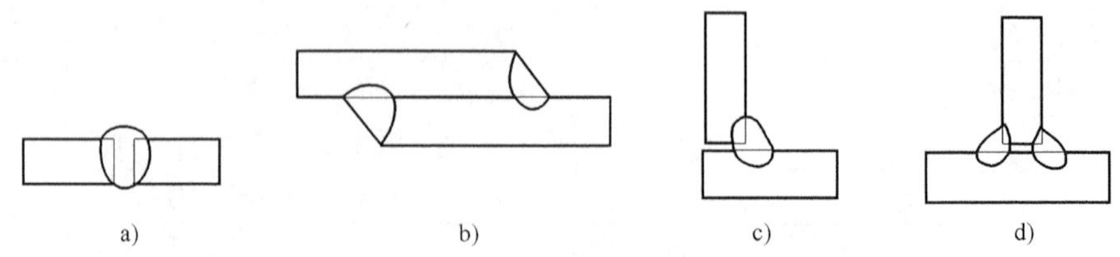

图15-8　焊接接头形式

a）对接接头　b）搭接接头　c）角接接头　d）T形接头

选择焊接接头时，应考虑焊件的结构形状、使用要求、厚度、变形大小、焊条消耗量和坡口加工难易程度等因素。对接接头应力分布均匀，接头质量容易保证，节省材料，是焊接

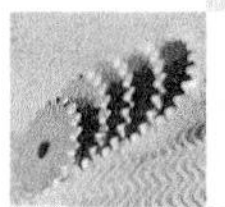

结构中应用最多的一种，但对焊前准备和装配要求较高。搭接接头应力分布复杂，易产生附加弯曲应力，降低接头强度，且不经济，但其焊前准备和装配要求比对接接头低，常用于厂房屋架和桥梁等。当接头构成直角连接时，通常采用角接接头和T形接头。角接接头通常只起连接作用，不能用来传递载荷。T形接头在船体结构中应用较广。

（4）坡口形式　为了使焊缝根部焊透，一般在焊件厚度大于3mm时应开坡口，坡口形式有I形、V形、X形、K形和U形等，常见的坡口形式如图15-9所示。开坡口时要留钝边（沿焊件厚度方向未开坡口的端面部分），以防止烧穿，并留一定间隙，以能使根部焊透。选择坡口和间隙时，主要考虑保证焊透、坡口容易加工、节省焊条以及焊后变形量小。

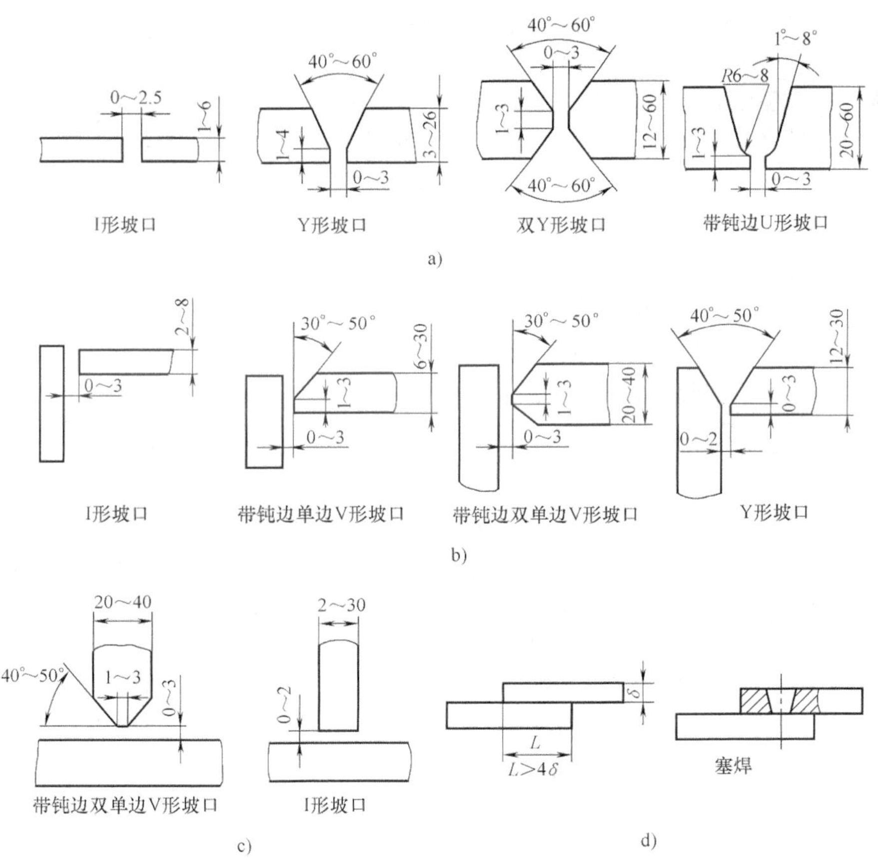

图15-9　常见的坡口形式

a）对接接头　b）角接接头　c）T形接头　d）搭接接头

开坡口的目的是保证焊缝根部焊透，便于清除焊渣，以获得较好的焊接形状，坡口还能调节母材金属与填充金属的比例。不同板厚的工件，其坡口形式也不同，如焊条电弧焊工件板厚小于6mm时，一般不开坡口；但对于重要的构件，当厚度为3mm时，就需开坡口；板厚在6～26mm时，应开V形坡口，这种坡口便于加工，但焊后焊件易变形；板厚在12～60mm时，可开X形坡口。在相同厚度的情况下，与V形坡口相比X形坡口能减少金属量1/2左右，且工件变形较小。带钝边U形坡口金属量更少，工件变形也更小，但加工坡口较困难，一般用于较重要的焊接结构件。

(5) 焊缝布置 根据焊缝在空间位置的不同，焊接方式可分为平焊、横焊、立焊和仰焊，如图15-10所示。

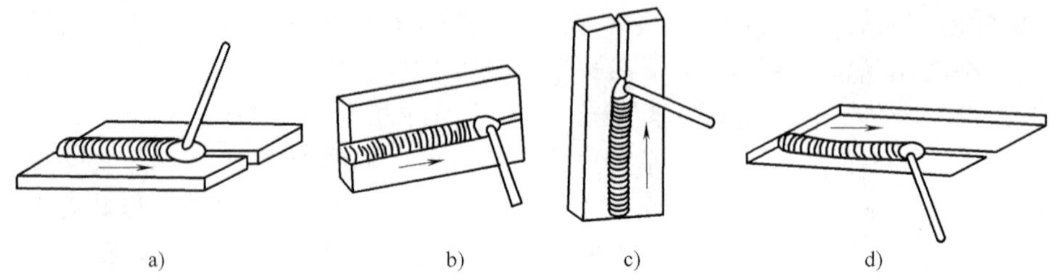

图15-10 焊接方式

a) 平焊 b) 横焊 c) 立焊 d) 仰焊

在布置焊缝时应遵循以下原则：

1）由于平焊操作容易、劳动强度小、熔滴容易过渡、熔渣覆盖较好、焊缝质量较高，因此应尽量采用平焊。

2）焊缝应避开最大应力和应力集中部位。

3）焊缝布置应尽可能对称，以使焊接变形相互抵消。

4）焊缝布置应便于焊接操作。

5）焊缝布置应尽可能分散，避免过分集中和交叉。

6）焊缝应尽量避开机械加工表面。

7）尽量减少焊缝数量。

6. 焊条电弧焊操作

1）引弧。焊条触及焊件后迅速拉起至正常弧长便引起电弧。焊接前，应把接头表面清理干净，并使焊条焊芯的端部金属外露，以便短路引弧。引弧的方法有直击法和划擦法。直击法是将焊条的末端直击焊缝，接触短路，迅速抬起，产生电弧。划擦法是将焊条的末端在焊件上划过，接触短路，迅速抬起，产生电弧。

2）引燃电弧后，稳定地控制电弧，使焊条与焊件保持2~4mm的距离。

3）焊条的动作包括向下送进、沿焊接方向移动和横向摆动。焊条的基本动作和焊条的横向摆动方向如图15-11和图15-12所示。

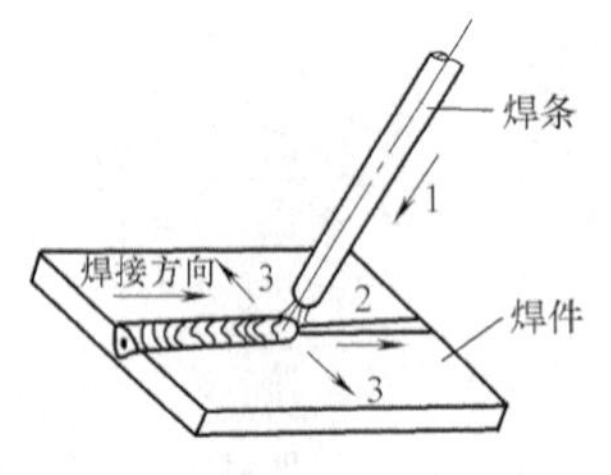

图15-11 焊条的基本动作

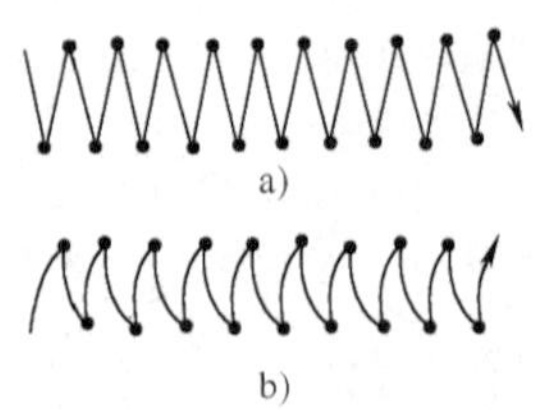

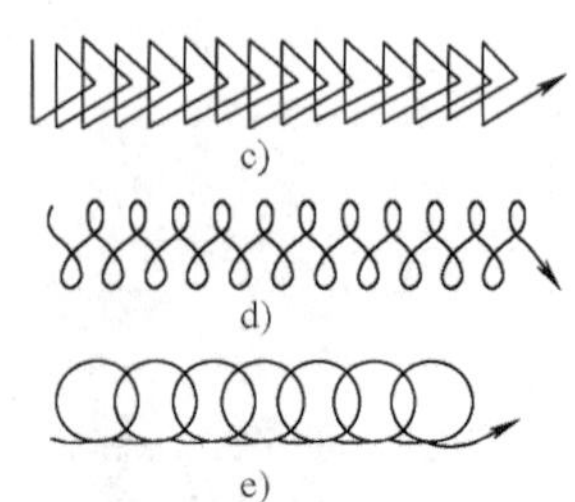

图15-12 焊条的横向摆动方向

15.3 气焊和气割

气焊是利用气体火焰作热源的焊接方法。它通过特制的焊炬，使可燃气体和助燃气体发

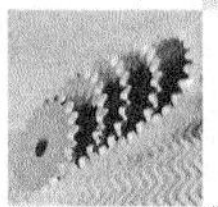

生剧烈的氧化——燃烧，利用燃烧所产生的热量熔化工件接头处的金属和焊条，使工件获得牢固的接头。气焊是利用化学能转变为热能的一种熔化焊方法。由于火焰温度比电弧温度低，因此气焊生产率低，不如电弧焊应用广泛，但气焊也有它的优点，如输入焊件的热量调节方便，熔池温度、形状及焊缝尺寸等容易控制，且设备简单、操作灵活方便，特别适合薄件和铸铁补焊等。

15.3.1 氧乙炔焰

气焊所用的可燃气体很多，有乙炔、氢气、液化石油气和煤气等，而最常用的是乙炔气。乙炔气的发热量大，燃烧温度高，制取方便，使用安全，焊接时火焰对金属的影响最小，焊接质量好。氧气作为助燃气体，其纯度越高，焊缝质量也越高。氧乙炔焰的外形和温度分布取决于氧和乙炔的体积比，调节此比值，可获得三种性质不同的火焰，如图 15-13 所示。

（1）中性焰　中性焰也称为正常焰，其氧、乙炔的体积比为 1.1～1.2。中性焰的温度分布如图 15-14 所示，其火焰由焰心、内焰和外焰组成，内焰温度可达 3150℃。中性焰是应用最广泛的一种火焰，常用于低碳钢、中碳钢、不锈钢、纯铜、铝及铝合金等金属的焊接。

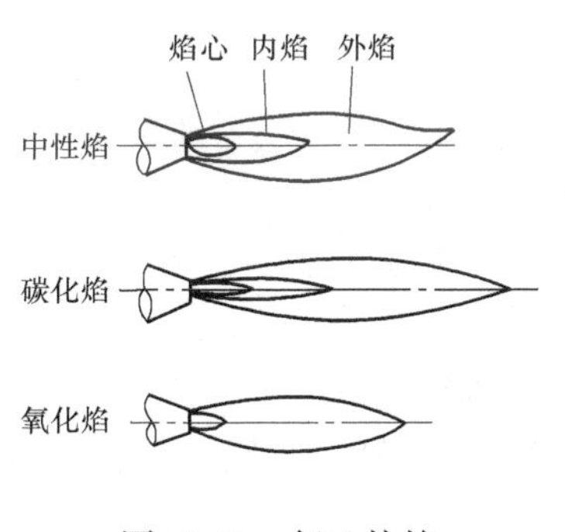

图 15-13　氧乙炔焰

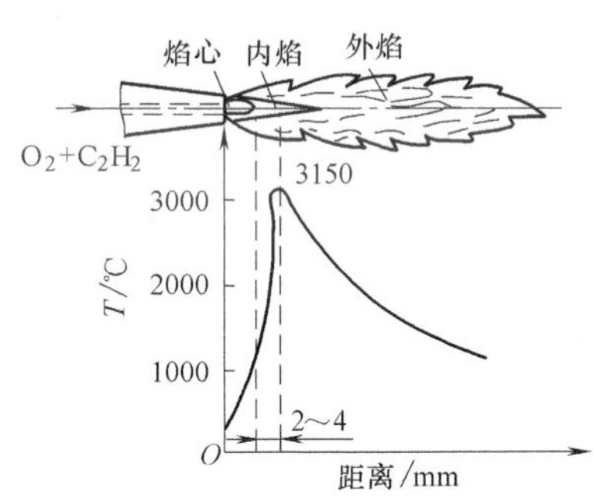

图 15-14　中性焰的温度分布

（2）碳化焰　碳化焰的氧、乙炔的体积比小于 1.1，其火焰较长，焰心轮廓不清楚，乙炔过多时，会产生黑烟。碳化焰的最高温度为 2700～3000℃，常用于铸铁、高碳钢、高速工具钢和硬质合金等材料的焊接。

（3）氧化焰　氧化焰的氧、乙炔的体积比大于 1.2，其焰心短，内焰区消失，整个火焰长度变短，燃烧有力，火焰温度最高可为 3100～3300℃。氧化焰具有氧化性，影响焊缝质量，故应用较少，但用它焊接黄铜及镀锌薄钢板时，能使熔池表面形成一层氧化物薄膜，可防止锌的蒸发。

15.3.2 气焊的设备及工具

气焊的设备及工具包括氧气瓶、减压器、乙炔发生器或乙炔瓶、回火保险器、焊炬及胶管等，如图 15-15 所示。

（1）氧气瓶　氧气瓶是储存和运输氧气的高压容器，为特制的无缝钢瓶，瓶色为天蓝色，并印有黑色“氧气”字样。氧气瓶的容积一般为 40L，氧气压力为 14.7MPa，储存量约为 6m^3。在使用时应注意不允许使氧气瓶沾染油脂、受撞击或受热过高，以防其爆炸。

(2) 减压器 减压器用来显示氧气瓶内气体的压力，并将瓶内的高压气体调成工作需要的低压气体，同时保持输入气体的压力和流量稳定不变。

(3) 乙炔发生器 乙炔发生器是利用电石和水相互作用而制取乙炔的设备。

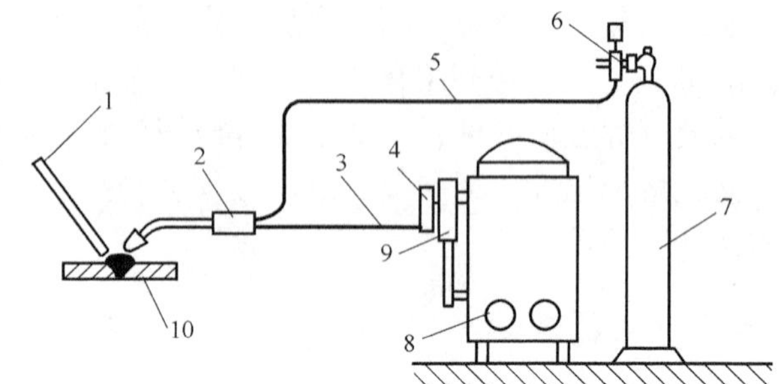

图 15-15 气焊的设备及工具
1—焊丝 2—焊炬 3—乙炔胶管 4—回火保险器 5—氧气胶管 6—减压器 7—氧气瓶 8—乙炔发生器 9—过滤器 10—焊件

(4) 乙炔瓶 乙炔瓶是储存和运输乙炔的容器，其外形同氧气瓶相似，但构造较复杂，瓶体内装有能吸收丙酮的多孔填料。乙炔极易溶于丙酮，使用时，溶解在丙酮中的乙炔分解出来，而丙酮仍留在瓶内。瓶装乙炔具有气体纯度高、不含杂质、压力高、火焰稳定、设备轻便、比较安全、易于保持场地清洁等优点，因此瓶装乙炔的应用日趋广泛。乙炔瓶漆成白色，并印有红色“乙炔不可近火”字样。乙炔瓶的容积一般为30L，工作压力为1.47MPa，可储存4500L乙炔。乙炔瓶必须注意使用安全，严禁振动、撞击和泄漏，且必须直立，瓶体温度不得超过40℃，瓶内气体不得用完，剩余气体压力不得低于0.098MPa。

(5) 回火保险器 气焊气割时，由于某种原因，使混合气体的喷射速度小于其燃烧速度，火焰会逆流入乙炔管路，这种现象称为回火。燃烧气体如果回火蔓延到乙炔发生器，就可能发生严重的爆炸事故。回火保险器就是防止乙炔回火导致事故的安全装置。

正常工作时，乙炔发生器产生的乙炔气进入止回阀，经水清洗后，从乙炔的出口管送往焊炬。回火时，高温高压的燃烧气体经乙炔的出口管倒流入回火保险器筒内，将水下压，关闭止回阀，切断了乙炔气源，同时推开了安全阀，使燃烧气体排入大气，防止了火焰回烧到乙炔发生器而造成事故。

(6) 焊炬（焊枪） 焊炬使氧气与乙炔均匀地混合，并能调节其混合比例，以形成适合焊接要求并稳定燃烧的火焰。焊炬的外形如图15-16所示，打开焊炬的氧气阀与乙炔阀，两种气体便进入混合室内均匀地混合，然后从焊嘴喷出，点火燃烧。焊嘴可根据不同焊件而进行调换，一般焊炬备有五种大小不同的焊嘴。

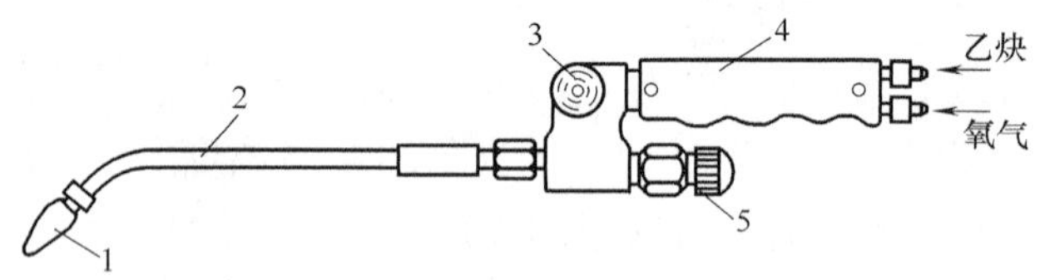

图 15-16 焊炬
1—焊嘴 2—混合管 3—乙炔阀 4—手把 5—氧气阀

(7) 胶管 胶管是用来输送氧气和乙炔的，要求有适当的长度（不能短于5m）并能承受一定的压力。氧气管为红色，允许的工作压力为1.5MPa；乙炔管为黑色或绿色，允许的工作压力为0.5MPa。

15.3.3 气焊的焊丝与焊剂

气焊所用的焊丝只作为填充金属，它是表面不涂药皮的金属丝，其成分与工件基本相同。焊接时原则上要求焊缝与工件等强度，所以选用与母材同样成分或强度高一些的焊丝。

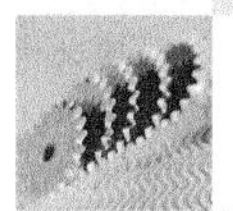

焊丝表面不应有锈蚀和油污等。

焊剂又称为焊粉或焊药，其作用是避免在焊接过程中形成高熔点的稳定氧化物，防止夹渣，另外也用于消除已形成的氧化物。焊剂可与这些氧化物结成低熔点的熔渣，浮出熔池。金属氧化物多呈碱性，所以一般用酸性焊剂，如硼砂和硼酸等。焊铸铁时，会出现较多的SiO_2，因此常用碱性焊剂，如碳酸钠等。使用焊剂时，可把焊剂撒在接头表面或用焊丝蘸在端部送入熔池。

15.3.4 气焊工艺

气焊的接头形式和焊接空间位置等工艺问题的考虑与焊条电弧焊基本相同。气焊应尽可能用对接接头，对于厚度大于5mm的焊件，必须开坡口以便焊透；焊前接头处应清除锈蚀、油污和水分等。

气焊的焊接规范主要包括焊丝直径、焊嘴大小和焊接速度等。

焊丝直径由工件厚度、接头和坡口形式决定。焊薄板时，选用直径1~3mm的焊丝；焊厚板时，选用直径3~8mm的焊丝；开坡口时，第一层应选用较细的焊丝。

焊嘴大小会影响生产率，因此对于导热性好、熔点高的焊件，在保证质量的前提下应选用较大的焊嘴。

焊接速度可按如下原则确定：在平焊时，焊件越厚，焊接速度应越慢；对于熔点高、塑性差的焊件，焊接速度应慢；在保证质量的前提下，应尽可能提高焊接速度，以提高生产率。

15.3.5 气焊基本操作

（1）点火　点火前应先用氧气吹除气道中的灰尘和杂质，再微开氧气阀门，然后打开乙炔阀门，最后点火。这时的火焰是碳化焰。

（2）调节火焰　点火后，逐渐开大氧气阀门，将碳化焰调整为中性焰，同时按需要把火焰大小调整为合适的状态。

（3）灭火　灭火时，应先关闭乙炔阀门，后关闭氧气阀门。

（4）回火　焊接中若出现回火现象，首先应迅速关闭乙炔阀门、再关闭氧气阀门、回火熄灭后，用氧气吹除气道中的烟灰，再点火使用。

（5）施焊　施焊时，左手握焊丝、右手握焊炬，沿焊缝向左或向右进行焊接。正常焊接时，焊嘴与焊件的夹角保持在30°~50°。

15.3.6 气割

气割是用预热火焰把金属表面加热到燃点，然后打开切割氧气，使金属氧化燃烧放出巨热，同时将燃烧生成的氧化焊渣从切口吹掉，从而实现金属切割的工艺，如图15-17所示。要获得平整优质的气割切口，被割金属材料应具备以下几个条件：

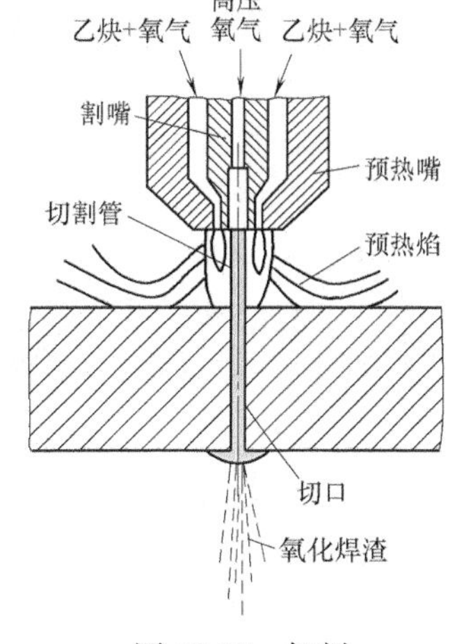

图15-17　气割

1）金属的燃点应低于其熔点，否则会形成熔割，使切口凹凸不平。

2）金属氧化物的熔点应低于基体金属的熔点，否则高熔点的氧化物就会阻碍下层金属与氧气接触，使切割中断。

3）金属导热性要差。

碳的质量分数在0.4%以下的中、低碳钢完全可以满足上述条件，顺利切割。而碳的质量分数为0.4%～0.7%的碳素钢，要预热后再进行切割。切割高碳钢和强度高的低合金钢时，有淬硬和冷裂倾向，要采取提高预热火焰功率、降低切割速度或将待切割件预热等措施。

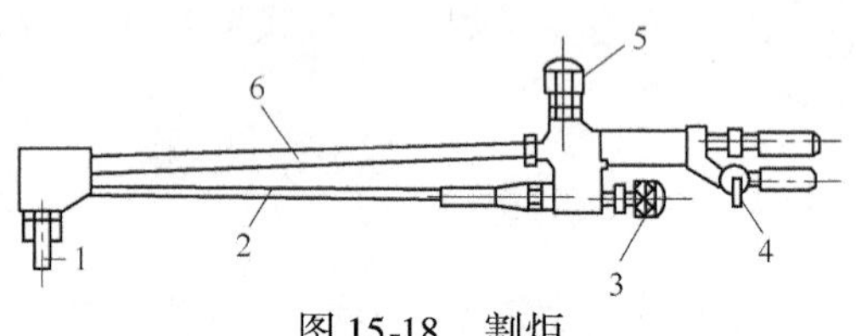

图15-18　割炬

1—割嘴　2—混合气体管　3—预热氧阀门　4—乙炔阀门　5—切割氧阀门　6—切割氧气管

（1）气割设备及工具　气割设备与气焊设备基本相同，但割炬与焊炬不同，它比焊炬多一个切割氧气的开关及通道。割炬割嘴的中间部分为氧气通道，其四周呈环状或梅花状孔，并同心布置成预热火焰的喷口，如图15-18所示。

（2）气割应用范围　气割具有设备简单、操作方便、切割厚度范围广等优点，广泛应用于碳素钢和低合金钢的切割。

15.4　埋弧焊

埋弧焊又称为焊剂层下自动焊。埋弧焊时，引燃电弧、送丝、电弧移动及焊缝收尾等过程均由机械自动来完成，焊接电弧的燃烧是在焊剂的掩埋下进行的，所以称为埋弧焊。

进行埋弧焊焊接时，在工件被焊处覆盖一层30～50mm厚的粒状焊剂，连续送进的焊丝在焊剂层下与工件间产生电弧，电弧的热量使焊丝、工件和焊剂熔化形成金属熔池和熔渣，液态熔渣形成的包膜包围着电弧与熔池，使它们与空气隔绝。随着焊机自动向前移动，电弧不断熔化前方的焊件、焊丝及焊剂，而熔化的金属在电弧离开后冷却凝固成焊缝，液态熔渣也随后冷凝形成焊渣，如图15-19所示。

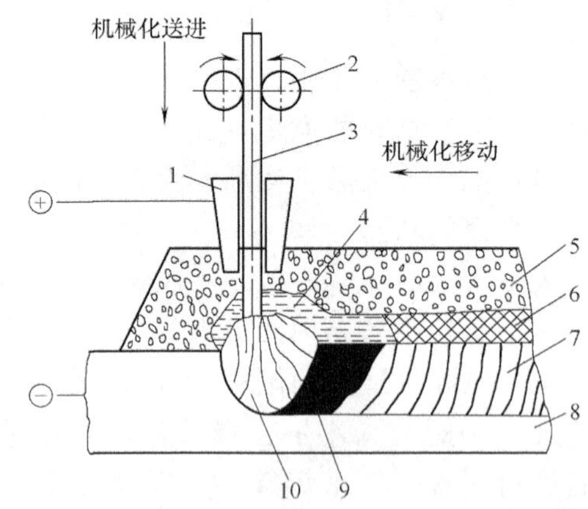

图15-19　埋弧焊

1—导电嘴　2—送丝轮　3—焊丝　4—熔池　5—焊剂层　6—焊渣　7—焊缝　8—工件　9—熔池金属　10—电弧

15.5　电阻焊

电阻焊是指在焊接件组合后通过电极施加压力，利用电流通过接头的接触面及邻近区域产生的电阻热进行焊接的工艺方法。电阻焊的种类很多，常用的有点焊、缝焊和对焊三种。

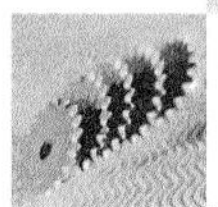

1. 点焊

点焊是指将焊件装配成搭接接头，并压紧在两电极之间，利用电阻热熔化母材金属，形成焊点的电阻焊方法。点焊主要用于薄板焊接，其质量与焊接电流、通电时间、电极电压和工件清洁程度有关。点焊相邻两点要有足够的距离。图 15-20 所示为点焊。

点焊的工艺过程如下：

1）预压，保证工件接触良好。

2）通电，使焊接处形成熔核及塑性环。

3）断点锻压，使熔核在压力继续作用下冷却结晶，形成组织致密、无缩孔和裂纹的焊点。

2. 缝焊

缝焊是将焊件装配成搭接或对接接头，并置于两滚轮电极之间，滚轮给焊件加压并转动，通过连续或断续送电，形成一条连续焊缝的电阻焊方法。

缝焊主要用于焊接焊缝较为规则、要求密封的结构，板厚一般在 3mm 以下。图 15-21 所示为缝焊。

3. 对焊

对焊是指使焊件沿整个接触面焊合的电阻焊方法，它又分为电阻对焊和闪光对焊。

（1）电阻对焊　电阻对焊是指将焊件装配成对接接头，使其端面紧密接触，利用电阻热将焊件加热至塑性状态，然后断电并迅速施加顶锻力完成焊接的方法。电阻对焊操作简便、接头光滑，但其接头要清理，主要用于截面简单、直径或边长小于 20mm 的强度要求不太高的焊件。图 15-22 所示为电阻对焊。

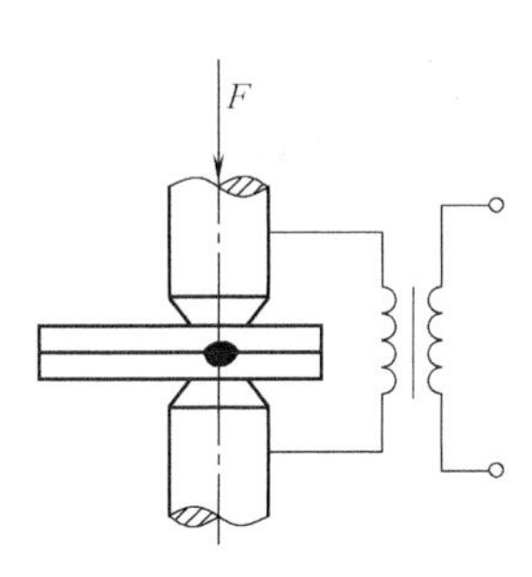

图 15-20　点焊

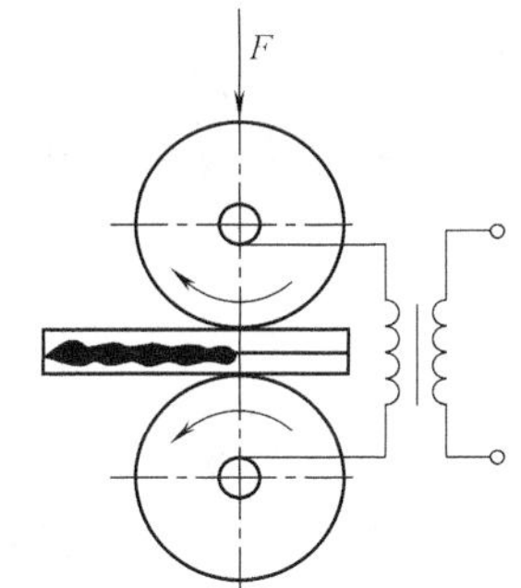

图 15-21　缝焊

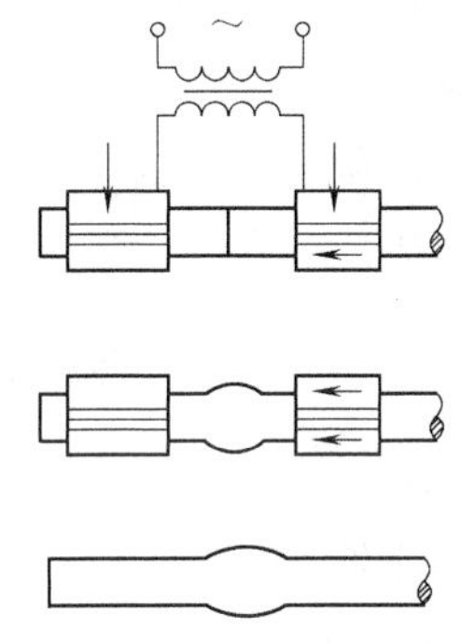

图 15-22　电阻对焊

（2）闪光对焊　闪光对焊是指将焊件装配成对接接头，接通电源，使其端面逐渐移近达到局部接触，利用电阻热加热这些接触点，在大电流作用下，产生闪光，使端面金属熔化，直至端部在一定深度范围内达到预定温度时，断电并迅速施加顶锻力完成焊接的方法。

闪光对焊的接头质量比电阻对焊好，焊缝力学性能与母材相当，而且焊前不需要清理接头的预焊表面。闪光对焊常用于重要焊件的焊接，可焊同种金属，也可焊异种金属；可焊直径为 0. 01mm 的金属丝，也可焊直径为 20000mm 的金属棒和型材。图

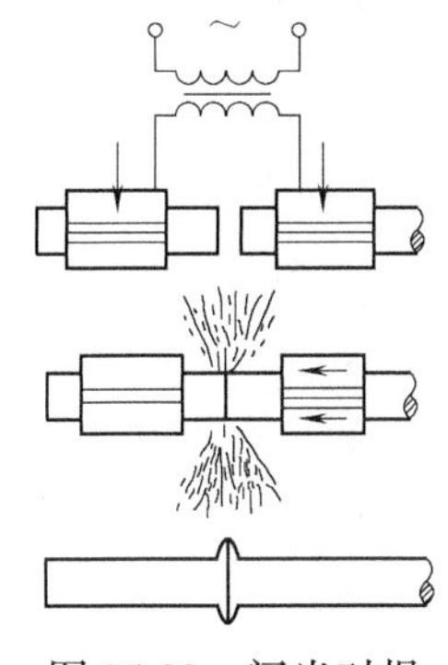

图 15-23　闪光对焊

15-23 所示为闪光对焊。

15.6 常用金属材料的焊接

15.6.1 碳素钢的焊接

1. 低碳钢的焊接

碳的质量分数小于 0.25% 的低碳钢焊接性优良。焊接低碳钢时，不需采用特殊的工艺措施，就能获得优质的焊接接头。但在低温下焊接刚度较大的低碳钢构件时，焊前应适当预热。对于重要的低碳钢构件，焊后常进行去应力退火或正火。几乎所有的焊接方法都可用来焊接低碳钢，并能获得优良的焊接接头，其中应用最多的是焊条电弧焊。焊条电弧焊焊接一般低碳钢结构件时，可选用 J421、J422 和 J423 焊条；而焊接承受动载荷、结构复杂或厚板重要结构件时，可选用 J426、J427、J506 和 J507 焊条。埋弧焊一般采用 H08A 或 H08MnA 焊丝配合焊剂 HJ431 来焊接低碳钢。除此之外，还可以采用电渣焊、气体保护焊和电阻焊来焊接低碳钢。

2. 中碳钢的焊接

中碳钢的含碳量较高，焊接接头易产生淬硬组织和冷裂纹，焊接性较差。焊接这类钢常用焊条电弧焊，焊前应预热焊件，并选用抗裂性能好的低氢焊条，如 J507。焊接中碳钢时，应采用细焊条、小电流、开坡口、多层焊，尽量防止含碳量高的母材过多地熔入焊缝。中碳钢焊后应缓冷，以防产生冷裂纹。

3. 高碳钢的焊接

高碳钢中碳的质量分数大于 0.60%，其焊接特点与中碳钢基本相似，但焊接性更差。这类钢一般不用来制作焊接结构，仅用焊接进行修补工作。常采用焊条电弧焊或气焊修补高碳钢，焊前一般应预热，焊后缓冷。

15.6.2 低合金结构钢的焊接

低合金结构钢的含碳量属于低碳钢范围，但由于其化学成分与低碳钢不同，故其焊接性也与低碳钢不同。常用焊条电弧焊和埋弧焊进行低合金结构钢的焊接，且一般不需采取特殊工艺措施，但若工件刚度和厚度大，或在低温下焊接时，应适当增大焊接电流、减慢焊接速度。焊接低合金结构钢时，应调整焊接规范来严格控制热影响区的冷却速度，焊后应及时进行热处理，以消除应力。

15.6.3 不锈钢的焊接

奥氏体不锈钢中应用最广的是 12Cr18Ni9 钢，这类钢的焊接性良好，焊接时一般不需采取特殊工艺措施，常用焊条电弧焊和钨极氩弧焊进行焊接，也可用埋弧焊。采用焊条电弧焊时，选用与母材化学成分相同的焊条；采用氩弧焊和埋弧焊时，选用的焊丝应保证焊缝的化学成分与母材相同。

焊接奥氏体不锈钢的主要问题是晶界腐蚀和热裂纹，为防止腐蚀，应合理选择母材和焊接材料，采用小电流、快速焊、强制冷却等措施；为防止热裂纹，应严格控制磷、硫等杂质

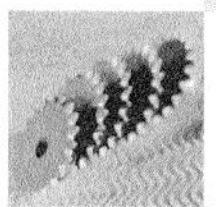

的含量，焊接时应采用小电流、焊条不摆动等工艺措施。

15.6.4 铸铁的补焊

铸铁含碳量高、杂质多、塑性低、焊接性差，故只用焊接来修补铸铁件的缺陷和修理局部损坏的零件。补焊铸铁的主要问题是易出现白口组织和产生裂纹。目前，生产中补焊铸铁的方法有热焊和冷焊两种。

（1）热焊 热焊是指焊前将工件整体或局部预热到600～700℃，补焊过程中温度不低于400℃，焊后缓冷的方法。这样操作可有效地减小焊接接头的温差以减小应力，还可改善铸铁的塑性，防止出现白口组织和裂纹。常用的热焊方法是气焊与焊条电弧焊，气焊时采用铸铁气焊丝，如HS401（4——铸铁类型，01——编号）或HS402，配用焊剂CJ201以去除氧化物，气焊预热方便，适于补焊中小型薄壁件。焊条电弧焊时，选用铸铁芯铸铁焊条X248或钢芯铸铁焊条X208，此法主要用于补焊厚度较大的铸铁件。

（2）冷焊 冷焊是指焊前对工件不预热或预热温度较低的方法。常用焊条电弧焊进行铸铁冷焊，根据铸件的工作要求，可选用不同的铸铁焊条，如补焊一般灰铸铁件非加工面选用Z100焊条，补焊高强度灰铸铁件及球墨铸铁件选用Z116或Z117焊条。冷焊焊接时，应选用小电流、分段焊、短弧焊等工艺，焊后立即轻轻锤击焊缝，以减小焊接应力，防止产生裂纹。

15.6.5 铝及其合金的焊接

焊接铝及其合金的主要问题是易氧化和产生气孔。铝极易被氧化，生成难熔（熔点为2050℃）、致密的氧化铝薄膜，且密度比铝大。焊接时，氧化铝薄膜阻碍金属熔合，并易形成夹杂使铝件脆化；液态铝能大量溶解氢气，而固态铝几乎不溶解氢气（氢气是水在焊接时发生分解产生的），又因铝的导热性好，焊缝冷凝较快，故氢气来不及逸出而形成气孔。此外，铝及其合金由固态加热至液态时无明显的颜色变化，故难以掌握加热温度，易烧穿工件。

焊接铝及其合金常用的方法有氩弧焊、电阻焊、钎焊和气焊。氩弧焊时，由于氩气保护效果好，故焊缝质量好、成形美观、焊接变形小、接头耐蚀性好。为保证焊接质量，焊前应严格清洗，焊丝应与工件成分相同或相近。焊接铝及其合金构件时，可采用气焊，焊前需清理工件表面的氧化膜，焊接时用焊剂CJ401去除氧化膜，且选用与母材化学成分相同的焊丝。为防止焊剂对工件的腐蚀，焊后应立即将残留的焊剂冲洗掉。此法灵活方便，成本低，但焊接变形大，接头耐蚀性差，生产率低，通常用于焊接薄板（厚度为0.5～2mm）构件和补焊铝铸件。

15.6.6 铜及其合金的焊接

铜及其合金的焊接性较差，主要的问题是难熔合、易变形、产生裂纹和气孔。铜和某些铜合金的热导率大（比钢大7～11倍），焊接时热量传导快，使母材与填充金属难以熔合，因此要采用大功率热源，且焊前和焊接过程中要预热；铜的线胀系数和收缩率比较大，而且铜及大多数铜合金导热能力强，使热影响区加宽，导致产生较大的焊接变形；铜在液态时易氧化，生成的Cu_2O与Cu形成低熔点的脆性共晶体，液态的铜特别容易吸收氢气，凝固时来不及逸出，形成气孔。

焊接纯铜时，因焊缝含有杂质及合金元素以及组织不致密等原因，使接头导电性也有所降低；焊接黄铜时，锌易氧化和蒸发（锌的沸点为907℃），使焊缝的力学性能和耐蚀性降低，且对人体有害，焊接时应加强通风等措施。

焊接铜及其合金常用的方法有氩弧焊、气焊、焊条电弧焊、埋弧焊和钎焊等，其中钨极氩弧焊和气焊主要用于焊接薄板（厚度为1～4mm）。焊接板厚为5mm以上的较长焊缝时，宜采用埋弧焊和熔化极氩弧焊。

焊接铜及其合金时，一般采用与母材成分相同的焊丝，氩弧焊、气焊焊接纯铜时，焊丝为HS201和HS202；气焊黄铜常用HS224；氩弧焊黄铜采用HS211焊丝。铜及其合金气焊时，还需采用气焊焊剂CJ301，以去除氧化物。焊条电弧焊焊接纯铜时，采用纯铜焊条T107，焊接黄铜时用焊条T227。

15.6.7　不锈钢与碳素钢的焊接

不锈钢与碳素钢的焊接特点与不锈钢复合板相似。在碳素钢一侧若合金元素渗入，则会使焊缝金属硬度提高、塑性降低，易导致裂纹的产生；在不锈钢一侧，则会导致焊缝合金成分稀释而降低焊缝金属的塑性和耐蚀性。对于要求不高的不锈钢与碳素钢焊接接头，可用奥107、奥122等焊条焊接。为了使焊缝金属获得双相组织——奥氏体+铁素体，提高其抗裂性和力学性能，可采用高铬镍焊条，如奥302、奥307、奥402、奥407等进行焊接，也可以采用隔离层焊接，即先在碳素钢的坡口边缘堆焊一层高铬镍（如25-13型和25-20型焊条）的堆敷层，再用一般的不锈钢焊条焊接。

15.6.8　铸铁与低碳钢的焊接

1. 气焊

因铸铁的熔点低，为了使铸铁和低碳钢在焊接时能同时熔化，必须对低碳钢进行焊前预热，焊接时气焊火焰要偏向低碳钢一侧。焊接时选用铸铁焊丝和焊剂，使焊缝能获得灰铸铁组织，火焰应是中性焰或轻微的碳化焰。焊后可继续加热焊缝或用保温的方法使之缓慢冷却。

2. 电弧焊

铸铁与低碳钢电弧焊时，可用碳素钢或铸铁焊条。用碳素钢焊条时，可先在铸铁件坡口上用镍基焊条堆焊4～5mm的隔离层，冷却后再进行装配定位焊。焊接时，每焊30～40mm后，用锤击焊缝，以消除应力。当焊缝冷却到70～80℃时，再继续焊接。对于要求不高的焊件，可用J422焊条，但易产生热裂纹；若用J506（J507）焊条，则可以减小焊缝的热裂倾向。用碳素钢焊条焊接，可以得到碳素钢组织的焊缝金属，只是在堆焊层有白口组织。当用铸铁焊条焊接时，可用钢芯石墨型焊条Z208和钢芯铸铁焊条Z100等。用Z208焊条焊接时，焊缝金属为灰铸铁，因此可先在低碳钢上堆焊一层，然后与铸铁进行定位焊；用Z100焊条焊接时，焊缝金属是碳素钢组织，应在铸铁件上先堆焊一层，然后再与碳钢件进行定位焊。

3. 钎焊

铸铁与低碳钢钎焊时，用氧乙炔火焰加热，用黄铜丝作钎料。钎焊的优点是焊件本身不

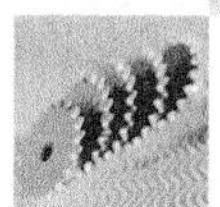

熔化，熔合区不会产生白口组织，接头能达到铸铁的强度，并具有良好的切削加工性能，且焊接时热应力小，不易产生裂纹。钎焊的缺点是黄铜丝价格高，铜渗入母材晶界处易造成脆性。钎焊的钎剂可用硼砂或硼砂加硼酸的混合物，焊前坡口要清理干净，用氧化焰可以提高钎焊强度及减少锌的蒸发。为了减少焊接时造成的应力，焊接长焊缝时宜分段施焊，每段以80mm 为宜，第一段填满后待温度下降到300℃以下时，再焊接第二段。

15.6.9 钢与铜及其合金的焊接

钢和铜在高温时晶格类型、晶格常数、原子半径都很接近，这当然对焊接有利，但钢和铜的熔点、热导率、线胀系数等差异较大，也给焊接造成了一定的困难。

1. 低碳钢与铜及其合金的焊接

纯铜与低碳钢焊接时，可采用纯铜作为填充金属材料，并使焊缝中铁的质量分数控制在10% ~43%。为此，焊条电弧焊焊接纯铜 T2 与 Q275 钢时，选用 T2 焊条；钨极氩弧焊时，为加强熔池的脱氧作用，可以采用硅青铜 QSi3-1 焊丝。低碳钢与铁白铜和铝青铜焊接时，可采用铝青铜作为填充金属材料，如铝青铜 QA19-2 等；低碳钢与铁白铜 BFe5-1 焊接时，可采用 BFe5-1 作为填充材料。纯镍和含铜的镍基合金，是焊接低碳钢与铜及其合金时较好的填充材料。焊接前，纯铜预热温度为 600 ~700℃，铜合金为 430 ~480℃。焊接时，应将电弧移至铜及铜合金一侧。

2. 不锈钢与铜及其合金的焊接

纯镍是焊接奥氏体不锈钢与铜及其合金时最好的填充材料，因为镍无论在液态还是固态都能与铜无限互溶，从而能极大地消除铜的有害作用，而且还能有效地防止渗透裂纹。

15.7 焊接缺陷分析

1. 焊缝外形尺寸及形状不符合要求

（1）产生原因　焊件坡口角度不对、装配间隙不均匀、焊接速度不当或运条手法不正确、焊条和角度选择不当或改变以及埋弧焊工艺选择不正确等都会造成该种缺陷。

（2）防止方法　选择适当的坡口角度和装配间隙；正确选择焊接参数，特别是焊接电流值；采用恰当的运条手法和角度，以保证焊缝成形均匀一致。

2. 焊接裂纹

在焊接应力及其他致脆因素的共同作用下，焊接接头局部地区的金属原子结合力遭到破坏而形成新界面所产生的缝隙称为焊接裂纹。焊接裂纹具有尖锐的缺口和大的长宽比特征。

（1）热裂纹的产生原因与防止方法　焊接过程中，焊缝和热影响区金属冷却到固相线附近的高温区产生的焊接裂纹称为热裂纹。

1）产生原因：熔池冷却结晶时，受到拉应力的作用，同时凝固时，低熔点共晶体会形成液态薄层，两者共同作用导致产生热裂纹。增大任何一方面的作用，都能促进热裂纹的形成。

2）防止方法：

①　控制焊缝中有害杂质的含量，即碳、硫、磷的含量，减少熔池中低熔点共晶体的形成。

② 预热，以降低冷却速度、改善应力情况。

③ 采用碱性焊条，因为碱性焊条的熔渣具有较强的脱硫、脱磷能力。

④ 控制焊缝形状，尽量避免得到深而窄的焊缝。

⑤ 采用引出板，将弧坑引至焊件外面，即使发生弧坑裂纹，也不影响焊件本身。

(2) 冷裂纹的产生原因及防止方法　焊接接头冷却到较低温度时（200～300℃），产生的焊接裂纹称为冷裂纹。

1）产生原因：冷裂纹主要发生在中碳钢、低合金和中合金高强度钢中，原因是焊材本身具有较大的淬硬倾向，焊接熔池中溶解了大量的氢以及焊接接头在焊接过程中产生了较大的约束应力。

2）防止方法：

① 焊前按规定要求严格烘干焊条、焊剂，以减少氢的来源。

② 采用低氢型碱性焊条和焊剂。

③ 焊接淬硬倾向较强的低合金高强度钢时，采用奥氏体不锈钢焊条。

④ 焊前预热。

⑤ 后热（焊后立即将焊件进行加热和保温、缓冷的工艺措施称为后热）以使焊接接头中的氢有效地逸出，是防止延迟裂纹的重要措施，但后热加热温度低，不能起到消除应力的作用。

⑥ 适当增大焊接电流、减慢焊接速度，可减慢热影响区的冷却速度，防止形成淬硬组织。

(3) 再热裂纹　焊后焊件在一定温度范围内再次受热而产生的裂纹称为再热裂纹。

再热裂纹的防止方法有：

1）控制母材中铬、钼等合金元素的含量。

2）减小结构钢焊接的残余应力。

3）在焊接过程中采取减小焊接应力的工艺措施，如使用小直径焊条、采用小参数焊接等。

(4) 层状撕裂的产生原因与防止方法　焊接时焊接构件中沿钢板轧制层形成的阶梯状的裂纹称为层状撕裂。

1）产生原因：由于轧制钢板中存在硫化物、氧化物和硅酸盐等非金属夹杂物，在垂直于厚度方向的焊接应力的作用下，夹杂物的边缘会产生应力集中，当应力超过一定数值时，某些部位的夹杂物首先开裂并扩展，以后这种开裂在各层之间相继发生，并连成一体，形成层状撕裂的阶梯形。

2）防止方法：严格控制钢材的含硫量，在与焊缝相连接的钢材表面预先堆焊几层低强度焊缝和采用强度级别较低的焊接材料。

3. 气孔

焊接时，熔池中的气泡在凝固时未能逸出，残存下来形成的空穴称为气孔。

(1) 产生原因

1）锈蚀和水分。一方面对熔池有氧化作用，另一方面又带来大量的氢。

2）焊接方法。埋弧焊时由于焊缝大且深，气体从熔池中逸出困难，故生成气孔的倾向比焊条电弧焊大得多。

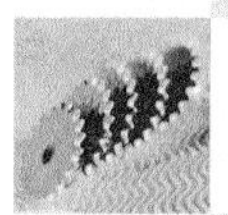

3）焊条种类。碱性焊条比酸性焊条对锈蚀和水分的敏感性大得多，即在同样的锈蚀和水分含量下，碱性焊条十分容易产生气孔。

4）电流种类和极性。当采用未经很好烘干的焊条进行焊接时，使用交流电源，焊缝最易出现气孔；直流正接气孔倾向较小；直流反接气孔倾向最小。采用碱性焊条时，一定要用直流反接，因为如果使用直流正接，则生成气孔的倾向显著加大。

5）焊接参数。焊接速度加快、焊接电流增大、电弧电压升高都使产生气孔的倾向增大。

（2）防止方法

1）焊条电弧焊焊缝两侧各 10mm、埋弧焊两侧各 20mm 内，仔细清除焊件表面上的锈蚀等污物。

2）焊条、焊剂在焊前按规定严格烘干，并存放于焊条保温筒中，做到随用随取。

3）采用合适的焊接参数，用碱性焊条焊接时，一定要采用短弧焊。

4. 咬边

由于焊接参数选择不当或操作工艺不正确，沿焊缝两侧与母材交界处容易产生的沟槽或凹陷称为咬边，如图 15-24 所示。

（1）产生原因　咬边主要是由焊接参数选择不当、焊接电流太大、电弧太长、运条速度和焊接角度不适当等引起的。

（2）防止方法　选择正确的焊接电流及焊接速度，电弧不能拉得太长，掌握正确的运条方法和运条角度都可以防止该缺陷。

5. 未焊透

焊接时焊件根部未完全熔透的现象称为未焊透，如图 15-25 所示。

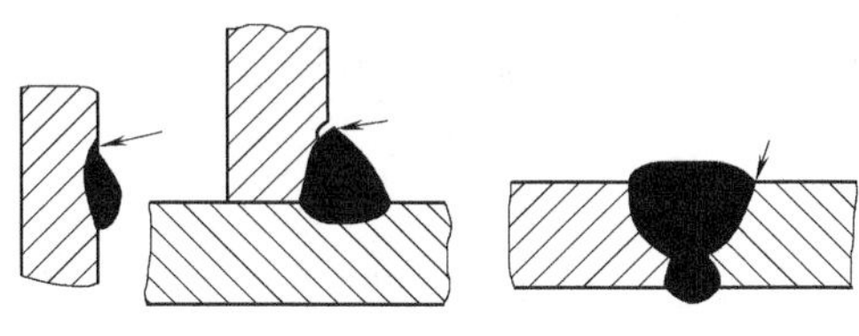

图 15-24　咬边

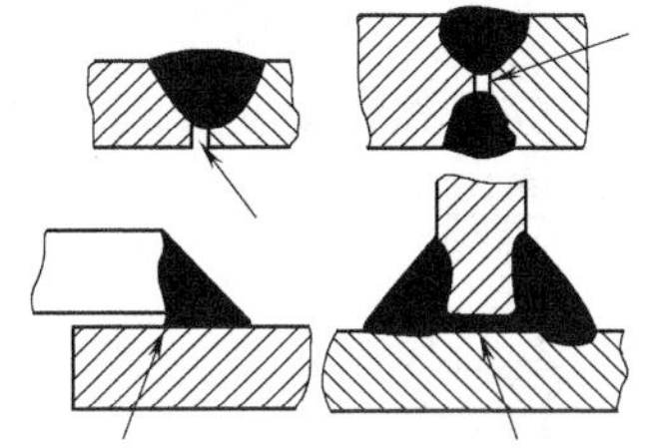

图 15-25　未焊透

（1）产生原因　焊缝坡口钝边过大，坡口角度太小；根部未清理干净，间隙太小；焊条或焊丝角度不正确，电流过小，速度过快，弧长过大；焊接时有磁偏吹现象或电流过大，焊件金属尚未充分加热时，焊条已急剧熔化；层间或母材边缘的锈蚀、氧化皮及油污等未清除干净，焊接位置不佳等均可引起未焊透缺陷。

（2）防止方法　正确选用和加工坡口尺寸，保证装配间隙，正确选用焊接电流和焊接速度，正确操作，防止焊偏等，可防止未焊透缺陷的产生。

6. 未熔合

熔化焊时，焊道与母材之间或焊道与焊道之间未完全熔化结合的部分称为未熔合。

（1）产生原因　层间清渣不干净、焊接电流太小、焊条偏心、焊条摆幅太窄等，均可引起该缺陷。

(2) 防止方法　加强层间清渣、正确选择焊接电流、注意焊条摆动等，可防止该缺陷的产生。

7. 塌陷

单面熔化焊时，由于焊接工艺选择不当，造成焊缝金属过量，透过背面，而使焊缝正面塌陷、背面凸起的现象称为塌陷。塌陷往往是由装配间隙或焊接电流过大造成的。

8. 夹渣

焊后残留在焊缝中的焊渣称为夹渣。

(1) 产生原因　焊接电流太小，以致液态金属和熔渣分不清；焊接速度过快，使熔渣来不及浮起；多层焊时，清渣不干净；焊缝成形系数过小以及焊条电弧焊时焊条角度不正确等，都会引起此种缺陷。

(2) 防止方法　采取具有良好工艺性能的焊条；正确选用焊接电流和运条角度；焊件坡口角度不宜过小；多层焊时，认真做好清渣工作等可防止夹渣缺陷。

9. 焊瘤

焊接过程中，熔化金属流淌到焊缝之外未熔化的母材上所形成的金属瘤称为焊瘤。

(1) 产生原因　操作不熟练和运条角度不当都会引起这种缺陷。

(2) 防止方法　提高操作的技术水平，正确选择焊接参数；灵活调整焊条角度，装配间隙不宜过大；严格控制熔池温度，不使其过高，都可防止焊瘤的产生。

10. 凹坑

焊后在焊缝表面或焊缝背面形成的低于母材表面的局部低洼部分称为凹坑。凹坑由电弧拉得过长、焊条倾角不当和装配间隙太大等原因所致。

11. 烧穿

焊接过程中，对焊件过分加热，熔化金属自坡口背面流出，形成穿孔的缺陷称为烧穿。正确选择焊接电流和焊接速度、严格控制焊件的装配间隙可防止烧穿，另外，还可以采用衬垫、焊剂垫或使用脉冲电流来防止烧穿。

12. 夹钨

钨极惰性气体保护焊时，由钨极进入到焊缝中的钨粒称为夹钨。夹钨的性质相当于夹渣，产生的原因主要是焊接电流过大使钨极端头熔化，焊接过程中钨极与熔池接触以及采用接触短路法引弧等。减小焊接电流、采用高频引弧可防止夹钨。

15.8 案例

指出图15-26所示零件结构设计的不合理处并改正。

焊缝布置应避免密集，以防止过大的焊接应力和焊接变形，修改后如图15-27所示。

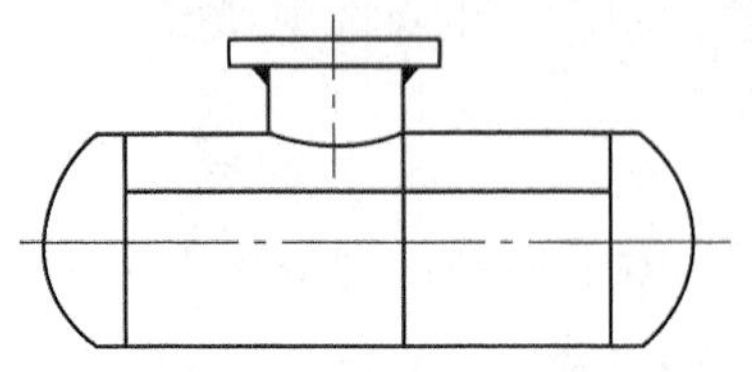

图15-26　零件结构设计

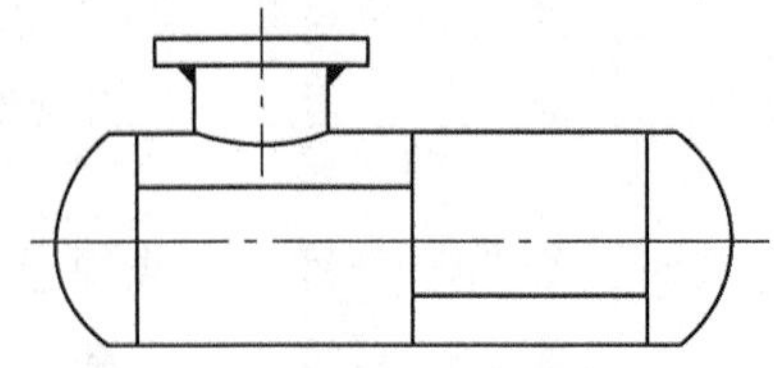

图15-27　修改后的零件结构设计

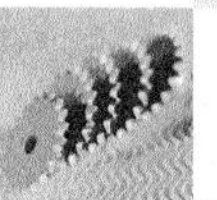

思　考　题

1. 焊芯与焊条药皮的作用是什么？
2. 焊条的选用原则是什么？
3. 焊接接头中力学性能差的薄弱区域在哪里？为什么？
4. 影响焊接接头性能的因素有哪些？
5. 如何防止焊接变形？矫正焊接变形的方法有哪几种？
6. 减小焊接应力的工艺措施有哪些？
7. 熔化焊时常见的缺陷有哪些？焊接缺陷有何危害？
8. 焊接裂纹有哪些种类？它们是怎样产生的？应如何防止？
9. 低碳钢焊接有何特点？
10. 普通低合金钢焊接的主要问题是什么？焊接时应采取哪些措施？
11. 在实际焊接中，焊条电弧焊的技术要求包括哪些内容？
12. 气焊的主要设备有哪些？气焊的操作要点是什么？

参考文献

[1] 卢志文．工程材料及成形工艺［M］．北京：机械工业出版社，2005.

[2] 云建军．工程材料及材料成形技术基础［M］．北京：电子工业出版社，2003.

[3] 徐进，陈再枝．模具材料应用手册［M］．北京：机械工业出版社，2001.

[4] 李炜新．金属材料与热处理［M］．北京：机械工业出版社，2008.

[5] 蔡美良，丁惠麟，孟沪龙．新编工模具钢金相热处理［M］．北京：机械工业出版社，1998.

[6] 胡世炎．机械失效分析手册［M］.2 版．成都：四川科学技术出版社，1999.

[7] 潘邻．化学热处理应用技术［M］．北京：机械工业出版社，2004.

[8] 潘邻．表面改性热处理技术与应用［M］．北京：机械工业出版社，2006.

[9] 胡传炘．表面处理手册［M］．北京：北京工业大学出版社，2004.

[10] 蔡珣．表面工程技术工艺方法 400 种［M］．北京：机械工业出版社，2006.

[11] 戴达煌，周克崧，袁镇海，等．现代材料表面技术科学［M］．北京：冶金工业出版社，2004.

[12] 胡赓祥，钱苗根．金属学［M］．上海：上海科学技术出版社，1980.

[13] 王鹏驹，殷国富．压铸模具设计师手册［M］．北京：机械工业出版社，2008.

[14] 吴春苗．压铸实用技术［M］．广州：广东科技出版社，2003.

[15] 韩森和．冷冲压工艺及模具设计与制造［M］．北京：高等教育出版社，2006.

[16] 李学锋．注射模具设计与制造［M］．北京：高等教育出版社，2010.